올림포스 고난도

수학(하)

정답과 풀이는 EBS*i* 사이트(www.ebs*i*.co.kr)에서 다운로드 받으실 수 있습니다.

올림포스
고난도
수학(하)

이 책의 **구성**

10 집합

빈틈 개념

■ 집합을 나타내는 방법
① 원소나열법: { } 안에 원소 나열
② 조건제시법: $\{x \mid x$에 대한 조건$\}$

■ 벤다이어그램
서로 다른 집합들 사이의 관계를 보여주기 위한 그림이다. 1880년에 영국의 논리학자인 존 벤에 의해 처음으로 고안되었다.

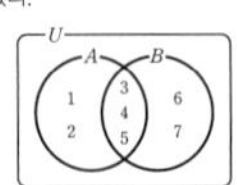

■ 집합의 원소의 개수
집합의 원소의 개수가 유한일 때, 집합 A의 원소의 개수를 기호로 $n(A)$와 같이 나타낸다. 원소가 하나도 없는 집합을 공집합이라 하고, 기호로 $\varnothing$과 같이 나타낸다.

■ $A^C=\{x \mid x\in U$이고 $x\notin A\}$
$=U-A$

■ 전체집합 U가 유한집합일 때, 전체집합 U의 부분집합 A에 대하여 다음이 성립한다.
$n(A^C)=n(U)-n(A)$

❶ 집합과 원소

(1) 집합: 주어진 기준에 의하여 그 대상을 분명히 알 수 있는 것들의 모임
(2) 원소: 집합을 이루는 대상 하나하나를 그 집합의 원소라 한다.

❷ 부분집합

(1) 부분집합
집합 A의 모든 원소가 집합 B에 속할 때, 집합 A를 집합 B의 부분집합이라 한다. 이때 집합 A가 집합 B에 포함된다고 하고 이것을 기호로 $A\subset B$와 같이 나타낸다. 집합 A가 집합 B에 포함되지 않을 때, 이것을 기호로 $A\not\subset B$와 같이 나타낸다.

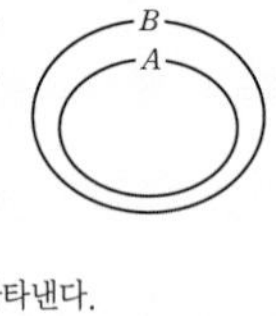

(2) 서로 같은 집합
두 집합 A, B에 대하여 $A\subset B$이고 $B\subset A$일 때, 두 집합 A, B는 서로 같다고 하고, 기호로 $A=B$와 같이 나타낸다.

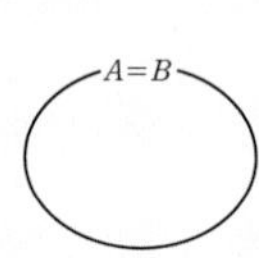

❸ 집합의 연산

(1) 교집합: $A\cap B=\{x \mid x\in A$ 그리고 $x\in B\}$
(2) 합집합: $A\cup B=\{x \mid x\in A$ 또는 $x\in B\}$
(3) 여집합: $A^C=\{x \mid x\in U$ 그리고 $x\notin A\}$
(4) 차집합: $A-B=\{x \mid x\in A$ 그리고 $x\notin B\}$

❹ 집합의 연산법칙

(1) 임의의 세 집합 A, B, C에 대하여
① 교환법칙: $A\cup B=B\cup A$, $A\cap B=B\cap A$
② 결합법칙: $(A\cup B)\cup C=A\cup(B\cup C)$,
$(A\cap B)\cap C=A\cap(B\cap C)$
③ 분배법칙: $A\cap(B\cup C)=(A\cap B)\cup(A\cap C)$,
$A\cup(B\cap C)=(A\cup B)\cap(A\cup C)$
(2) 드모르간의 법칙
전체집합 U의 두 부분집합 A, B에 대하여
① $(A\cup B)^C=A^C\cap B^C$
② $(A\cap B)^C=A^C\cup B^C$

❺ 유한집합의 원소의 개수

원소의 개수가 유한인 두 집합 A, B에 대하여
① $n(A\cup B)=n(A)+n(B)-n(A\cap B)$ ☆
② $n(A-B)=n(A)-n(A\cap B)$

1등급 note

■ 집합의 포함 관계에 대한 성질
임의의 세 집합 A, B, C에 대하여
(1) $\varnothing\subset A$, $A\subset A$
(2) $A\subset B$이고 $B\subset A$이면 $A=B$이다.
(3) $A\subset B$이고 $B\subset C$이면 $A\subset C$이다.

■ 부분집합의 개수
집합 $A=\{a_1, a_2, a_3, \cdots, a_n\}$에 대하여
(1) 집합 A의 부분집합의 개수: 2^n(개)
(2) 집합 A의 진부분집합의 개수: 2^n-1(개)
(3) 집합 A의 특정한 k개의 원소를 포함하는(포함하지 않는) 부분집합의 개수: 2^{n-k}(개)
(4) 집합 A의 특정한 k개의 원소 중에서 적어도 하나를 원소로 갖는 부분집합의 개수: 2^n-2^{n-k}(개)

■ 서로소
두 집합 A, B에 대하여 공통인 원소가 하나도 없을 때, 즉 $A\cap B=\varnothing$일 때, 두 집합 A, B는 서로소라 한다.

■ $A\subset B$와 같은 표현
(1) $A\cup B=B$
(2) $A\cap B=A$
(3) $A-B=\varnothing$
(4) $A\cap B^C=\varnothing$
(5) $B^C\subset A^C$

10 집합 7

❶ 핵심 개념

핵심이 되는 중요 개념을 정리하였고, 꼭 기억해야 할 부분은 중요 표시를 하였다.

❷ 빈틈 개념

핵심 개념의 이해를 돕기 위해 필요한 사전 개념이나 보충 개념을 정리하였다.

❸ 1등급 note

실전 문항에 적용되는 비법이나 팁 등을 정리하여 제공하였다.

기출에서 찾은 내신 필수 문제

| 집합과 원소 | 23472-0001

01 출제율 ○○%

집합 $A=\{x|x$는 7로 나누었을 때, 나머지가 1인 100 이하의 자연수$\}$에 대하여 $n(A)$의 값은?

① 13 ② 14 ③ 15
④ 16 ⑤ 17

| 서로 같은 집합 | 23472-0004

04 출제율 ○○%

두 집합 $A=\{a, a+2, 3\}$, $B=\{a-3, 6, 8\}$에 대하여 $A=B$일 때, 실수 a의 값은?

① 2 ② 4 ③ 6
④ 8 ⑤ 10

기출에서 찾은 내신 필수 문제

학교 시험에서 출제 가능성이 높은 예상 문항들로 구성하여 실전에 대비할 수 있도록 하였다.

내신 고득점 도전 문제

개념 1 집합과 원소

23472-0024

24 집합 $A=\{3, a, b\}$가 다음 조건을 만족시킨다.

(가) a와 b는 $3<a<b<10$인 자연수이다.
(나) 집합 $\{xy|x\in A, y\in A, x\neq y\}$의 모든 원소의 합이 99이다.

$a+b$의 값은?

① 11 ② 12 ③ 13
④ 14 ⑤ 15

개념 2 부분집합

23472-0027

27 두 집합

$A=\{1, 2, 3, 4\}$, $B=\{x|a\le x<2a+7\}$

이 $A\subset B$를 만족시키도록 하는 모든 정수 a의 개수는?

① 1 ② 2 ③ 3
④ 4 ⑤ 5

내신 고득점 도전 문제

상위 7% 수준의 문항을 개념별로 수록하여 내신 고득점을 대비할 수 있도록 하였다.

변별력을 만드는 1등급 문제

23472-0048

48 자연수 n에 대하여 n^2의 일의 자리의 숫자를 $f(n)$이라 하자. 집합

$\{x|x=f(k), k$는 홀수$\}$

의 모든 원소의 합은?

① 9 ② 11 ③ 13
④ 15 ⑤ 17

23472-0051

51 두 집합 X, Y에 대하여 집합 $X\triangle Y$를

$X\triangle Y=(X\cap Y^C)\cup(X\cup Y^C)^C$

로 정의하자. 두 집합

$A=\{2, 3, 5, 7, 10\}$, $B=\{1, 3, 5, 7, 9, 11\}$

에 대하여 $A\triangle X=B$를 만족시키는 집합 X의 모든 원소의 합은?

① 25 ② 27 ③ 29
④ 33 ⑤ 35

변별력을 만드는 1등급 문제

상위 4% 수준의 문항을 통해 내신 1등급으로 실력을 높일 수 있도록 하였고, 신유형 문항을 수록하였다.

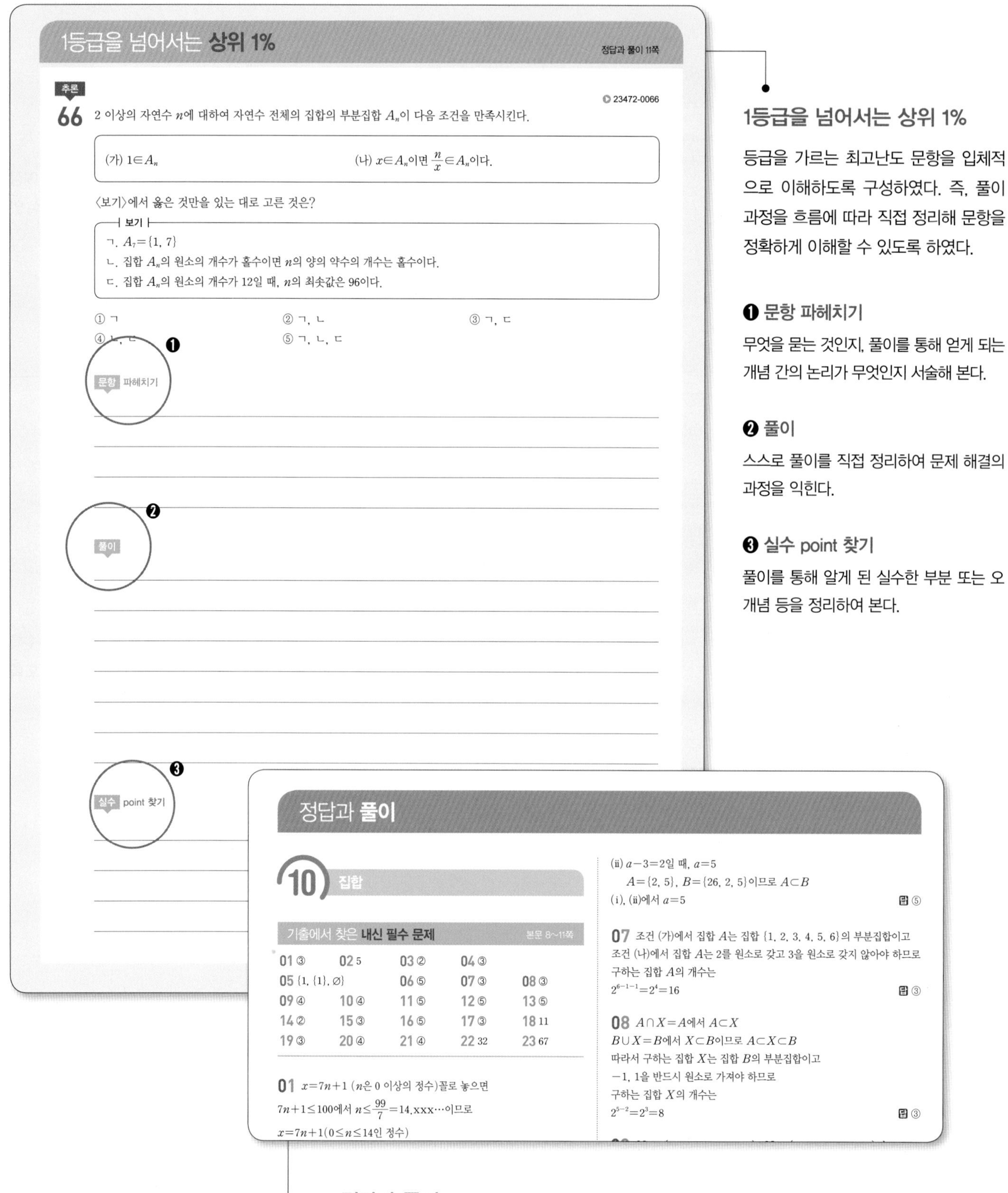
1등급을 넘어서는 **상위 1%** 정답과 풀이 11쪽

추론 23472-0066

66 2 이상의 자연수 n에 대하여 자연수 전체의 집합의 부분집합 A_n이 다음 조건을 만족시킨다.

(가) $1 \in A_n$　　(나) $x \in A_n$이면 $\frac{n}{x} \in A_n$이다.

〈보기〉에서 옳은 것만을 있는 대로 고른 것은?

보기

ㄱ. $A_7 = \{1, 7\}$

ㄴ. 집합 A_n의 원소의 개수가 홀수이면 n의 양의 약수의 개수는 홀수이다.

ㄷ. 집합 A_n의 원소의 개수가 12일 때, n의 최솟값은 96이다.

① ㄱ　② ㄱ, ㄴ　③ ㄱ, ㄷ　④ ㄴ, ㄷ　⑤ ㄱ, ㄴ, ㄷ

❶ 문항 파헤치기

❷ 풀이

❸ 실수 point 찾기

정답과 **풀이**

10 집합

기출에서 찾은 **내신 필수 문제** 본문 8~11쪽

01 ③　02 5　03 ②　04 ③
05 $\{1, \{1\}, \varnothing\}$　06 ⑤　07 ③　08 ③
09 ④　10 ④　11 ⑤　12 ⑤　13 ⑤
14 ②　15 ③　16 ⑤　17 ③　18 11
19 ③　20 ④　21 ④　22 32　23 67

01 $x=7n+1$ (n은 0 이상의 정수)꼴로 놓으면
$7n+1 \le 100$에서 $n \le \frac{99}{7} = 14.\text{xxx}\cdots$이므로
$x=7n+1$ ($0 \le n \le 14$인 정수)

(ii) $a-3=2$일 때, $a=5$
$A=\{2, 5\}$, $B=\{26, 2, 5\}$이므로 $A \subset B$
(i), (ii)에서 $a=5$ 답 ⑤

07 조건 (가)에서 집합 A는 집합 $\{1, 2, 3, 4, 5, 6\}$의 부분집합이고
조건 (나)에서 집합 A는 2를 원소로 갖고 3을 원소로 갖지 않아야 하므로
구하는 집합 A의 개수는
$2^{6-1-1}=2^4=16$ 답 ③

08 $A \cap X = A$에서 $A \subset X$
$B \cup X = B$에서 $X \subset B$이므로 $A \subset X \subset B$
따라서 구하는 집합 X는 집합 B의 부분집합이고
-1, 1을 반드시 원소로 가져야 하므로
구하는 집합 X의 개수는
$2^{5-2}=2^3=8$ 답 ③

1등급을 넘어서는 상위 1%

등급을 가르는 최고난도 문항을 입체적으로 이해하도록 구성하였다. 즉, 풀이 과정을 흐름에 따라 직접 정리해 문항을 정확하게 이해할 수 있도록 하였다.

❶ 문항 파헤치기

무엇을 묻는 것인지, 풀이를 통해 얻게 되는 개념 간의 논리가 무엇인지 서술해 본다.

❷ 풀이

스스로 풀이를 직접 정리하여 문제 해결의 과정을 익힌다.

❸ 실수 point 찾기

풀이를 통해 알게 된 실수한 부분 또는 오개념 등을 정리하여 본다.

정답과 풀이

모든 문항에 정확한 이해를 돕는 자세한 풀이를 서술하였으며 특히 [변별력을 만드는 1등급 문제]와 [1등급을 넘어서는 상위 1%]는 풀이에 문항을 함께 실어 자세하고 친절한 풀이를 제공하였다.

이 책의 **차례**

Ⅳ 집합과 명제

Ⅴ 함수와 그래프

Ⅵ 경우의 수

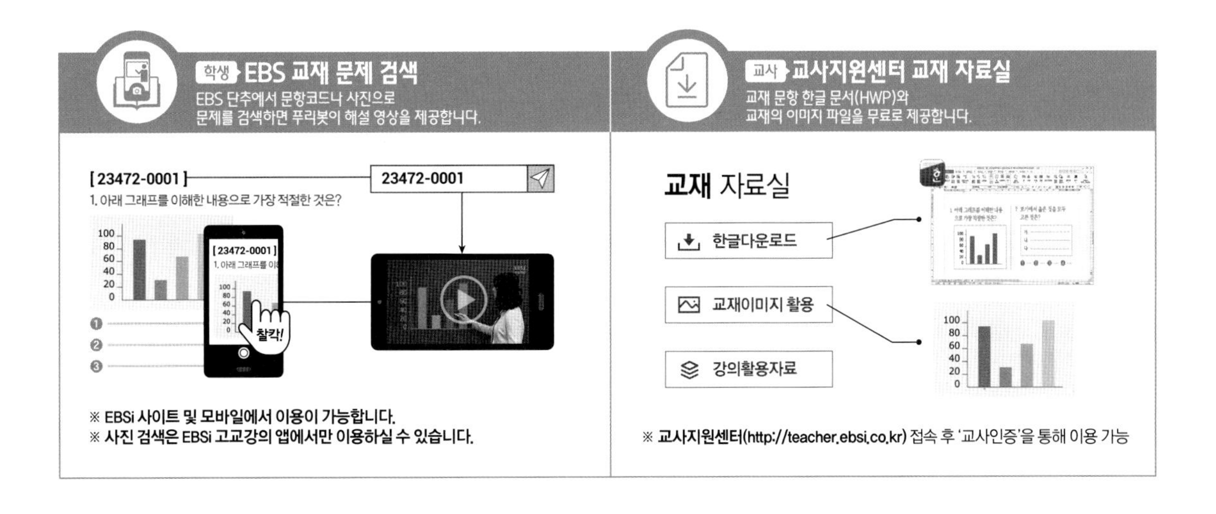

집합과 명제

10. 집합

11. 명제

10 집합

빈틈 개념

■ **집합을 나타내는 방법**
① 원소나열법: { } 안에 원소 나열
② 조건제시법: $\{x|x$에 대한 조건$\}$

■ **벤다이어그램**
서로 다른 집합들 사이의 관계를 보여 주기 위한 그림이다. 1880년에 영국의 논리학자인 존 벤에 의해 처음으로 고안되었다.

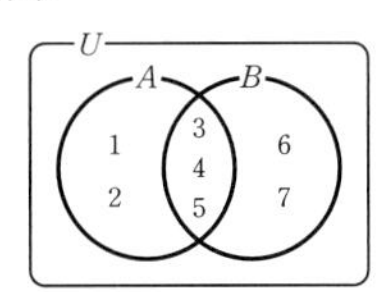

■ **집합의 원소의 개수**
집합의 원소의 개수가 유한일 때, 집합 A의 원소의 개수를 기호로 $n(A)$와 같이 나타낸다. 원소가 하나도 없는 집합을 공집합이라 하고, 기호로 $\varnothing$과 같이 나타낸다.

■ $A^C=\{x|x\in U$이고 $x\notin A\}$
$=U-A$

■ 전체집합 U가 유한집합일 때, 전체집합 U의 부분집합 A에 대하여 다음이 성립한다.
$n(A^C)=n(U)-n(A)$

1 집합과 원소

(1) **집합:** 주어진 기준에 의하여 그 대상을 분명히 알 수 있는 것들의 모임

(2) **원소:** 집합을 이루는 대상 하나하나를 그 집합의 원소라 한다.

2 부분집합

(1) **부분집합**

집합 A의 모든 원소가 집합 B에 속할 때, 집합 A를 집합 B의 부분집합이라 한다. 이때 집합 A가 집합 B에 포함된다고 하고 이것을 기호로 $A\subset B$와 같이 나타낸다. 집합 A가 집합 B에 포함되지 않을 때, 이것을 기호로 $A\not\subset B$와 같이 나타낸다.

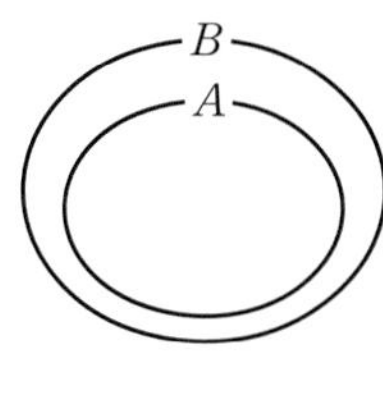

(2) **서로 같은 집합**

두 집합 A, B에 대하여 $A\subset B$이고 $B\subset A$일 때, 두 집합 A, B는 서로 같다고 하고, 기호로 $A=B$와 같이 나타낸다.

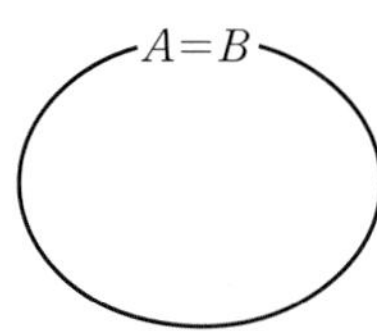

3 집합의 연산

(1) **교집합:** $A\cap B=\{x|x\in A$ 그리고 $x\in B\}$

(2) **합집합:** $A\cup B=\{x|x\in A$ 또는 $x\in B\}$

(3) **여집합:** $A^C=\{x|x\in U$ 그리고 $x\notin A\}$

(4) **차집합:** $A-B=\{x|x\in A$ 그리고 $x\notin B\}$

4 집합의 연산법칙

(1) 임의의 세 집합 A, B, C에 대하여

① **교환법칙:** $A\cup B=B\cup A$, $A\cap B=B\cap A$

② **결합법칙:** $(A\cup B)\cup C=A\cup(B\cup C)$,
$(A\cap B)\cap C=A\cap(B\cap C)$

③ **분배법칙:** $A\cap(B\cup C)=(A\cap B)\cup(A\cap C)$,
$A\cup(B\cap C)=(A\cup B)\cap(A\cup C)$

(2) **드모르간의 법칙**

전체집합 U의 두 부분집합 A, B에 대하여

① $(A\cup B)^C=A^C\cap B^C$

② $(A\cap B)^C=A^C\cup B^C$

5 유한집합의 원소의 개수

원소의 개수가 유한인 두 집합 A, B에 대하여

① $n(A\cup B)=n(A)+n(B)-n(A\cap B)$

② $n(A-B)=n(A)-n(A\cap B)$

1등급 note

■ **집합의 포함 관계에 대한 성질**
임의의 세 집합 A, B, C에 대하여
(1) $\varnothing\subset A$, $A\subset A$
(2) $A\subset B$이고 $B\subset A$이면 $A=B$이다.
(3) $A\subset B$이고 $B\subset C$이면 $A\subset C$이다.

■ **부분집합의 개수**
집합 $A=\{a_1, a_2, a_3, \cdots, a_n\}$에 대하여
(1) 집합 A의 부분집합의 개수: 2^n(개)
(2) 집합 A의 진부분집합의 개수: 2^n-1(개)
(3) 집합 A의 특정한 k개의 원소를 포함하는(포함하지 않는) 부분집합의 개수: 2^{n-k}(개)
(4) 집합 A의 특정한 k개의 원소 중에서 적어도 하나를 원소로 갖는 부분집합의 개수: 2^n-2^{n-k}(개)

■ **서로소**
두 집합 A, B에 대하여 공통인 원소가 하나도 없을 때, 즉 $A\cap B=\varnothing$일 때, 두 집합 A, B는 서로소라 한다.

■ **$A\subset B$와 같은 표현**
(1) $A\cup B=B$
(2) $A\cap B=A$
(3) $A-B=\varnothing$
(4) $A\cap B^C=\varnothing$
(5) $B^C\subset A^C$

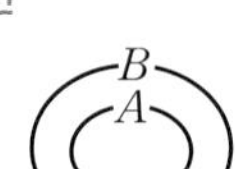

기출에서 찾은 **내신 필수 문제**

| 집합과 원소 | ▶ 23472-0001

01 출제율 85%

집합 $A=\{x|x$는 7로 나누었을 때, 나머지가 1인 100 이하의 자연수$\}$에 대하여 $n(A)$의 값은?

① 13 ② 14 ③ 15 ④ 16 ⑤ 17

| 집합과 원소 | ▶ 23472-0002

02 출제율 92%

집합 $A=\{-1, 0, 1\}$에 대하여 집합 B를

$$B=\{a+b|a\in A, b\in A\}$$

라 할 때, $n(B)$의 값을 구하시오.

| 집합과 원소 | ▶ 23472-0003

03 출제율 90%

집합 $A=\{x|x^2-nx+4=0, x$는 실수$\}$에 대하여 $n(A)\leq 1$을 만족시키는 모든 정수 n의 개수는?

① 7 ② 9 ③ 11 ④ 13 ⑤ 15

| 서로 같은 집합 | ▶ 23472-0004

04 출제율 90%

두 집합 $A=\{a, a+2, 3\}$, $B=\{a-3, 6, 8\}$에 대하여 $A=B$일 때, 실수 a의 값은?

① 2 ② 4 ③ 6 ④ 8 ⑤ 10

| 부분집합 | ▶ 23472-0005

05 출제율 82%

다음 조건을 만족시키는 집합 A를 구하시오.

(가) $n(A)=3$
(나) $\{1\}\in A$
(다) $\{1\}\subset A$, $\varnothing\in A$

| 부분집합 | ▶ 23472-0006

06 출제율 88%

두 집합 $A=\{2, a\}$, $B=\{a^2+1, a-3, 5\}$에 대하여 $A\subset B$가 되도록 하는 상수 a의 값은?

① 1 ② 2 ③ 3 ④ 4 ⑤ 5

| 부분집합 | 23472-0007

07

출제율 85%

다음 조건을 만족시키는 집합 A의 개수는?

(가) $A\subset\{1, 2, 3, 4, 5, 6\}$
(나) $2\in A$, $3\notin A$

① 4 ② 8 ③ 16
④ 32 ⑤ 64

| 부분집합 | 23472-0008

08

출제율 92%

두 집합 $A=\{-1, 1\}$, $B=\{-2, -1, 0, 1, 2\}$에 대하여

$$A\cap X=A,\ B\cup X=B$$

를 만족시키는 집합 X의 개수는?

① 2 ② 4 ③ 8
④ 16 ⑤ 32

| 부분집합 | 23472-0009

09

출제율 80%

자연수 k에 대하여 k의 양의 배수의 집합을 N_k라 하자. $(N_{12}\cup N_6)\subset N_k$를 만족시키는 자연수 k의 최댓값을 a라 하고, $(N_3\cap N_4)\supset N_k$를 만족시키는 자연수 k의 최솟값을 b라 할 때, $a+b$의 값은?

① 12 ② 14 ③ 16
④ 18 ⑤ 20

| 집합의 연산 | 23472-0010

10

출제율 82%

두 집합 $A=\{x|x\le7\}$, $B=\{n, 20-n\}$일 때, 두 집합 A, B가 서로소가 되도록 하는 자연수 n의 개수는?

① 2 ② 3 ③ 4
④ 5 ⑤ 6

| 집합의 연산 | 23472-0011

11

출제율 83%

전체집합 $U=\{1, 2, 3, 4, 5\}$의 두 부분집합 A, B가 다음 조건을 만족시킨다.

(가) $n(A)=n(B)=2$
(나) A와 B는 서로소이다.

두 집합 A, B의 모든 순서쌍 (A, B)의 개수는?

① 18 ② 21 ③ 24
④ 27 ⑤ 30

| 집합의 연산 | 23472-0012

12

출제율 80%

전체집합 U의 두 부분집합 $A=\{1, 3, a^2-2a\}$, $B=\{3, a-2, a+2\}$에 대하여 $A-B^C=\{0, 3\}$이 되도록 하는 실수 a의 값은?

① -2 ② -1 ③ 0
④ 1 ⑤ 2

| 집합의 연산 | 23472-0013

13 출제율 75%

두 집합 A, B가 다음 조건을 만족시킨다.

> (가) $A\cup B=\{x\mid x$는 10 이하의 자연수$\}$
> (나) $A-B=\{1, 2, 3\}$,
> $B-A=\{4, 8, 9, 10\}$

집합 $A\cap B$의 모든 원소의 합은?

① 14 ② 15 ③ 16
④ 17 ⑤ 18

| 집합의 연산법칙 | 23472-0014

14 출제율 88%

다음 집합 중 그림의 벤다이어그램에서 색칠한 부분을 나타낸 것은?

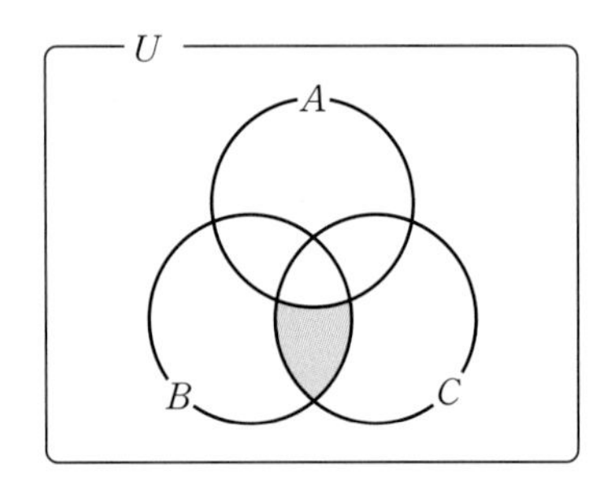

① $A^C\cap(B\cup C)$ ② $A^C\cap B\cap C$
③ $A\cap(B\cup C)$ ④ $A\cap(B-C)$
⑤ $A\cap(C-B)$

| 집합의 연산법칙 | 23472-0015

15 출제율 82%

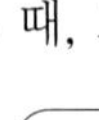

전체집합 U의 두 부분집합 A, B에 대하여 $A\subset B$일 때, 보기에서 옳은 것만을 있는 대로 고른 것은?

> 보기
> ㄱ. $A\cap B=A$
> ㄴ. $(A\cup B)-B=\varnothing$
> ㄷ. $(A-B)^C\cap B^C=\varnothing$

① ㄱ ② ㄴ ③ ㄱ, ㄴ
④ ㄱ, ㄷ ⑤ ㄱ, ㄴ, ㄷ

| 집합의 연산법칙 | 23472-0016

16 출제율 78%

전체집합 $U=\{x\mid x$는 10 이하의 자연수$\}$의 두 부분집합 A, B에 대하여

$A-B=A$,
$(A^C\cup B)^C\cup(A^C\cap B)=U-\{1, 10\}$

일 때, $n(A\cup B)$의 값은?

① 2 ② 4 ③ 5
④ 6 ⑤ 8

| 집합의 연산법칙 | 23472-0017

17 출제율 88%

전체집합 $U=\{x\mid x$는 10보다 작은 자연수$\}$의 세 부분집합 A, B, C의 원소를 벤다이어그램으로 나타내면 그림과 같다. 집합 $A^C\cap(B\cup C)^C$의 모든 원소의 합은?

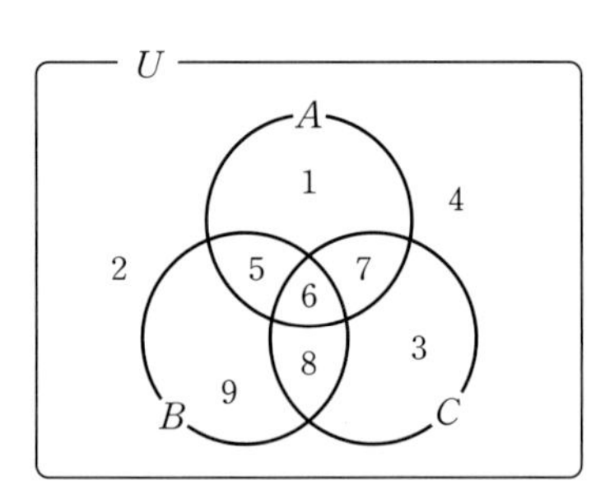

① 2 ② 4 ③ 6
④ 8 ⑤ 10

| 집합의 연산법칙 | 23472-0018

18 출제율 81%

전체집합 $U=\{1, 2, 3, 4, 5, 6\}$의 두 부분집합 A, B가

$A-B=\{4\}$, $A\cup(A\cup B)^C=\{2, 3, 4, 6\}$

을 만족시킨다. 집합 $A\cap B$의 모든 원소의 합의 최댓값을 구하시오.

| 유한집합의 원소의 개수 |

▶ 23472-0019

19 출제율 94%

두 집합 A, B에 대하여 $n(A)=13$, $n(B)=11$, $n(A\cap B)=8$일 때, $n(A\cup B)$의 값은?

① 14 ② 15 ③ 16
④ 17 ⑤ 18

| 유한집합의 원소의 개수 |

▶ 23472-0020

20 출제율 92%

어느 반 30명의 학생 중에서 버스를 이용하여 등교하는 학생이 14명, 지하철을 이용하여 등교하는 학생이 18명, 버스와 지하철을 모두 이용하여 등교하는 학생은 8명이다. 버스 또는 지하철을 이용하여 등교하는 학생의 수는?

① 21 ② 22 ③ 23
④ 24 ⑤ 25

| 유한집합의 원소의 개수 |

▶ 23472-0021

21 출제율 92%

어느 고등학교 3학년 학생 120명 중에서 수시 모집에서 학생부 종합 전형에 지원하려는 학생이 77명, 특기자 전형에 지원하려는 학생이 61명이다. 학생부 종합 전형과 특기자 전형을 모두 지원하려는 학생 수의 최솟값은?

① 12 ② 14 ③ 16
④ 18 ⑤ 20

서술형 문제

▶ 23472-0022

22 출제율 76%

두 집합

$A=\{x\,|\,x$는 18의 약수, x는 자연수$\}$,

$B=\{x\,|\,x$는 4의 약수, x는 자연수$\}$

에 대하여 $X\subset A$이고 $n(X\cap B)=1$을 만족시키는 집합 X의 개수를 구하시오.

▶ 23472-0023

23 출제율 89%

전체집합 $U=\{x\,|\,x$는 100 이하의 자연수$\}$의 두 부분집합 A, B를

$A=\{x\,|\,x=2m,\ m$은 자연수$\}$,

$B=\{x\,|\,x=3m,\ m$은 자연수$\}$

라 할 때, $n(A\cup B)$의 값을 구하시오.

내신 고득점 도전 문제

개념 1 집합과 원소

▶ 23472-0024

24 집합 $A=\{3,\ a,\ b\}$가 다음 조건을 만족시킨다.

> (가) a와 b는 $3<a<b<10$인 자연수이다.
> (나) 집합 $\{xy\mid x\in A,\ y\in A,\ x\neq y\}$의 모든 원소의 합은 99이다.

$a+b$의 값은?

① 11　② 12　③ 13　④ 14　⑤ 15

▶ 23472-0025

25 자연수 k에 대하여 전체집합
$U=\{x\mid x$는 100 이하의 자연수$\}$의 부분집합 A_k를
$A_k=\{x\mid x$는 k의 배수$\}$라 할 때,
집합 $(A_3\cap A_4)\cup(A_3\cap A_6)$의 원소의 개수는?

① 8　② 10　③ 12　④ 14　⑤ 16

▶ 23472-0026

26 두 집합

$$A=\{x\mid -4\leq x-1\leq a\},\ B=\{x\mid -b\leq 2x+3\leq 7\}$$

에 대하여 $A=B$일 때, 두 양수 a, b에 대하여 $a+b$의 값은?

① 1　② 2　③ 3　④ 4　⑤ 5

개념 2 부분집합

▶ 23472-0027

27 두 집합

$$A=\{1,\ 2,\ 3,\ 4\},\ B=\{x\mid a\leq x<2a+7\}$$

이 $A\subset B$를 만족시키도록 하는 모든 정수 a의 개수는?

① 1　② 2　③ 3　④ 4　⑤ 5

▶ 23472-0028

28 전체집합 $U=\{x\mid x$는 8 이하의 자연수$\}$의 두 부분집합

$$A=\{x\mid x\text{는 짝수}\},\ B=\{x\mid x\text{는 6의 약수}\}$$

에 대하여 $A\cup X=B\cup X$를 만족시키는 U의 부분집합 X의 개수는?

① 4　② 8　③ 16　④ 32　⑤ 64

▶ 23472-0029

29 두 집합

$$A=\{-1,\ 1\},\ B=\{x\mid x\text{는 } n \text{ 이하의 자연수}\}$$

에 대하여 집합 $\{a+b\mid a\in A,\ b\in B\}$의 부분집합의 개수가 256이 되도록 하는 자연수 n의 값은?

① 4　② 5　③ 6　④ 7　⑤ 8

23472-0030

30 전체집합 $U=\{x|x$는 10 이하의 자연수$\}$의 부분집합 A가 다음 조건을 만족시킨다.

> (가) $3\in A$
> (나) 집합 A의 모든 원소의 곱과 합은 모두 홀수이다.

집합 A의 개수는?

① 2 ② 4 ③ 6 ④ 8 ⑤ 10

23472-0031

31 전체집합 $U=\{x|x$는 8 이하의 자연수$\}$의 부분집합 중 다음 조건을 만족시키는 부분집합 X의 개수를 구하시오.

> (가) 집합 X의 원소 중 가장 작은 원소는 3이다.
> (나) $2\le n(X)\le 5$

23472-0032

32 자연수 전체의 집합의 두 부분집합

$A=\{x|x$는 2의 배수 또는 3의 배수$\}$,

$B=\{x|x$는 n의 약수$\}$

에 대하여 두 집합 A와 B가 서로소가 되도록 하는 10 이하의 모든 자연수 n의 값의 합은?

① 11 ② 12 ③ 13 ④ 14 ⑤ 15

개념 3 집합의 연산

23472-0033

33 두 집합

$A=\{x|x^2-4x-5\ge 0\}$, $B=\{x||x-k|\le 1\}$

일 때, $A-B=A$를 만족시키도록 하는 모든 정수 k의 개수는?

① 2 ② 3 ③ 4 ④ 5 ⑤ 6

23472-0034

34 실수 전체의 집합의 두 부분집합

$A=\{x|(x-1)(x^2-3x)=0\}$,

$B=\{x|x^2+ax+b=0\}$

에 대하여 $A-B=\{0\}$일 때, $a+b$의 값은?

(단, a, b는 상수이다.)

① -2 ② -1 ③ 0 ④ 1 ⑤ 2

23472-0035

35 세 집합 $A=\{x|3\le x\le 7\}$, $B=\{x|5<x<9\}$, $X=\left\{x\middle|3\le x\le \frac{a}{2}+1\right\}$에 대하여 $(A-B)\subset X\subset A$가 성립하게 하는 모든 정수 a의 개수는?

① 1 ② 3 ③ 5 ④ 7 ⑤ 9

▶ 23472-0036

36 40 이하의 자연수 전체의 집합의 두 부분집합

$A=\{x|x$는 양의 약수의 개수가 홀수$\}$,

$B=\{x|x$는 3과 서로소가 아닌 자연수$\}$

가 있다. $n(B-X)=n(B)$, $X-A=\varnothing$을 만족시키는 집합 X의 모든 원소의 합의 최댓값은?

① 44 ② 46 ③ 48
④ 50 ⑤ 52

▶ 23472-0037

37 전체집합 $U=\{1, 2, 3, 4, 5, 6, 7, 8\}$의 두 부분집합

$A=\{1, 2\}$, $B=\{7, 8\}$

에 대하여 집합 X가 다음 조건을 만족시킨다.

(가) $X\subset U$
(나) $X-A=X-B$
(다) $n(X)=4$

집합 X의 모든 원소의 합을 구하시오.

▶ 23472-0038

38 전체집합 $U=\{x|x$는 100 이하의 자연수$\}$의 공집합이 아닌 부분집합 X의 모든 원소의 합을 $f(X)$라 하자. <보기>에서 옳은 것만을 있는 대로 고른 것은?

| 보기 |

ㄱ. $A\cap B=\varnothing$이면 $f(A\cup B)=f(A)+f(B)$이다.
ㄴ. $f(A^C)=f(U)-f(A)$
ㄷ. $f(A\cap B)=f(A)-f(A-B)$

① ㄱ ② ㄱ, ㄴ ③ ㄱ, ㄷ
④ ㄴ, ㄷ ⑤ ㄱ, ㄴ, ㄷ

개념 4 집합의 연산법칙

▶ 23472-0039

39 10 이하의 자연수 전체의 집합의 두 부분집합

$A=\{x|x^2-10x+16\le 0\}$,

$B=\{x|x$는 10의 약수$\}$

일 때, 집합 $A\cap\{(A^C\cup B)-(A\cup B)^C\}$의 모든 원소의 합은?

① 7 ② 8 ③ 9
④ 10 ⑤ 11

▶ 23472-0040

40 실수 전체의 집합의 두 부분집합 A, B가

$A=\{-1, a+2, a^2-a\}$,

$B=\{2, a, b\}$

이다. $(A-B)\cup(B-A)=\{1, 6\}$을 만족시키는 두 상수 a, b에 대하여 $a+b$의 값은?

① 4 ② 5 ③ 6
④ 7 ⑤ 8

▶ 23472-0041

41 전체집합 U의 두 부분집합 A, B에 대하여 <보기>에서 옳은 것만을 있는 대로 고른 것은?

| 보기 |

ㄱ. $(A\cup B)\cap(A\cup B^C)=A$
ㄴ. $(A\cap B^C)\cap(A^C\cap B)=\varnothing$
ㄷ. $(A\cap B)\cup(A\cap B^C)\cup(A^C\cap B)=A\cup B$

① ㄱ ② ㄱ, ㄴ ③ ㄱ, ㄷ
④ ㄴ, ㄷ ⑤ ㄱ, ㄴ, ㄷ

개념 5 유한집합의 원소의 개수

▶ 23472-0042

42 두 집합 A, B에 대하여

$n(A)=n(B)-1=10$

$n((A-B)\cup(B-A))=7$

일 때, $n(A\cup B)$의 값은?

① 11 ② 12 ③ 13
④ 14 ⑤ 15

▶ 23472-0043

43 전체집합 U의 두 부분집합 A, B에 대하여

$n(U)=40$, $n(A)=28$, $n(B)=18$

일 때, $n(A^C\cup B^C)$의 최댓값과 최솟값의 합은?

① 52 ② 54 ③ 56
④ 58 ⑤ 60

▶ 23472-0044

44 어느 고등학교 학생 80명에게 A, B, C 중 적어도 하나를 선택하도록 하여 다음과 같은 결과를 얻었다.

(가) A, B, C를 선택한 학생의 수는 각각 42, 35, 44이다.
(나) A, B, C를 모두 선택한 학생의 수는 16이다.

A, B, C 중에서 하나만 선택한 학생의 수는?

① 47 ② 49 ③ 51
④ 53 ⑤ 55

▶ 23472-0045

45 실수 전체의 집합의 두 부분집합

$A=\{1, 2, a^2-2a+3\}$,

$B=\{a, a+1, a+2, a+3, a+4\}$

에 대하여 $A\cap B=\{2, 3\}$일 때, 집합 $A\cup B$의 모든 원소의 합을 구하시오.

▶ 23472-0046

46 전체집합 $U=\{x|x$는 10 이하의 자연수$\}$의 부분집합 X가 다음 조건을 만족시킨다.

(가) 집합 $A=\{1, 2, 3, 4, 5\}$에 대하여 $n(X\cap A)=3$이다.
(나) 집합 X의 모든 원소의 합은 45이다.

집합 $X\cap A^C$의 모든 원소의 합의 최솟값을 구하시오.

▶ 23472-0047

47 어느 반 학생들을 대상으로 A, B 중 선호하는 것을 조사 한 결과 A를 선호한 학생이 20명, B를 선호한 학생이 28명이고, 둘 다 선호한 학생은 6명 이상이다. A, B 중 적어도 하나를 선호한 학생 수의 최솟값과 최댓값의 합을 구하시오.

23472-0048

48 자연수 n에 대하여 n^2의 일의 자리의 숫자를 $f(n)$이라 하자. 집합

$$\{x \mid x=f(k),\ k\text{는 홀수}\}$$

의 모든 원소의 합은?

① 9 ② 11 ③ 13
④ 15 ⑤ 17

23472-0049

49 양의 실수 전체의 집합의 두 부분집합 A, B가 다음 조건을 만족시킨다.

(가) $n(A)=2$, $n(B)=4$
(나) 집합 A의 모든 원소의 합은 6이고, 집합 B의 모든 원소의 합은 9이다.

집합 C를

$$C=\{a+b \mid a\in A,\ b\in B\}$$

라 할 때, 집합 C의 모든 원소의 합의 최댓값을 구하시오.

23472-0050

50 전체집합 $U=\{1, 2, 3, 4, 5, 6, 7, 8\}$의 공집합이 아닌 두 부분집합 A, B가

$$A\cup B=U,\ A\cap B=\varnothing$$

을 만족시킨다. 집합 X의 모든 원소의 합을 $f(X)$라 할 때, $f(A)\times f(B)$의 최댓값은?

① 312 ② 316 ③ 320
④ 324 ⑤ 328

23472-0051

51 두 집합 X, Y에 대하여 집합 $X\triangle Y$를

$$X\triangle Y=(X\cap Y^C)\cup(X\cup Y^C)^C$$

로 정의하자. 두 집합

$$A=\{2, 3, 5, 7, 10\},\ B=\{1, 3, 5, 7, 9, 11\}$$

에 대하여 $A\triangle X=B$를 만족시키는 집합 X의 모든 원소의 합은?

① 27 ② 29 ③ 31
④ 33 ⑤ 35

23472-0052

52 전체집합 $U=\{1, 2, 3, 4\}$의 두 부분집합 A, B에 대하여 $A-B=\varnothing$을 만족시키는 두 집합 A, B의 모든 순서쌍 (A, B)의 개수를 구하시오.

23472-0053

53 $n(U)=50$인 전체집합 U의 두 부분집합 A, B에 대하여

$$n(A-B)=3\times n(A\cap B),$$
$$n(B-A)=2\times n(A\cap B),\ n(A)\geq 10$$

일 때, $n(A\cap B)$의 최솟값과 최댓값의 합은?

① 8 ② 9 ③ 10
④ 11 ⑤ 12

23472-0054

54 전체집합 $U=\{x|x$는 10 이하의 자연수$\}$의 두 부분집합

$A=\{1, 3, 5, 7, 9\}$, $B=\{x|x$는 10 이하의 소수$\}$

에 대하여 U의 부분집합 중 집합 $A\cup B$와 서로소인 집합의 개수를 구하시오.

23472-0055

55 집합 $A=\{2, 3, 4, 5, 6, 7, 8\}$의 부분집합 중에서 다음 조건을 만족시키는 집합 X의 개수를 구하시오.

(가) $n(X)\geq 2$
(나) 집합 X의 모든 원소의 합은 홀수이다.

23472-0056

56 집합 $A=\{a, 2a, 3a, 4a, 5a\}$에 대하여 집합 B를

$B=\{x+k|x\in A\}$

라 하자. $A\cap B=\{8, 10\}$일 때, $a+k$의 값은?

(단, a, k는 양의 실수이다.)

① 4 ② 6 ③ 8
④ 10 ⑤ 12

23472-0057

57 자연수 n에 대하여 집합

$X_n=\{x|n+2\leq x\leq 8n+12\}$

일 때, $X_1\cap X_2\cap\cdots\cap X_m=\varnothing$을 만족시키는 자연수 m의 최솟값을 구하시오.

23472-0058

58 10 이하의 자연수 전체의 집합의 부분집합 A가 다음 조건을 만족시킨다.

(가) $1\in A$, $10\in A$
(나) 집합 $B=\{3, 4, 5, 6\}$에 대하여
$\{(A-B)\cup(A\cap B)\}\cap B^C=A$가 성립한다.

집합 A의 모든 원소의 합의 최솟값과 최댓값을 각각 m, M이라 할 때, $m+M$의 값은?

① 36 ② 39 ③ 42
④ 45 ⑤ 48

23472-0059

59 서로 다른 네 양수 a, b, c, d에 대하여
집합 $A=\{a, b, c, d\}$가 다음 조건을 만족시킨다.

(가) 집합 $\{x+y|x\in A, y\in A\}$의 원소를 작은 것부터 차례로 나열한 것이 a_1, a_2, $\cdots$, a_n일 때, $a_2=4$이고 $a_{n-1}=10$이다.
(나) 집합 $\{xy|x\in A, y\in A\}$의 원소를 작은 것부터 차례로 나열한 것이 b_1, b_2, $\cdots$, b_m일 때, $b_2=3$, $b_{m-1}=24$이다.

집합 A를 구하시오.

▶ 23472-0060

60 정수 전체의 집합의 부분집합 X가 다음 조건을 만족시킨다.

> (가) 집합 X의 원소는 4개 이상의 연속된 자연수이다.
> (나) $n(X)$는 짝수이다.
> (다) 집합 X의 모든 원소의 합은 60이다.

집합 X의 원소의 개수의 최솟값을 구하시오.

▶ 23472-0061

61 2 이상의 자연수 n에 대하여 집합 A_n을

$A_n=\{x\mid nx$는 자연수이고 x는 1보다 작은 양의 실수$\}$

라 할 때, $n(A_6-A_9)+n(A_9-A_6)$의 값은?

① 6 ② 7 ③ 8
④ 9 ⑤ 10

▶ 23472-0062

62 실수 전체의 집합의 두 부분집합 A와 B가 다음 조건을 만족시킨다.

> (가) $A\cup B=\{x\mid -4\le x\le 4\}$
> (나) $B-A=\{x\mid 2<x\le 4\}$

$A=\{x\mid x^2+ax+b\le 0\}$일 때, a^2+b^2의 값은?
(단, a, b는 상수이다.)

① 56 ② 60 ③ 64
④ 68 ⑤ 72

▶ 23472-0063

63 집합 $A=\{1, 2, 3, 4\}$의 공집합이 아닌 서로 다른 모든 부분집합 A_1, A_2, $\cdots$, A_n에 대하여 집합 $A_k(1\le k\le n)$의 원소 중 가장 작은 원소를 $m(A_k)$라 할 때, $m(A_1)+m(A_2)+\cdots+m(A_n)$의 값은?

① 24 ② 25 ③ 26
④ 27 ⑤ 28

▶ 23472-0064

64 집합 X의 모든 원소의 합을 $S(X)$라 할 때, 실수 전체의 집합의 부분집합 A가 다음 조건을 만족시킨다.

> (가) $n(A)=5$
> (나) 집합 A의 부분집합 중 원소의 개수가 2 또는 3인 부분집합을 모두 나열한 것이 A_1, A_2, $\cdots$, A_n이고 $S(A_1)+S(A_2)+\cdots+S(A_n)=120$이다.

$S(A)$의 값을 구하시오.

▶ 23472-0065

65 어느 학교 학생들에게 좋아하는 스포츠를 조사한 결과의 일부는 다음과 같다.

> (가) 탁구, 배드민턴, 테니스를 좋아한다고 대답한 학생 수는 각각 45명, 45명, 36명이다.
> (나) 탁구만 좋아한다고 대답한 학생이 21명, 배드민턴만 좋아한다고 대답한 학생이 18명, 테니스만 좋아한다고 대답한 학생이 11명이다.
> (다) 탁구, 배드민턴, 테니스 중 적어도 하나를 좋아한다고 대답한 학생은 84명이다.

탁구, 배드민턴, 테니스를 모두 좋아한다고 대답한 학생 수를 구하시오.

추론

23472-0066

66 2 이상의 자연수 n에 대하여 자연수 전체의 집합의 부분집합 A_n이 다음 조건을 만족시킨다.

> (가) $1 \in A_n$
>
> (나) $x \in A_n$이면 $\frac{n}{x} \in A_n$이다.

<보기>에서 옳은 것만을 있는 대로 고른 것은?

> **보기**
>
> ㄱ. $A_7 = \{1, 7\}$
>
> ㄴ. 집합 A_n의 원소의 개수가 홀수이면 n의 양의 약수의 개수는 홀수이다.
>
> ㄷ. 집합 A_n의 원소의 개수가 12일 때, n의 최솟값은 96이다.

① ㄱ ② ㄱ, ㄴ ③ ㄱ, ㄷ
④ ㄴ, ㄷ ⑤ ㄱ, ㄴ, ㄷ

문항 파헤치기

풀이

실수 point 찾기

집합과 명제

11 명제

빈틈 개념

■ 명제의 부정은 반드시 여집합 개념을 생각해야 한다.
(1) 모든 ⟷ 어떤
(2) 그리고 ⟷ 또는
(3) 짝수 ⟷ 홀수
(4) 적어도 하나는 ~이다.
⟷ 모두 ~이 아니다.

■ 명제 $p \longrightarrow q$에서 가정 p를 만족시키지만 결론 q를 만족시키지 않는 예를 반례(counter example)라 한다.

■ '모든'이 숨어 있는 명제의 부정
명제 '정수는 유리수이다.'는 '모든 정수는 유리수이다.'와 같으므로 그 부정은 '어떤 정수는 유리수가 아니다.' 즉, '유리수가 아닌 정수가 있다.'이다.

■ 부등식의 증명
(1) 두 수의 차를 이용한다.
$A-B>0 \Longleftrightarrow A>B$
(2) 두 수의 제곱의 차를 이용한다.
$A^2-B^2>0 \Longleftrightarrow A>B$
(단, $A>0$, $B>0$)
(3) 두 수의 비를 이용한다.
$\frac{A}{B}>1 \Longleftrightarrow A>B$
(단, $A>0$, $B>0$)

1 명제와 조건

(1) **명제:** 그 내용이 참인지 거짓인지를 명확하게 판별할 수 있는 문장이나 식을 명제라 한다. 어떤 명제 p에 대하여 'p가 아니다.'를 명제 p의 부정이라 하고, 기호로 $\sim p$와 같이 나타낸다.

(2) **조건과 진리집합:** 변수의 값에 따라 참, 거짓을 판별할 수 있는 문장이나 식을 조건이라 한다. 전체집합 U의 원소 중 조건 p가 참이 되게 하는 모든 원소의 집합을 조건 p의 진리집합이라 한다.

2 '모든'이나 '어떤'을 포함한 명제

(1) **'모든'이나 '어떤'을 포함한 명제의 참, 거짓**
전체집합 U에 대하여 조건 p의 진리집합을 P라 하면
① $P=U$일 때, '모든 x에 대하여 p이다.'는 참이다.
② $P\neq\varnothing$일 때, '어떤 x에 대하여 p이다.'는 참이다.

(2) **'모든'이나 '어떤'을 포함한 명제의 부정**
① '모든 x에 대하여 p이다.'의 부정은 '어떤 x에 대하여 $\sim p$이다.'이다.
② '어떤 x에 대하여 p이다.'의 부정은 '모든 x에 대하여 $\sim p$이다.'이다.

3 명제의 역, 대우

(1) **명제의 역, 대우**
명제 $p \longrightarrow q$에 대하여
① 역: $q \longrightarrow p$
② 대우: $\sim q \longrightarrow \sim p$

(2) **증명법**
① **대우를 이용한 증명법:** 명제 $p \longrightarrow q$가 참이면 그 대우 $\sim q \longrightarrow \sim p$도 참임을 이용하여 어떤 명제가 참임을 보이는 증명 방법
② **귀류법:** 명제 또는 명제의 결론을 부정하면 모순이 생긴다는 것을 보여 원래 명제가 참임을 보이는 증명 방법

4 충분조건, 필요조건, 필요충분조건

(1) 두 조건 p, q에 대하여 명제 $p \longrightarrow q$가 참일 때, 기호로 $p \Longrightarrow q$와 같이 나타내고, p는 q이기 위한 충분조건, q는 p이기 위한 필요조건이라 한다.

(2) $p \Longrightarrow q$이고 $q \Longrightarrow p$일 때, p는 q이기 위한 필요충분조건이라 하고, 기호로 $p \Longleftrightarrow q$와 같이 나타낸다.

5 절대부등식

a, b가 실수일 때
(1) $a^2\geq 0$　　(2) $a^2+b^2\geq 0$

1등급 note

■ 명제 $p \longrightarrow q$의 참, 거짓
두 조건 p, q의 진리집합을 각각 P, Q라 할 때
(1) $P\subset Q$이면
명제 $p \longrightarrow q$는 참이다.
(2) $P\not\subset Q$이면
명제 $p \longrightarrow q$는 거짓이다.

■ 두 조건 p, q에 대하여
(1) $\sim(p$ 그리고 $q)$
$\Longleftrightarrow \sim p$ 또는 $\sim q$
(2) $\sim(p$ 또는 $q)$
$\Longleftrightarrow \sim p$ 그리고 $\sim q$

■ 명제와 그 대우의 참, 거짓은 항상 일치한다.

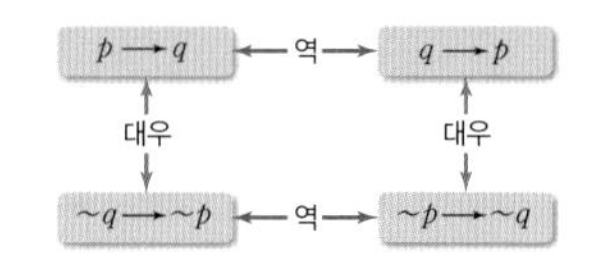

■ 두 조건 p, q의 진리집합을 각각 P, Q라 할 때
(1) $P\subset Q$
$\Longleftrightarrow$ p는 q이기 위한 충분조건
$\Longleftrightarrow$ q는 p이기 위한 필요조건
(2) $P=Q$
$\Longleftrightarrow$ p는 q이기 위한 필요충분조건

■ 산술평균과 기하평균의 관계
$a>0$, $b>0$일 때, $\frac{a+b}{2}\geq\sqrt{ab}$
(단, 등호는 $a=b$일 때 성립한다.)

■ 코시-슈바르츠의 부등식
a, b, x, y가 실수일 때,
$(a^2+b^2)(x^2+y^2)\geq(ax+by)^2$
(단, 등호는 $\frac{x}{a}=\frac{y}{b}$일 때 성립한다.)

기출에서 찾은 내신 필수 문제

| 명제와 조건 | ▶ 23472-0067

01 출제율 76%

실수 x에 대한 조건 '$x^2-4x-5\geq 0$'의 부정의 진리집합에 포함되는 정수 x의 최댓값과 최솟값의 합은?

① 1 ② 2 ③ 3
④ 4 ⑤ 5

| 명제와 조건 | ▶ 23472-0068

02 출제율 84%

두 실수 x, y에 대하여 〈보기〉에서 참인 명제만을 있는 대로 고른 것은?

| 보기 |

ㄱ. $x^2+y^2=0$이면 $x=0$, $y=0$이다.
ㄴ. $x^2=y^2$이면 $x=y$이다.
ㄷ. x가 6의 약수이면 x는 12의 약수이다.

① ㄱ ② ㄱ, ㄴ ③ ㄱ, ㄷ
④ ㄴ, ㄷ ⑤ ㄱ, ㄴ, ㄷ

| 명제와 역, 대우 | ▶ 23472-0069

03 출제율 91%

두 실수 a, b에 대하여 명제 '$a+b<4$이면 $a<k$ 또는 $b<3$이다.'가 참일 때, 상수 k의 최솟값은?

① 1 ② 2 ③ 3
④ 4 ⑤ 5

| 명제와 역, 대우 | ▶ 23472-0070

04 출제율 88%

두 조건

p: $x<a$, q: $x^2\leq 4$

에 대하여 명제 $p \longrightarrow q$의 역이 참이 되도록 하는 정수 a의 최솟값은?

① 1 ② 2 ③ 3
④ 4 ⑤ 5

| 명제와 역, 대우 | ▶ 23472-0071

05 출제율 92%

실수 x, y에 대하여 〈보기〉에서 그 역과 대우가 모두 참인 명제를 있는 대로 고른 것은?

| 보기 |

ㄱ. $x>3$이면 $x^2>9$이다.
ㄴ. $xy\neq 0$이면 $x\neq 0$이고 $y\neq 0$이다.
ㄷ. $|x|\leq 1$이면 $x^2-1\leq 0$이다.

① ㄱ ② ㄴ ③ ㄷ
④ ㄱ, ㄷ ⑤ ㄴ, ㄷ

| 명제와 역, 대우 | ▶ 23472-0072

06 출제율 90%

다음은 명제 '$\sqrt{2}$는 무리수이다.'를 증명하는 과정이다.

$\sqrt{2}$가 유리수라 가정하자.
서로소인 두 자연수 m, n에 대하여 $\frac{n}{m}=\sqrt{2}$
$n^2=$ (가)
n^2이 짝수이므로 n은 짝수이다.
$n=2k$ (k는 자연수)라 하면
$2k^2=$ (나)
m^2이 짝수이므로 m도 짝수이다.
따라서 m, n이 서로소인 자연수라는 사실에 모순이므로 $\sqrt{2}$는 무리수이다.

위의 (가), (나)에 알맞은 식을 각각 $f(m)$, $g(m)$이라 할 때, $f(3)+g(4)$의 값은?

① 30 ② 32 ③ 34
④ 36 ⑤ 38

서술형 문제

| 충분, 필요, 필요충분조건 | 23472-0073

07
출제율 94%

실수 x에 대한 두 조건 p, q가

p: $|x-a|\le 1$, q: $-2\le x\le 3$

일 때, p가 q이기 위한 충분조건이 되도록 하는 모든 정수 a의 개수는?

① 1 ② 2 ③ 3
④ 4 ⑤ 5

| 충분, 필요, 필요충분조건 | 23472-0074

08
출제율 92%

세 조건 p, q, r에 대하여 p는 q이기 위한 필요조건이고 $\sim q$는 $\sim r$이기 위한 충분조건이다. 전체집합 U에 대하여 세 조건 p, q, r의 진리집합을 P, Q, R라 할 때, 〈보기〉에서 옳은 것만을 있는 대로 고른 것은?

| 보기 |
ㄱ. $R\subset Q$
ㄴ. $R\subset P$
ㄷ. $Q^C\subset P^C$

① ㄱ ② ㄴ ③ ㄱ, ㄴ
④ ㄱ, ㄷ ⑤ ㄱ, ㄴ, ㄷ

| 절대부등식 | 23472-0075

09
출제율 88%

$a\ne 0$인 실수 a에 대하여 $\left(a+\frac{1}{a}\right)\left(a+\frac{4}{a}\right)$의 최솟값은?

① 6 ② 7 ③ 8
④ 9 ⑤ 10

23472-0076

10
출제율 84%

다음 명제의 역과 대우를 쓰고, 각각 참과 거짓을 판별하시오.

(1) $ab\ne 0$이면 $a\ne 0$이다.
(2) $a+b$가 무리수이면 a, b가 모두 무리수이다.

23472-0077

11
출제율 90%

세 조건

p: $-2<x\le 3$, $x>5$,
q: $x>a$,
r: $x>b$

에 대하여 조건 p는 조건 q이기 위한 충분조건이고, 조건 p는 조건 r이기 위한 필요조건일 때, 실수 a의 최댓값과 실수 b의 최솟값의 합을 구하시오.

23472-0078

12
출제율 76%

두 실수 a, b에 대하여 부등식 $(a+b)^2\ge 4ab$이 성립함을 증명하고 등호가 성립할 조건을 구하시오.

내신 고득점 도전 문제

개념 1 명제와 조건

▶ 23472-0079

13 전체집합 $U=\{x\mid x$는 10 이하의 자연수$\}$에 대하여 조건 'x는 홀수이고 $|x-3|\le 3$'의 부정의 진리집합에 포함되는 모든 원소의 개수는?

① 1　② 3　③ 5　④ 7　⑤ 9

▶ 23472-0080

14 전체집합 U에 대하여 두 조건 p, q의 진리집합을 각각 P, Q라 할 때,

$$P-Q=\varnothing,\ P\cup Q^C=U$$

가 성립한다. 〈보기〉에서 참인 명제만을 있는 대로 고른 것은?

보기
ㄱ. $p \longrightarrow q$
ㄴ. $\sim q \longrightarrow p$
ㄷ. $\sim p \longrightarrow \sim q$

① ㄱ　② ㄴ　③ ㄱ, ㄴ　④ ㄱ, ㄷ　⑤ ㄱ, ㄴ, ㄷ

▶ 23472-0081

15 전체집합 U에 대하여 두 조건 p, q의 진리집합을 각각 P, Q라 할 때, 명제 $p \longrightarrow \sim q$가 거짓임을 보이는 원소로만 이루어져 있는 집합은?

① P　② Q　③ $P\cap Q^C$　④ $P^C\cap Q$　⑤ $P\cap Q$

▶ 23472-0082

16 명제 '$|x|\le n$인 어떤 x에 대하여 $x^2-10x+24<0$이다.'가 참이 되도록 하는 자연수 n의 최솟값은?

① 2　② 3　③ 4　④ 5　⑤ 6

개념 2 명제의 역, 대우

▶ 23472-0083

17 명제 '$(x-1)(x^2-5x-10)\ne 0$이면 $x\ne 2a-3$이다.'가 참이 되도록 하는 모든 실수 a의 값의 합은?

① 6　② $\frac{13}{2}$　③ 7　④ $\frac{15}{2}$　⑤ 8

▶ 23472-0084

18 다음은 자연수 n에 대하여 명제

'n^2이 3의 배수이면 n도 3의 배수이다.'

를 증명하는 과정이다.

> n이 3의 배수가 아니라고 가정하자.
> $n=3k-1$ 또는 $n=3k-2$(k는 자연수)
> 라 하면
> $n=3k-1$일 때,
> $n^2=3\times($ (가) $)+1$
> $n=3k-2$일 때,
> $n^2=3\times($ (나) $)+1$
> 이므로 n^2은 3으로 나누면 나머지가 (다) 인 자연수이다.
> 따라서 n이 3의 배수가 아니면 n^2도 3의 배수가 아니다.
> 즉, n^2이 3의 배수이면 n도 3의 배수이다.

위의 (가), (나)에 알맞은 식을 각각 $f(k)$, $g(k)$라 하고, (다)에 알맞은 수를 a라 할 때, $f(3a)+g(3a)$의 값은?

① 31　② 33　③ 35　④ 37　⑤ 39

개념 3 충분, 필요, 필요충분조건

▶ 23472-0085

19 실수 x에 대한 세 조건

$p: |x-2| \leq 3$, $q: x \leq a$, $r: |x-1| \leq a-4$

에 대하여 조건 p는 조건 q이기 위한 충분조건이고, 조건 p는 조건 r이기 위한 필요조건일 때, 모든 정수 a의 값의 합은? (단, $a \geq 4$)

① 11 ② 13 ③ 15
④ 17 ⑤ 19

▶ 23472-0086

20 네 조건 p, q, r, s에 대하여 'p는 q이기 위한 충분조건, q는 r이기 위한 필요조건, q는 s이기 위한 충분조건, r는 s이기 위한 필요조건'일 때, <보기>에서 옳은 것만을 있는 대로 고른 것은?

보기

ㄱ. p는 s이기 위한 충분조건이다.
ㄴ. q는 s이기 위한 필요충분조건이다.
ㄷ. r는 p이기 위한 필요조건이다.

① ㄱ ② ㄱ, ㄴ ③ ㄱ, ㄷ
④ ㄴ, ㄷ ⑤ ㄱ, ㄴ, ㄷ

개념 4 절대부등식

▶ 23472-0087

21 $x>2$에서 부등식 $4x+\dfrac{1}{x-2} \geq m$이 항상 성립하도록 하는 실수 m의 최댓값은?

① 10 ② 11 ③ 12
④ 13 ⑤ 14

▶ 23472-0088

22 명제 '180의 모든 양의 약수인 자연수 x에 대하여 $\sqrt{x}$는 무리수이다.'가 거짓임을 보이는 모든 반례인 x의 개수를 구하시오.

▶ 23472-0089

23 전체집합 U에 대하여 세 조건 p, q, r의 진리집합을 각각 P, Q, R라 하자. $(R-P) \cup (P-Q) = \varnothing$이 성립할 때, r는 q이기 위한 (가) 조건이고 $\sim p$는 $\sim q$이기 위한 (나) 조건이다. 충분, 필요, 필요충분 중 (가)와 (나)에 알맞은 것을 차례로 적고 그 이유를 서술하시오.

▶ 23472-0090

24 네 실수 a, b, x, y에 대하여 부등식

$(a^2+b^2)(x^2+y^2) \geq (ax+by)^2$

이 성립함을 증명하고 등호가 성립할 조건을 구하시오.

23472-0091

25 실수 x에 대한 조건

p: $|x-n| \geq \frac{k}{3}$

에 대하여 조건 $\sim p$의 진리집합에 포함되는 정수의 개수가 5일 때, 모든 자연수 k의 값의 합은? (단, n은 자연수이다.)

① 20 ② 22 ③ 24 ④ 26 ⑤ 28

23472-0092

26 실수 x에 대한 세 조건

p: $x<-3$ 또는 $x>2$,

q: $-2 \leq x \leq 2$,

r: $x^2+ax+b \leq 0$

에 대하여 두 명제 $q \longrightarrow r$, $r \longrightarrow \sim p$가 모두 참이다. 두 실수 a, b에 대하여 $a+b$의 최솟값은?

① -1 ② -3 ③ -5 ④ -7 ⑤ -9

23472-0093

27 두 실수 x, y에 대한 두 조건 p, q가

p: $(x-1)^2+(y-2)^2=r^2$, q: $y=7-x$

일 때, 명제 '어떤 x, y에 대하여 p이면 q이다.'가 참이 되도록 하는 r^2의 최솟값은? (단, r는 양수이다.)

① 6 ② 8 ③ 10 ④ 12 ⑤ 14

23472-0094

28 실수 x에 대한 두 조건 p, q가

p: $x^3+ax^2+bx+c \neq 0$,

q: $x^2-2x-3 \neq 0$

이다. p는 q이기 위한 필요충분조건일 때, 세 상수 a, b, c에 대하여 모든 $a+b+c$의 값의 합은?

① -2 ② -1 ③ 0 ④ 1 ⑤ 2

23472-0095

29 세 집합 A, B, C에 대하여 〈보기〉의 명제 중 참인 명제인 것만을 있는 대로 고른 것은?

보기

ㄱ. $A=B$이면 $A \cup C=B \cup C$이다.

ㄴ. $A \cap C=B \cap C$이면 $A=B$이다.

ㄷ. $A \subset B$이면 $n(A-C) \leq n(B-C)$이다.

① ㄱ ② ㄴ ③ ㄱ, ㄴ ④ ㄱ, ㄷ ⑤ ㄱ, ㄴ, ㄷ

23472-0096

30 전체집합 U의 두 부분집합 A, B에 대하여 $A=B$이기 위한 필요충분조건인 것만을 〈보기〉에서 있는 대로 고른 것은?

보기

ㄱ. $A^C \subset B^C$이고 $n(A) \leq n(B)$

ㄴ. $\{A \cap (A-B^C)^C\} \cup (B-A)=\varnothing$

ㄷ. $(A-B) \cup (A-B^C)=B$

① ㄱ ② ㄴ ③ ㄱ, ㄷ ④ ㄴ, ㄷ ⑤ ㄱ, ㄴ, ㄷ

23472-0097

31 두 실수 a, b에 대하여 〈보기〉에서 조건 p가 조건 q이기 위한 충분조건이지만 필요조건이 아닌 것만을 있는 대로 고른 것은?

| 보기 |

ㄱ. p: $ab=0$ $\quad$ q: $|a|+|b|=0$

ㄴ. p: $0<a+b<ab$ $\quad$ q: $a>0$, $b>0$

ㄷ. p: $|a+b|\geq|a-b|$ $\quad$ q: $|b-a|\geq|b|-|a|$

① ㄱ ② ㄴ ③ ㄷ
④ ㄴ, ㄷ ⑤ ㄱ, ㄴ, ㄷ

23472-0098

32 전체집합 U의 세 부분집합 P, Q, R가 각각 세 조건 p, q, r의 진리집합이고, 두 명제 $p \longrightarrow \sim q$와 $\sim r \longrightarrow q$가 모두 참일 때, 〈보기〉에서 옳은 것만을 있는 대로 고른 것은?

| 보기 |

ㄱ. $P\subset R$

ㄴ. $(P\cup Q^C)\subset R^C$

ㄷ. $(P^C\cap R^C)\subset Q$

① ㄱ ② ㄴ ③ ㄱ, ㄴ
④ ㄱ, ㄷ ⑤ ㄱ, ㄴ, ㄷ

23472-0099

33 두 실수 x, y에 대하여 〈보기〉에서 조건 p가 조건 q이기 위한 필요충분조건인 것만을 있는 대로 고른 것은?

| 보기 |

ㄱ. p: $\dfrac{1}{xy}>1$ $\quad$ q: $xy<1$

ㄴ. p: $x\neq0$ 또는 $y\neq0$ $\quad$ q: $x^2+y^2>0$

ㄷ. p: $|x+y|=0$ $\quad$ q: $x^3+y^3=0$

① ㄱ ② ㄴ ③ ㄷ
④ ㄴ, ㄷ ⑤ ㄱ, ㄴ, ㄷ

23472-0100

34 세 조건 p, q, r가 다음 조건을 만족시킨다.

(가) p는 q이기 위한 필요조건이다.
(나) $\sim q$는 $\sim r$이기 위한 충분조건이다.

세 조건 p, q, r의 진리집합을 각각 P, Q, R라 할 때, 〈보기〉에서 옳은 것만을 있는 대로 고른 것은?

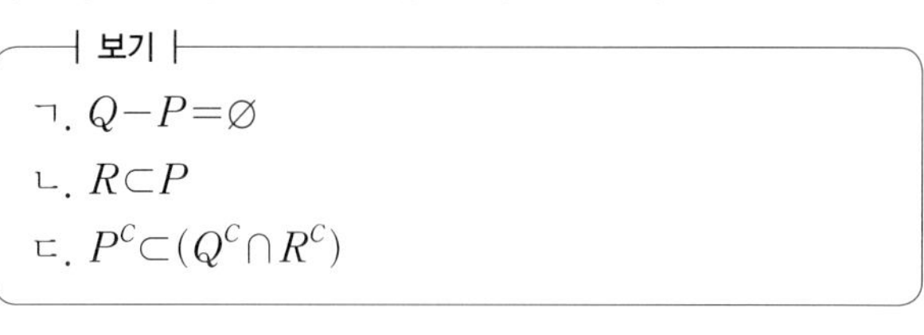

| 보기 |

ㄱ. $Q-P=\varnothing$

ㄴ. $R\subset P$

ㄷ. $P^C\subset(Q^C\cap R^C)$

① ㄱ ② ㄱ, ㄴ ③ ㄱ, ㄷ
④ ㄴ, ㄷ ⑤ ㄱ, ㄴ, ㄷ

23472-0101

35 두 조건 p, q에 대하여 $f(p, q)$를 다음과 같이 정의하자.

$$f(p, q)=\begin{cases}1 \text{ (명제 } p \longrightarrow q\text{가 참)}\\ 2 \text{ (명제 } p \longrightarrow q\text{가 거짓)}\end{cases}$$

세 집합 A, B, C에 대하여 세 조건 p, q, r가

p: $A\subset(B\cap C)$,
q: $A\subset(B\cup C)$,
r: $A\subset B$ 또는 $A\subset C$

일 때, $f(p, q)+2f(\sim q, \sim r)+3f(\sim p, \sim r)$의 값은?

① 7 ② 8 ③ 9
④ 10 ⑤ 11

23472-0102

36 자연수 x에 대하여 세 조건 p, q, r가

p: x는 2의 배수 또는 3의 배수이다.

q: x를 5로 나눈 나머지가 3 또는 4이다.

r: $(x-a)(x-b)=0$, $a\neq b$

이다. $\sim p$는 r이기 위한 필요조건이고, r는 q이기 위한 충분조건일 때, $a+b$의 최솟값을 구하시오.

신유형

23472-0103

37 명제 '어떤 실수 x에 대하여 $y=\dfrac{x^2-x+1}{x^2+x+1}$이면 $|y+1|\leq t$이다.'가 참이 되도록 하는 실수 t의 최솟값은?

① $\dfrac{1}{3}$ ② $\dfrac{2}{3}$ ③ 1 ④ $\dfrac{4}{3}$ ⑤ $\dfrac{5}{3}$

신유형

23472-0104

38 높이가 3인 정삼각형 ABC의 내부의 점 P에서 세 변 BC, CA, AB에 내린 수선의 발을 각각 D, E, F라 하자. $\overline{\mathrm{PD}}=1$일 때, $\overline{\mathrm{PE}}^2+\overline{\mathrm{PF}}^2$의 최솟값은?

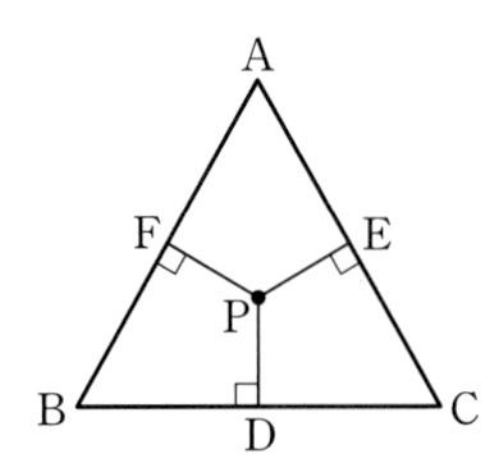

① 2 ② 3 ③ 4 ④ 5 ⑤ 6

23472-0105

39 다음은 명제 '$x^2+y^2=3$을 만족시키는 두 유리수 x, y는 존재하지 않는다.'를 증명하는 과정이다.

> $x^2+y^2=3$을 만족시키는 두 유리수 x, y가 존재한다고 가정하자.
> 두 유리수 x, y가 $x^2+y^2=3$을 만족시키므로
> $x=\dfrac{m}{M}$, $y=\dfrac{n}{N}$ (m과 M, n과 N은 서로소인 정수)
> 이라 하면
> $\left(\dfrac{m}{M}\right)^2+\left(\dfrac{n}{N}\right)^2=3$
> 따라서 $\dfrac{m^2N^2}{M^2}=3N^2-$ (가)
> m과 M은 서로소이므로 $N=kM$ (k는 정수)이어야 한다. 즉,
> $(km)^2+n^2=3N^2$
> $km=3a+r$, $n=3b+s$ (a, b, r, s는 정수이고 $0\leq r<3$, $0\leq s<3$)라 하면
> $(km)^2+n^2=3(3a^2+2ar+3b^2+2bs)+r^2+$ (나)
> 그런데 $(km)^2+n^2$이 3의 배수이므로 $r=s=0$이어야 한다.
> 따라서 두 수 km, n은 3의 배수이므로 N은 (다) 의 배수이다.
> 이것은 n과 N이 서로소라는 가정에 모순이다.
> 따라서 $x^2+y^2=3$을 만족시키는 두 유리수 x, y는 존재하지 않는다.

위의 (가), (나)에 알맞은 식을 각각 $f(n)$, $g(s)$라 하고, (다)에 알맞은 수의 최댓값을 a라 할 때, $a\times\dfrac{g(8)}{f(4)}$의 값은?

① 12 ② 14 ③ 16 ④ 18 ⑤ 20

23472-0106

40 함수 $y=\dfrac{k}{x}$의 그래프 위의 제1사분면에 있는 점 P와 직선 $3x+4y+11=0$ 사이의 거리의 최솟값이 7 이하가 되도록 하는 모든 자연수 k의 개수는?

① 6 ② 8 ③ 10 ④ 12 ⑤ 14

23472-0107

41 좌표평면에서 두 직선 $y=4-x$, $y=k$와 y축으로 둘러싸인 부분의 경계 및 내부를 도형 D라 하자. 두 점 A$(4, 0)$, B$(0, 4)$에 대하여 명제

'영역 D에 속하는 어떤 점 P에 대하여 $\angle$POA$=\angle$PAB이다.'

가 참이 되도록 하는 양수 k의 최댓값은? (단, O는 원점이다.)

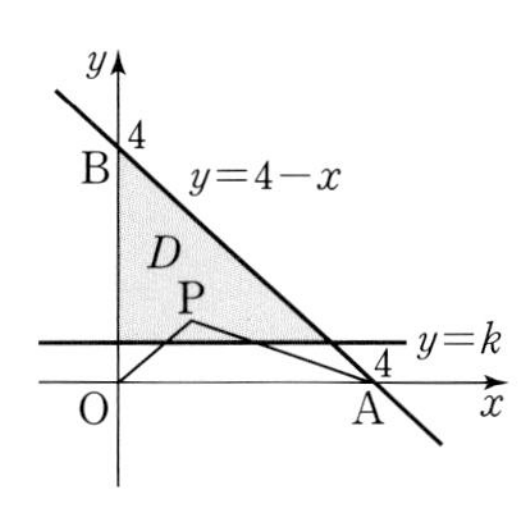

① $\sqrt{2}-1$ ② $2(\sqrt{2}-1)$ ③ $3(\sqrt{2}-1)$ ④ $\sqrt{2}+1$ ⑤ $2(\sqrt{2}+1)$

문항 파헤치기

풀이

실수 point 찾기

함수와 그래프

12 함수

빈틈 개념

■ 두 집합 X, Y에서 집합 X의 원소에 집합 Y의 원소가 꼭 하나씩만 대응할 때, 이러한 대응 f를 집합 X에서 Y로의 함수라 하고 이것을 기호로

$f: X \longrightarrow Y$

와 같이 나타낸다.

■ 함수 $f: X \longrightarrow Y$에서 집합 X를 함수 f의 정의역, 집합 Y를 함수 f의 공역이라 하고, 함수 f의 함숫값 전체의 집합 $\{f(x) | x \in X\}$를 함수 f의 치역이라 한다.

■ 함수가 될 수 없는 경우는 다음의 2가지 경우이다.

(1) 정의역 X의 원소 중에서 대응하지 않고 남아 있는 원소가 있을 때

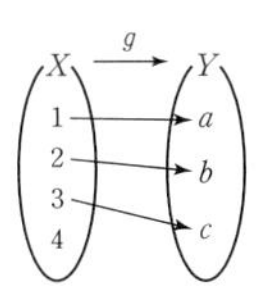

(2) 정의역 X의 한 원소에 공역 Y의 원소가 두 개 이상 대응할 때

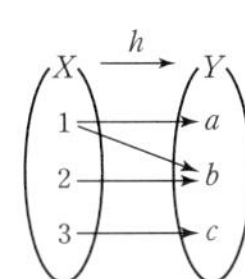

1 여러 가지 함수

(1) **일대일함수**: 함수 $f: X \longrightarrow Y$에서 X의 임의의 두 원소 x_1, x_2에 대하여

$x_1 \neq x_2$이면 $f(x_1) \neq f(x_2)$

일 때, 함수 f를 X에서 Y로의 일대일함수라 한다.

(2) **일대일대응**: 함수 $f: X \longrightarrow Y$에서

① 치역과 공역이 같고

② 정의역 X의 임의의 두 원소 x_1, x_2에 대하여

$x_1 \neq x_2$이면 $f(x_1) \neq f(x_2)$

일 때, 함수 f를 X에서 Y로의 일대일대응이라 한다.

(3) **항등함수**: 정의역과 공역이 같고, 정의역의 각 원소에 자기 자신을 대응시키는 함수, 즉

$f: X \longrightarrow X$, $f(x)=x$

를 X에서의 항등함수라고 한다.

(4) **상수함수**: 함수 $f: X \longrightarrow Y$에서 정의역 X의 모든 원소 x가 공역 Y의 하나의 원소에만 대응될 때, 즉

$f: X \longrightarrow Y$, $f(x)=c$ (c는 상수, $c \in Y$)

일 때, 함수 f를 상수함수라 한다.

2 합성함수

(1) 두 함수 $f: X \longrightarrow Y$, $g: Y \longrightarrow Z$의 합성함수 $g \circ f$는

$g \circ f: X \longrightarrow Z$, 즉 $(g \circ f)(x)=g(f(x))$

(2) 성질

① $g \circ f \neq f \circ g$ (교환법칙이 성립하지 않는다.)

② $h \circ (g \circ f)=(h \circ g) \circ f$ (결합법칙이 성립한다.)

③ $f \circ I=I \circ f=f$ (단, I는 항등함수)

3 역함수

(1) 함수 $f: X \longrightarrow Y$가 일대일대응일 때,

역함수 $f^{-1}: Y \longrightarrow X$가 존재하고

$y=f(x) \Longleftrightarrow x=f^{-1}(y)$

(2) 성질

세 함수 $f: X \longrightarrow Y$, $g: Y \longrightarrow X$, $h: X \longrightarrow Z$가 일대일대응이고 I는 항등함수일 때

① $(f^{-1})^{-1}=f$ ② $f^{-1} \circ f=I$

③ $f \circ g=I$이면 $f=g^{-1}$

④ $(g \circ f)^{-1}=f^{-1} \circ g^{-1}$, $(f \circ g)^{-1}=g^{-1} \circ f^{-1}$

⑤ $(h \circ g \circ f)^{-1}=f^{-1} \circ g^{-1} \circ h^{-1}$

1등급 note

■ **서로 같은 함수**

두 함수 $f: X \longrightarrow Y$, $g: U \longrightarrow V$에 대하여 정의역과 공역이 각각 같고 함숫값이 모두 같을 때, 즉

(i) 정의역과 공역이 각각 같다.

(ii) 정의역의 모든 원소 x에 대하여 $f(x)=g(x)$이다.

이면 두 함수 f와 g는 서로 같다고 하며, $f=g$로 나타낸다.

■ 두 집합 $X=\{x_1, x_2, \cdots, x_n\}$, $Y=\{y_1, y_2, \cdots, y_m\}$에 대하여 X에서 Y로의

(1) 함수의 개수 ⇨ m^n

(2) 일대일대응의 개수 (단, $m=n$)

⇨ $m \times (m-1) \times \cdots \times 2 \times 1$

■ 함수 $y=f(x)$와 그 역함수 $y=f^{-1}(x)$의 그래프는 직선 $y=x$에 대하여 대칭이다.

기출에서 찾은 **내신 필수 문제**

01 | 함수 | ▶ 23472-0108

출제율 95%

〈보기〉에서 실수 전체의 집합 R에서 R로의 함수인 것만을 있는 대로 고른 것은?

| 보기 |

ㄱ. $y=|x-3|$

ㄴ. $x^2+y^2=4$

ㄷ. $y=1-x^2$

① ㄱ ② ㄱ, ㄴ ③ ㄱ, ㄷ

④ ㄴ, ㄷ ⑤ ㄱ, ㄴ, ㄷ

02 | 함수 | ▶ 23472-0109

출제율 83%

집합 $X=\{1, 4\}$를 정의역으로 하는 두 함수 $f(x)=x+2$, $g(x)=ax^2+b$에 대하여 $f=g$일 때, $\frac{b}{a}$의 값은? (단, a, b는 상수이다.)

① 12 ② 14 ③ 16

④ 18 ⑤ 20

03 | 함수 | ▶ 23472-0110

출제율 88%

실수 전체의 집합에서 정의된 함수 f가

$$f(x)=\begin{cases} x^2+2 & (x\ge 0) \\ 2x^2-x & (x<0) \end{cases}$$

일 때, $f(a)=f(-a)$를 만족시키는 모든 실수 a의 개수는?

① 1 ② 2 ③ 3

④ 4 ⑤ 5

04 | 여러 가지 함수 | ▶ 23472-0111

출제율 84%

집합 $X=\{-1, 0, 1\}$에 대하여 X에서 X로의 함수 중 $f(0)<f(1)$인 일대일함수 f의 개수는?

① 1 ② 2 ③ 3

④ 4 ⑤ 5

05 | 여러 가지 함수 | ▶ 23472-0112

출제율 94%

두 집합 $X=\{x|-1\le x\le 2\}$, $Y=\{y|0\le y\le 6\}$에 대하여 X에서 Y로의 함수 $f(x)=ax+b$가 일대일대응일 때, 모든 $a+b$의 값의 합은?

① 2 ② 4 ③ 6

④ 8 ⑤ 10

06 | 여러 가지 함수 | ▶ 23472-0113

출제율 86%

실수 전체의 집합의 부분집합 X에 대하여 집합 X에서 X로의 함수 $f(x)=x^2-4x+6$이 항등함수가 되도록 하는 공집합이 아닌 집합 X를 모두 나열하면 X_1, X_2, $\cdots$, X_n이다. 집합 X의 모든 원소의 합을 $S(X)$라 할 때, $S(X_1)+S(X_2)+\cdots+S(X_n)$의 값은?

① 2 ② 4 ③ 6

④ 8 ⑤ 10

| 여러 가지 함수 |

23472-0114

07

출제율 92%

실수 전체의 집합에서 정의된 함수

$$f(x)=\begin{cases}(a-6)x & (x\le 0)\\(3-a)x & (x>0)\end{cases}$$

이 일대일함수가 되도록 하는 정수 a의 개수는?

① 2 ② 3 ③ 5 ④ 7 ⑤ 8

| 여러 가지 함수 |

23472-0115

08

출제율 90%

집합 $X=\{1, 2, 3\}$에 대하여 X에서 X로의 세 함수 f, g, h는 각각 일대일대응, 항등함수, 상수함수이다. $f(1)=g(2)+h(3)$, $f(2)\le f(3)$일 때, $f(3)+g(2)+h(1)$의 값은?

① 3 ② 4 ③ 5 ④ 6 ⑤ 7

| 여러 가지 함수 |

23472-0116

09

출제율 94%

두 집합 $X=\{a, b, c\}$, $Y=\{1, 2, 3, 4\}$에 대하여 X에서 Y로의 함수 중 일대일함수의 개수를 m, 상수함수의 개수를 n이라 할 때, $m+n$의 값은?

① 22 ② 24 ③ 26 ④ 28 ⑤ 30

| 합성함수 |

23472-0117

10

출제율 98%

두 함수 $f(x)=x^2+3$, $g(x)=2x-1$에 대하여 $(g\circ f)(2)$의 값은?

① 13 ② 15 ③ 17 ④ 19 ⑤ 21

| 합성함수 |

23472-0118

11

출제율 88%

일차함수 $f(x)$에 대하여

$$(f\circ f)(x)=9x-8$$

을 만족시킬 때, 모든 $f(0)$의 값의 합은?

① -4 ② -2 ③ 0 ④ 2 ⑤ 4

| 합성함수 |

23472-0119

12

출제율 90%

함수 $y=f(x)$의 그래프와 직선 $y=x$가 그림과 같을 때, 방정식 $(f\circ f)(x)=c$의 해는?

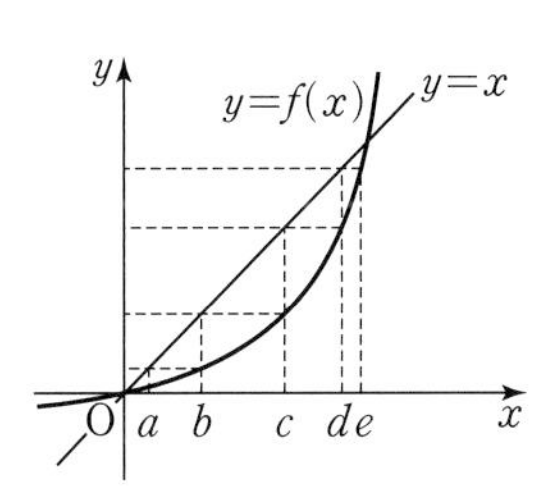

① a ② b ③ c ④ d ⑤ e

| 합성함수 | 23472-0120

13 출제율 88%

실수 전체의 집합에서 정의된 함수

$f(x)=3x+4,\ g(x)=ax-2$

에 대하여 $f\circ g=g\circ f$가 성립하도록 하는 실수 a의 값은?

① -2　② -1　③ 0　④ 1　⑤ 2

| 합성함수 | 23472-0121

14 출제율 92%

실수 전체의 집합에서 정의된 두 함수

$f(x)=4x-2,\ g(x)=-2x+4$

에 대하여 함수 h가 $(g\circ h)(x)=f(x)$를 만족시킬 때, $h(0)+h(2)$의 값은?

① 1　② 2　③ 3　④ 4　⑤ 5

| 합성함수 | 23472-0122

15 출제율 84%

집합 $X=\{\sqrt{n}\,|\,n$은 2 이상의 자연수$\}$에서 실수 전체의 집합으로의 함수 $f(x)$가

$$f(x)=\begin{cases}3x-2 & (x\text{는 유리수})\\ x^2+2 & (x\text{는 무리수})\end{cases}$$

일 때, 〈보기〉에서 옳은 것만을 있는 대로 고른 것은?

| 보기 |

ㄱ. $(f\circ f)(2)=10$

ㄴ. 함수 $f(x)$의 치역은 4 이상의 자연수 전체의 집합의 부분집합이다.

ㄷ. 집합 X에 속하는 모든 무리수 x에 대하여 $(f\circ f)(x)=3x^2+4$이다.

① ㄱ　② ㄴ　③ ㄱ, ㄴ　④ ㄴ, ㄷ　⑤ ㄱ, ㄴ, ㄷ

| 역함수 | 23472-0123

16 출제율 94%

함수 $f(x)=ax+4$의 역함수가 $f^{-1}(x)=\frac{1}{2}x+b$일 때, 두 상수 a, b에 대하여 ab의 값은? (단, $a\neq0$)

① -4　② -2　③ -1　④ 2　⑤ 4

| 역함수 | 23472-0124

17 출제율 92%

두 집합 $X=\{x\,|\,a\le x\le 2\}$, $Y=\{y\,|\,0\le y\le b\}$에 대하여 X에서 Y로의 함수 $f(x)=3x+1$의 역함수가 존재할 때, $a+b$의 값은?

① $\frac{17}{3}$　② 6　③ $\frac{19}{3}$　④ $\frac{20}{3}$　⑤ 7

| 역함수 | 23472-0125

18 출제율 96%

두 함수 $f(x)=\begin{cases}2x+3 & (x\le0)\\ x^2+3 & (x>0)\end{cases}$, $g(x)=-3x+5$에 대하여 $((f^{-1}\circ g)^{-1}\circ f)(-1)$의 값은?

① $\frac{1}{6}$　② $\frac{1}{5}$　③ $\frac{1}{4}$　④ $\frac{1}{3}$　⑤ $\frac{1}{2}$

| 역함수 |

▶ 23472-0126

19 출제율 91%

두 함수 $f(x)=ax+b$, $g(x)=x+3$에 대하여

$(g \circ f)(x)=ax+1$, $f^{-1}(4)=2$

가 성립할 때, $a+b$의 값은? (단, a, b는 상수이다.)

① 1 ② 2 ③ 3
④ 4 ⑤ 5

| 역함수 |

▶ 23472-0127

20 출제율 86%

두 함수 $f(x)=-\frac{4}{5}x+\frac{3}{7}$, $g(x)=3x+1$에 대하여 실수 전체의 집합을 정의역으로 하는 함수 $h(x)$가 모든 실수 x에 대하여 $(h \circ g \circ f)(x)=f(x)$를 만족시킬 때, $h(4)$의 값은?

① -2 ② -1 ③ 0
④ 1 ⑤ 2

| 역함수 |

▶ 23472-0128

21 출제율 90%

함수 $f(x)=(x-2)^2$ $(x\geq 2)$의 역함수를 $g(x)$라 할 때, 두 함수 $y=f(x)$, $y=g(x)$의 그래프가 만나는 점의 좌표는 (a, b)이다. $a+b$의 값은?

① 6 ② 8 ③ 10
④ 12 ⑤ 14

서술형 문제

▶ 23472-0129

22 출제율 96%

이차함수 $f(x)=x^2-4x$에 대하여 함수 $f: X \longrightarrow X$가 일대일대응이 되도록 하는 집합 X는 $X=\{x|x\geq k\}$이다. 실수 k의 값을 구하시오.

▶ 23472-0130

23 출제율 93%

두 함수 $f(x)=2x-5$, $g(x)=-x+1$에 대하여 함수 $h(x)$가 $(h \circ f)(x)=g(x)$를 만족시킬 때, $h(-7)$의 값을 구하시오.

▶ 23472-0131

24 출제율 84%

역함수가 존재하는 함수 $f(x)=ax+b$에 대하여 함수 $y=f(x)$의 그래프와 그 역함수의 그래프가 만나는 점의 x좌표가 4이고, $f(-2)=1$이다. $f(6)$의 값을 구하시오.(단, $a\neq\pm1$이고 a, b는 실수이다.)

내신 고득점 도전 문제

개념 1 여러 가지 함수

▶ 23472-0132

25 두 집합 $X=\{1, 4, 5, 6, 9\}$, $Y=\{y|y$는 자연수$\}$에 대하여 X에서 Y로의 함수 f를

$$f(x)=(x^2\text{의 각 자리의 숫자의 합})$$

으로 정의할 때, 함수 f의 치역의 모든 원소의 합은?

① 11　② 13　③ 15　④ 17　⑤ 19

▶ 23472-0133

26 실수 전체의 집합의 부분집합 X를 정의역으로 하는 함수 $f(x)=x^3+3x^2-3x$가 항등함수가 되도록 하는 공집합이 아닌 집합 X의 개수는?

① 5　② 6　③ 7　④ 8　⑤ 9

▶ 23472-0134

27 실수 전체의 집합 R에서 R로의 함수 $f(x)$가 다음 조건을 만족시킨다.

(가) 치역과 공역이 같다.
(나) 정의역의 임의의 두 원소 x_1, x_2에 대하여 $x_1 \neq x_2$이면 $f(x_1) \neq f(x_2)$이다.

〈보기〉에서 함수 $f(x)$로 가능한 것만을 있는 대로 고른 것은?

| 보기 |

ㄱ. $f(x)=|x-3|$
ㄴ. $f(x)=\frac{1}{4}(x-3)$
ㄷ. $f(x)=x^2-5x+7$

① ㄱ　② ㄴ　③ ㄱ, ㄴ　④ ㄱ, ㄷ　⑤ ㄴ, ㄷ

▶ 23472-0135

28 자연수 전체의 집합에서 정의된 함수 f가 자연수 n에 대하여

$$f(2n-1)=(-1)^n,\ f(2n)=2f(n)$$

을 만족시킨다. $f(n)=-8$을 만족시키는 n의 값을 작은 값부터 차례로 나열할 때, 세 번째 오는 수를 구하시오.

▶ 23472-0136

29 집합 $X=\{1, 2, 3, 4\}$에 대하여 다음 조건을 만족시키도록 하는 서로 다른 함수 $f: X \longrightarrow X$의 개수는?

(가) $f(1)<f(3)$
(나) 함수 f는 일대일대응이다.
(다) $f(2)+f(4)$의 값은 홀수이다.

① 4　② 8　③ 12　④ 16　⑤ 20

▶ 23472-0137

30 집합 $X=\{1, 2, 3, 4\}$에 대하여 X에서 X로의 세 함수 f, g, h가 다음 조건을 만족시킨다.

(가) 세 함수 f, g, h 중 항등함수, 상수함수, 항등함수가 아닌 일대일대응이 모두 존재한다.
(나) $g(4)=f(2)+f(3)+f(4)$
(다) $g(1)=h(4)$

$g(2)+f(1)+h(3)$의 최솟값은?

① 3　② 4　③ 5　④ 6　⑤ 7

개념 ② 합성함수

▶ 23472-0138

31 집합 $X=\{1, 2, 3\}$을 정의역으로 하는 두 함수

$f(x)=ax+3$, $g(x)=x+2$

에 대하여 함수 $g \circ f$가 정의되도록 하는 상수 a의 값은?

① -2　② -1　③ 0　④ 1　⑤ 2

▶ 23472-0139

32 함수 $f(x)=ax+b$에 대하여 $(f \circ f \circ f)(x)=8x+35$일 때, $f(1)$의 값은? (단, a, b는 실수이다.)

① 3　② 4　③ 5　④ 6　⑤ 7

▶ 23472-0140

33 집합 $X=\{1, 2, 3, 4, 5\}$에 대하여 함수 $f : X \longrightarrow X$가 다음 조건을 만족시킨다.

> (가) $2f(2)+f(3)=6$
> (나) $x \in X$이면 $(f \circ f)(x)=x$

$f(1)+3f(3)+5f(5)$의 값은?

① 37　② 39　③ 41　④ 43　⑤ 45

▶ 23472-0141

34 자연수 전체의 집합을 정의역으로 하는 함수

$$f(n)=\begin{cases} n+1 & (n\text{은 홀수}) \\ \dfrac{n}{2} & (n\text{은 짝수}) \end{cases}$$

에 대하여 등식 $(f \circ f \circ f)(k)=5$를 만족시키는 모든 자연수 k의 값의 합은?

① 71　② 73　③ 75　④ 77　⑤ 79

▶ 23472-0142

35 두 함수 $f(x)=|x-2|+2$, $g(x)=x^2-6x+12$에 대하여 $0 \le x \le 3$일 때, 함수 $(g \circ f)(x)$의 최댓값과 최솟값의 합은?

① 3　② 4　③ 5　④ 6　⑤ 7

▶ 23472-0143

36 $0 \le x \le 1$에서 정의된 함수

$$f(x)=\begin{cases} -2x+1 & \left(0 \le x < \dfrac{1}{2}\right) \\ 2x-1 & \left(\dfrac{1}{2} \le x \le 1\right) \end{cases}$$

에 대하여 함수 $y=f(x)$의 그래프는 그림과 같다.

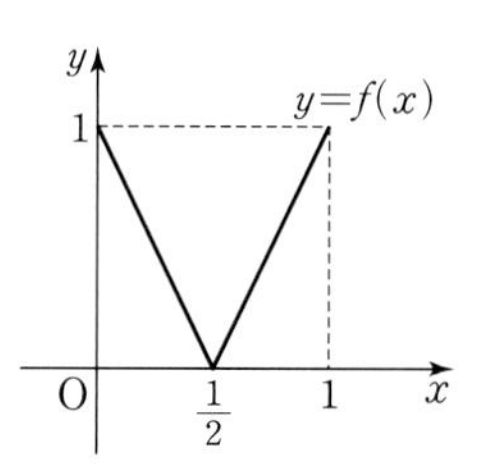

$0 \le x \le 1$에서 방정식 $(f \circ f \circ f)(x)=x$의 서로 다른 실근의 개수를 구하시오.

개념 3 역함수

23472-0144

37 함수 $f(x)=\begin{cases} ax^2+1 & (x\ge 0) \\ x+1 & (x<0) \end{cases}$의 역함수를 $g(x)$라 하자. $g(3)=1$일 때, $g(-1)+g(1)$의 값은? (단, a는 양수이다.)

① -4　② -2　③ 0　④ 2　⑤ 4

23472-0145

38 두 함수 $f(x)=ax+b$, $g(x)=4x+2$가 다음 조건을 만족시킬 때, 모든 $f(1)$의 값의 합은?

(가) $f=f^{-1}$
(나) $f\circ g=g\circ f$

① $-\frac{4}{3}$　② $-\frac{2}{3}$　③ 0　④ $\frac{2}{3}$　⑤ $\frac{4}{3}$

23472-0146

39 실수 전체의 집합 R에서 R로의 함수

$$f(x)=\begin{cases} (2-a)x+40a & (x\ge 20) \\ (a+3)x-20 & (x<20) \end{cases}$$

의 역함수가 존재하도록 하는 모든 정수 a의 개수는?

① 1　② 2　③ 3　④ 4　⑤ 5

23472-0147

40 함수 $f(x)$가 다음 조건을 만족시킬 때, $f^{-1}(3)$의 값은?

(가) 함수 $f(x)$는 일대일대응이다.
(나) 모든 실수 x에 대하여 $f\left(\frac{x-1}{2}\right)=2x-5$이다.

① $\frac{1}{2}$　② 1　③ $\frac{3}{2}$　④ 2　⑤ $\frac{5}{2}$

23472-0148

41 양수 a에 대하여 $x\ge -2$에서 정의된 함수 $f(x)=a(x+2)^2-2$의 역함수를 $f^{-1}(x)$라 하자. 함수 $y=f(x)$의 그래프와 함수 $y=f^{-1}(x)$의 그래프가 만나는 서로 다른 두 점 사이의 거리가 $6\sqrt{2}$일 때, a의 값은?

① $\frac{1}{3}$　② $\frac{1}{4}$　③ $\frac{1}{5}$　④ $\frac{1}{6}$　⑤ $\frac{1}{7}$

23472-0149

42 실수 전체의 집합에서 정의된 함수 f에 대하여 함수 $f(2x-1)$의 역함수가 함수 $g(x)=\frac{1}{4}x+2$와 같을 때, 함수 f의 역함수 f^{-1}에 대하여 $f^{-1}(2)$의 값은?

① 1　② 2　③ 3　④ 4　⑤ 5

23472-0150

43 실수 전체의 집합에서 정의된 일대일대응 $f(x)$가 임의의 실수 x에 대하여 $f(x^3+x)=\frac{1}{2}x+1$을 만족시킨다.

$f^{-1}(x)=ax^3+bx^2+cx+d$ (a, b, c, d는 실수)

라 할 때, $-4b+2c$의 값은?

① 148 ② 149 ③ 150
④ 151 ⑤ 152

23472-0151

44 함수 $f(x)$의 역함수를 $g(x)$라 하고, 모든 양수 x에 대하여 $\frac{1}{2}f(g(x)+4x+6)=x$를 만족시킬 때, $g(8)-g(2)$의 값을 구하시오.

23472-0152

45 두 집합 $X=\{x|x\ge0\}$, $Y=\{y|y\ge3\}$에 대하여 X에서 Y로의 함수 $f(x)=2|x|+|x-3|$의 역함수가

$$f^{-1}(x)=\begin{cases}x+a & (3\le x<b)\\ cx+1 & (x\ge b)\end{cases}$$

일 때, abc의 값은? (단, a, b, c는 상수이다.)

① -2 ② -4 ③ -6
④ -8 ⑤ -10

23472-0153

46 $x>0$에서 정의된 함수 $f(x)$가

$$f(x)+2f\left(\frac{1}{x}\right)=x+\frac{4}{x}$$

를 만족시킬 때, $f(2)+f(3)$의 값을 구하시오.

23472-0154

47 두 집합 $X=\{1, 2, 3\}$, $Y=\{1, 2, 3, 4, 5\}$에 대하여 다음 조건을 만족시키는 함수 $f: X \longrightarrow Y$의 개수를 구하시오.

(가) 함수 f는 일대일함수이다.
(나) $f(1)+f(3)=5$

23472-0155

48 함수 $f(x)=\begin{cases}2x+2 & (x\le0)\\ \frac{1}{3}x+2 & (x>0)\end{cases}$의 그래프와 그 역함수 $y=f^{-1}(x)$의 그래프로 둘러싸인 부분의 넓이를 구하시오.

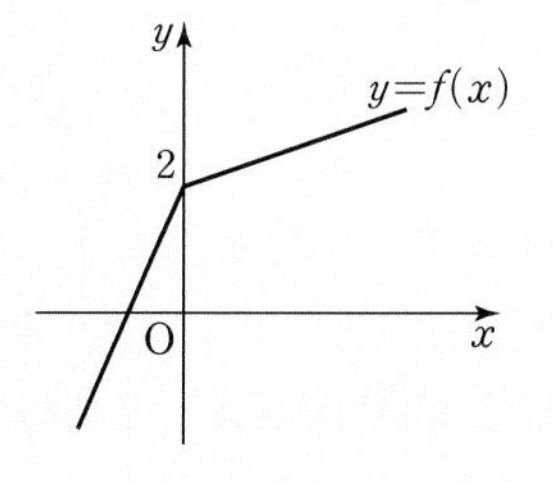

23472-0156

49 함수 $f(x)=\begin{cases} a^2x^2 & (x<0) \\ (a-1)x & (x\ge 0) \end{cases}$가 모든 실수 x에 대하여 $(f\circ f)(x)=f(x)$를 만족시킬 때, $f(-2)+f(3)$의 값은? (단, a는 양수이다.)

① 11 ② 13 ③ 15
④ 17 ⑤ 19

23472-0157

50 집합 $X=\{1, 2, 3, 4, 5\}$에 대하여 함수 $f: X \longrightarrow X$의 역함수를 g라 할 때, 함수 f는 다음 조건을 만족시킨다.

(가) $f(1)=3$, $f(4)=5$, $g^2(5)=3$,
(나) $x\in X$인 모든 x에 대하여 $g^5(x)=x$를 만족시킨다.

이때 $f^{2023}(3)+f^{2024}(4)$의 값은? (단, $f^1(x)=f(x)$, $f^{n+1}(x)=f(f^n(x))$ $(n=1, 2, 3, \cdots)$)

① 3 ② 5 ③ 6
④ 8 ⑤ 9

23472-0158

51 집합 $X=\{-2, -1, 0, 1, 2\}$에 대하여 다음 조건을 만족시키는 함수 $f: X \longrightarrow X$의 개수를 구하시오.

(가) 집합 X의 임의의 두 원소 x_1, x_2에 대하여 $f(x_1)=f(x_2)$이면 $x_1=x_2$이다.
(나) 집합 X의 모든 원소 x에 대하여 $f(-x)=-f(x)$이다.

23472-0159

52 실수 전체의 집합에서 정의된 두 함수

$$f(x)=3x+14,\ g(x)=\begin{cases} 2x & (x<20) \\ x+20 & (x\ge 20) \end{cases}$$

에 대하여 $f(g^{-1}(30))+f^{-1}(g(30))$의 값은?

① 71 ② 73 ③ 75
④ 77 ⑤ 79

신유형

23472-0160

53 자연수 n에 대하여 자연수 전체의 집합에서 정의된 함수 $f(n)$은

$$f(n)=\begin{cases} 1 & (n=1) \\ f\left(\dfrac{n}{2}\right) & (n\text{은 짝수}) \\ f\left(\dfrac{n-1}{2}\right)+1 & (n\text{은 3 이상의 홀수}) \end{cases}$$

이다. $f(n)=5$를 만족시키는 자연수 n의 최솟값을 구하시오.

23472-0161

54 실수 전체의 집합에서 정의된 함수 $f(x)$가 모든 실수 x, y에 대하여 $f(x+y)=f(x)+f(y)$를 만족시킨다.
〈보기〉에서 옳은 것만을 있는 대로 고른 것은?

보기

ㄱ. $f(-x)=-f(x)$
ㄴ. 임의의 자연수 n에 대하여 $f(nx)=nf(x)$이다.
ㄷ. 임의의 양의 유리수 p에 대하여 $f(px)=pf(x)$이다.

① ㄱ ② ㄱ, ㄴ ③ ㄱ, ㄷ
④ ㄴ, ㄷ ⑤ ㄱ, ㄴ, ㄷ

23472-0162

55 자연수 전체의 집합에서 정의된 함수 f가 두 자연수 n, k에 대하여 다음 조건을 만족시킨다.

(가) $f(1)=1$
(나) $f(n^2+k)=2f(n)+k$ $(1\le k\le 2n+1)$

〈보기〉에서 옳은 것만을 있는 대로 고른 것은?

| 보기 |
ㄱ. $f(4)=5$
ㄴ. $(f\circ f)(12)=10$
ㄷ. $f(m)\le 15$가 되도록 하는 자연수 m의 최댓값은 21이다.

① ㄱ ② ㄱ, ㄴ ③ ㄱ, ㄷ
④ ㄴ, ㄷ ⑤ ㄱ, ㄴ, ㄷ

23472-0163

56 집합 $X=\{1, 2, 3, 4\}$에 대하여 일대일대응인 함수 $f: X \longrightarrow X$가 다음 조건을 만족시킨다.

(가) $f(1)=4$
(나) $f\circ f\circ f=I$ (I는 항등함수)

함수 f의 역함수를 g라 할 때, $f(2)+g(2)$의 최댓값은?

① 3 ② 4 ③ 5
④ 6 ⑤ 7

23472-0164

57 두 이차함수

$f(x)=x^2-4x-5$, $g(x)=ax^2+2ax+a+|a|-8$

이 있다. 모든 실수 x에 대하여 $(f\circ g)(x)\ge 0$을 만족시키는 $-20\le a\le 20$인 정수 a의 개수를 구하시오. (단, $a\ne 0$)

23472-0165

58 $x\ge 0$에서 정의된 이차함수 $f(x)=\frac{1}{4}x^2+\frac{1}{2}x+a$와 그 역함수 $g(x)$에 대하여 방정식 $f(x)=g(x)$가 서로 다른 두 실근을 갖도록 하는 정수 $20a$의 개수는?

① 1 ② 2 ③ 3
④ 4 ⑤ 5

23472-0166

59 집합 $X=\{-1, 0, 1\}$에 대하여 두 함수

$f: X \longrightarrow X$, $g: X \longrightarrow X$

가 있다. 〈보기〉에서 옳은 것만을 있는 대로 고른 것은?

| 보기 |
ㄱ. f가 일대일대응이고 g가 상수함수이면 $g\circ f$는 상수함수이다.
ㄴ. $g\circ f$가 항등함수이면 g는 f의 역함수이다.
ㄷ. $g\circ f$가 일대일대응이면 f, g가 모두 일대일대응이다.

① ㄱ ② ㄱ, ㄴ ③ ㄱ, ㄷ
④ ㄴ, ㄷ ⑤ ㄱ, ㄴ, ㄷ

신유형

23472-0167

60 집합 $X=\{x|x>0\}$에서 집합 $Y=\{y|y>0\}$으로의 함수 f가 모든 두 양수 a, b에 대하여 $f(af(b))=bf(a)$를 만족시킨다. $f\left(\frac{1}{2}\right)=2$일 때, $f(f(3))+f(2)$의 값은?

① $\frac{7}{2}$ ② 4 ③ $\frac{9}{2}$
④ 5 ⑤ $\frac{11}{2}$

23472-0168

61 함수 $f(x)=(x+3)(x-1)$에 대하여 방정식 $f(f(f(x)))=0$의 서로 다른 실근의 개수를 구하시오.

신유형

23472-0169

62 함수 $f(x)=\begin{cases} -x & (x<0) \\ -\frac{1}{2}x & (x\geq 0) \end{cases}$의 그래프가 그림과 같다. 함수 $f(x)$의 역함수를 $g(x)$라 할 때, 〈보기〉에서 옳은 것만을 있는 대로 고른 것은?

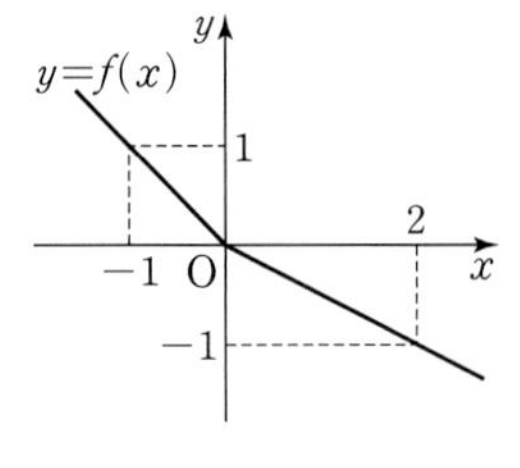

(단, $g^1(x)=g(x)$, $g^{n+1}(x)=g(g^n(x))$ $(n=1, 2, 3, \cdots)$)

보기
ㄱ. $g(-1)=2$
ㄴ. $a>0$이면 $g^3(a)=2a$이다.
ㄷ. 모든 자연수 n에 대하여 $g^{2n}(a)=2^n a$이다.

① ㄱ ② ㄱ, ㄴ ③ ㄱ, ㄷ
④ ㄴ, ㄷ ⑤ ㄱ, ㄴ, ㄷ

23472-0170

63 함수 $f(x)=|2x-1|+ax$의 역함수가 존재하도록 하는 자연수 a의 최솟값은?

① 1 ② 2 ③ 3
④ 4 ⑤ 5

23472-0171

64 $0\leq x\leq 3$에서 정의된 함수

$$f(x)=\begin{cases} -2x+3 & (0\leq x<1) \\ 2x-1 & (1\leq x<2) \\ -3x+9 & (2\leq x\leq 3) \end{cases}$$

의 그래프가 그림과 같다.

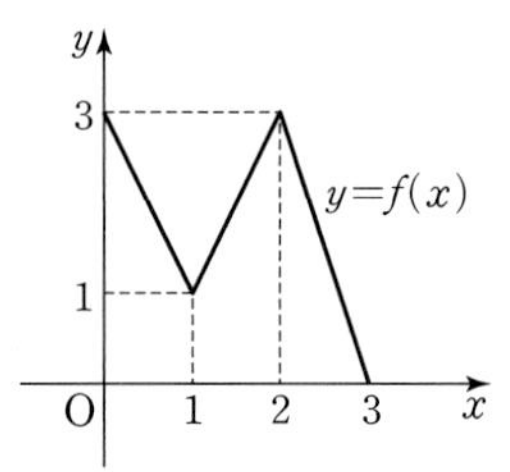

$0<x<3$에서 방정식 $f(f(x))=x$의 서로 다른 실근의 개수는?

① 1 ② 2 ③ 3
④ 4 ⑤ 5

23472-0172

65 함수 $f(x)=\frac{1}{2}x-2$에 대하여

$$f^{2023}(x)+f^{2024}(x)=ax+b$$

일 때, 두 상수 a, b에 대하여 $a-\frac{1}{4}b$의 값을 구하시오.
(단, $f^1(x)=f(x)$, $f^{n+1}(x)=f(f^n(x))$ $(n=1, 2, 3, \cdots)$)

23472-0173

66 음이 아닌 정수 전체의 집합에서 정의된 함수 f가 다음 조건을 만족시킨다.

$x\geq 0$, $y\geq 0$ 인 모든 정수 x, y에 대하여
$f(x+f(y))=f(f(x))+f(y)$

〈보기〉에서 옳은 것만을 있는 대로 고른 것은?

보기
ㄱ. $f(0)=0$
ㄴ. 자연수 n에 대하여 $f(f(n))=f(n)$
ㄷ. $f(1)=1$일 때, $f(f(2))+f(f(3))=5$

① ㄱ ② ㄴ ③ ㄱ, ㄴ
④ ㄱ, ㄷ ⑤ ㄱ, ㄴ, ㄷ

23472-0174

67 실수 전체의 집합에서 실수 전체의 집합으로의 함수 $f(x)$가 임의의 두 실수 a, b에 대하여

$$f(a+b)f(a-b) \leq \{f(a)\}^2 - \{f(b)\}^2$$

을 만족시킬 때, 〈보기〉에서 옳은 것만을 있는 대로 고른 것은?

| 보기 |

ㄱ. $f(0)=0$

ㄴ. 모든 실수 x에 대하여 $f(-x)=-f(x)$이다.

ㄷ. 모든 실수 x에 대하여 $f(x+1)f(x-1)=\{f(x)\}^2-\{f(1)\}^2$이다.

① ㄱ　② ㄴ　③ ㄱ, ㄷ
④ ㄴ, ㄷ　⑤ ㄱ, ㄴ, ㄷ

문항 파헤치기

풀이

실수 point 찾기

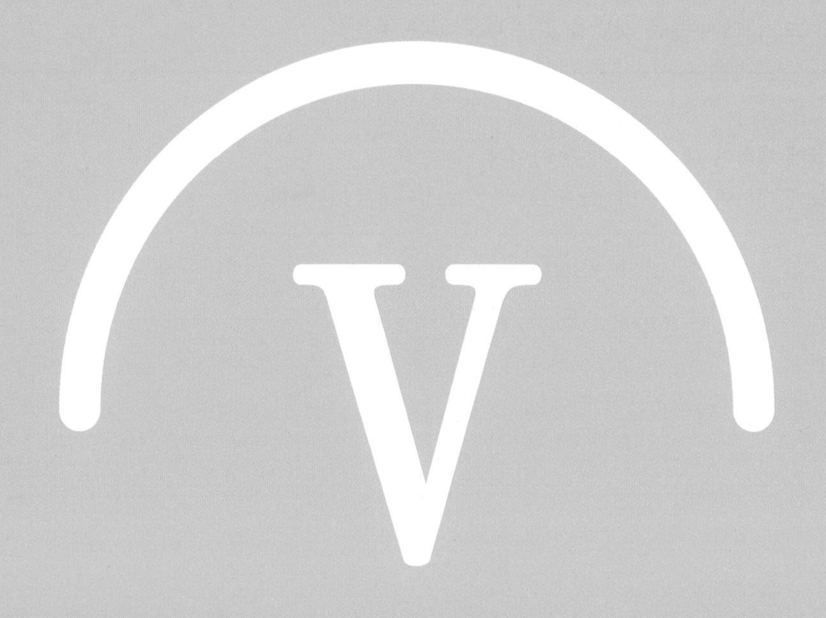

함수와 그래프

12. 함수

13. 유리함수와 무리함수

13 유리함수와 무리함수

빈틈 개념

■ 함수 $y=f(x)$에서 $f(x)$가 x에 대한 유리식일 때, 이 함수를 유리함수라 한다. 특히, $f(x)$가 x에 대한 다항식으로 나타내어진 유리함수를 다항함수라 한다.

■ 함수 $y=\frac{k}{x-p}+q$의 그래프에서 $|k|$의 값이 서로 같으면 p, q의 값에 관계없이 평행이동이나 대칭이동에 의해 서로 겹칠 수 있다.

■ 함수 $y=f(x)$에서 $f(x)$가 x에 대한 무리식일 때, 이 함수를 무리함수라 한다. 이를테면 함수 $y=\sqrt{x}$, $y=\sqrt{x-2}$, $y=\sqrt{x-3}-1$, …은 무리함수이다.

1 유리함수

(1) **함수 $y=\frac{k}{x}$ $(k\neq 0)$의 그래프**

① 정의역, 치역은 모두 0을 제외한 실수 전체의 집합이다.

② 점근선은 x축, y축이다.

③ $k>0$이면 그래프는 제1, 3사분면에 있고, $k<0$이면 그래프는 제2, 4사분면에 있다.

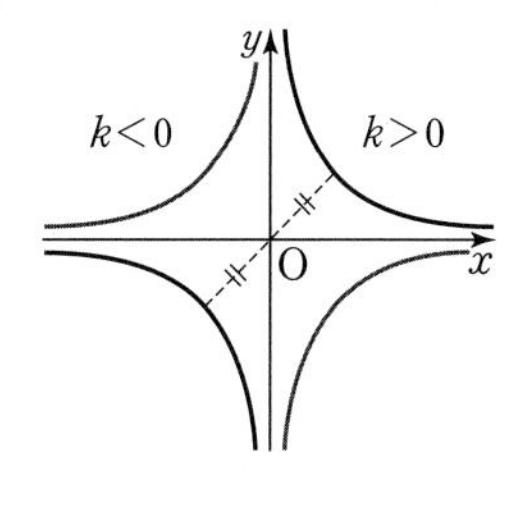

④ $|k|$의 값이 커질수록 그래프는 원점에서 멀어진다.

⑤ 원점과 직선 $y=\pm x$에 대하여 대칭이다.

(2) **함수 $y=\frac{k}{x-p}+q$ $(k\neq 0)$의 그래프**

① 함수 $y=\frac{k}{x}$의 그래프를 x축의 방향으로 p만큼, y축의 방향으로 q만큼 평행이동한 것이다.

② 점 (p, q)에 대하여 대칭이다.

③ 점근선은 두 직선 $x=p$, $y=q$이다.

④ 정의역은 $\{x|x\neq p$인 실수$\}$, 치역은 $\{y|y\neq q$인 실수$\}$이다.

2 무리함수

(1) **함수 $y=\pm\sqrt{ax}$ $(a\neq 0)$의 그래프**

함수 $y=\sqrt{ax}$ $(a>0)$의 그래프를 x축, y축 또는 원점에 대하여 대칭이동하면 다음과 같다.

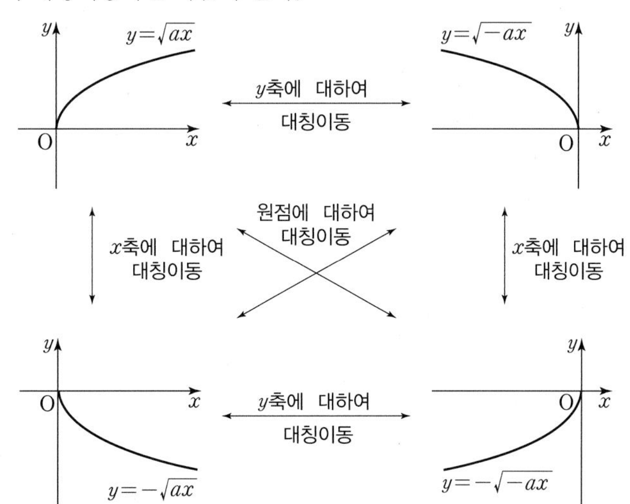

(2) **함수 $y=\sqrt{a(x-p)}+q$ $(a\neq 0)$의 그래프**

① 함수 $y=\sqrt{ax}$의 그래프를 x축의 방향으로 p만큼, y축의 방향으로 q만큼 평행이동한 것이다.

② $a>0$일 때 정의역은 $\{x|x\geq p\}$, 치역은 $\{y|y\geq q\}$이다.
$a<0$일 때 정의역은 $\{x|x\leq p\}$, 치역은 $\{y|y\geq q\}$이다.

1등급 note

■ **함수 $y=\frac{cx+d}{ax+b}$ $(a\neq 0,$ $ad-bc\neq 0)$의 그래프**

⇨ $y=\frac{k}{x-p}+q$ 꼴로 변형하여 그린다.

(1) 점근선: $x=-\frac{b}{a}$
(분모를 0으로 하는 x의 값),
$y=\frac{c}{a}$
(일차항 x의 계수의 비)

(2) 점 $\left(-\frac{b}{a}, \frac{c}{a}\right)$에 대하여 대칭이고, 점 $\left(-\frac{b}{a}, \frac{c}{a}\right)$를 지나고 기울기가 -1 또는 1인 직선에 대하여 대칭이다.

■ **유리함수의 역함수 구하기**

(1) $y=f(x)$를 x에 대하여 정리하여 $x=g(y)$로 고친다.

(2) $x=g(y)$에 x와 y를 서로 바꾸어 대입하여 $y=g(x)$로 만든다.

■ **함수 $y=\sqrt{ax+b}+c$ $(a\neq 0)$의 그래프**

$y=\sqrt{a\left(x+\frac{b}{a}\right)}+c$ 꼴로 변형하여 그린다.

■ **함수 $f(x)=\sqrt{ax+b}+c$ $(a\neq 0)$의 역함수**

$f^{-1}(x)=\frac{(x-c)^2-b}{a}$

기출에서 찾은 **내신 필수 문제**

| 유리식 | 23472-0175

01 출제율 86%

유리식 $\dfrac{x}{1+\dfrac{1}{x-1}}$를 간단히 하면?

① $x-2$ ② $x-1$ ③ x
④ $x+1$ ⑤ $x+2$

| 유리식 | 23472-0176

02 출제율 76%

$x^2-4x+3\neq0$인 모든 실수 x에 대하여

$$\frac{a}{x-1}+\frac{1}{x-3}=\frac{b}{x^2-4x+3}$$

가 성립할 때, 두 상수 a, b에 대하여 $a+b$의 값은?

① -2 ② -1 ③ 0
④ 1 ⑤ 2

| 유리함수의 그래프 | 23472-0177

03 출제율 84%

함수 $y=\dfrac{k}{x}$의 그래프를 x축의 방향으로 a만큼, y축의 방향으로 b만큼 평행이동하면 함수 $y=\dfrac{3x-6}{x-1}$의 그래프와 일치한다. 이때 세 상수 a, b, k에 대하여 $a+b+k$의 값은?

① -2 ② -1 ③ 0
④ 1 ⑤ 2

| 유리함수의 그래프 | 23472-0178

04 출제율 88%

함수 $y=\dfrac{ax+b}{x+c}$의 그래프가 다음 조건을 만족시킨다.

(가) 한 점근선의 방정식은 $x=-2$이다.
(나) 점 $(d,\ 3)$에 대하여 대칭이다.
(다) 점 $(1,\ 1)$을 지난다.

네 상수 a, b, c, d에 대하여 $a+b+c+d$의 값은?

① -3 ② -1 ③ 0
④ 1 ⑤ 3

| 유리함수의 그래프 | 23472-0179

05 출제율 91%

함수 $f(x)=\dfrac{k}{x}\ (k\neq0)$에 대하여 〈보기〉에서 옳은 것만을 있는 대로 고른 것은? (단, k는 상수이다.)

| 보기 |

ㄱ. 함수 $y=f(x)$의 그래프는 원점에 대하여 대칭이다.
ㄴ. $|k|$의 값이 클수록 곡선 $y=f(x)$는 원점에 가까워진다.
ㄷ. 함수 $f(x)$의 역함수는 $y=\dfrac{k}{x}$이다.

① ㄱ ② ㄱ, ㄴ ③ ㄱ, ㄷ
④ ㄴ, ㄷ ⑤ ㄱ, ㄴ, ㄷ

| 유리함수의 그래프 | 23472-0180

06 출제율 90%

정의역이 $\{x\mid-5\leq x\leq a\}$인 함수 $f(x)=\dfrac{x}{x+2}$의 최댓값이 3일 때, 실수 a의 값은?

① -3 ② -1 ③ 1
④ 3 ⑤ 5

| 유리함수의 그래프 | 23472-0181

07 출제율 94%

함수 $y=\frac{1}{x-1}+k$의 그래프가 3개의 사분면만을 지나도록 하는 실수 k의 값의 범위를 구하시오.

| 유리함수의 그래프 | 23472-0182

08 출제율 92%

함수 $y=\frac{3}{x-a}+b$의 정의역이 $\{x|x\neq1인\ 실수\}$이고 치역이 $\{y|y\neq2인\ 실수\}$일 때, $2\leq x\leq3$에서 함수 $y=\frac{3}{x-a}+b$의 최댓값과 최솟값의 합은?

① 7 ② $\frac{15}{2}$ ③ 8
④ $\frac{17}{2}$ ⑤ 9

| 유리함수의 그래프 | 23472-0183

09 출제율 92%

함수 $y=\frac{x+3}{x-1}$의 그래프와 직선 $y=-x+k$가 한 점에서 만나도록 하는 모든 실수 k의 값의 합은?

① -4 ② -2 ③ 0
④ 2 ⑤ 4

| 유리함수의 그래프 | 23472-0184

10 출제율 87%

함수 $y=\frac{bx+c}{x+a}$의 그래프가 그림과 같고 점 $(0, -1)$을 지날 때, 세 상수 a, b, c에 대하여 $a+b+c$의 값은?

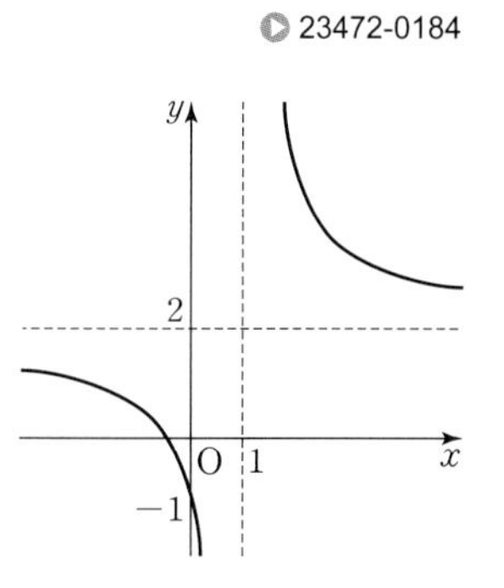

① 1 ② 2
③ 3 ④ 4
⑤ 5

| 유리함수의 그래프 | 23472-0185

11 출제율 88%

함수 $f(x)=\frac{2x+5}{x+2}$의 그래프에 대하여 〈보기〉에서 옳은 것만을 있는 대로 고른 것은?

보기
ㄱ. 곡선 $y=f(x)$의 두 점근선의 교점은 $(-2, 2)$이다.
ㄴ. 곡선 $y=f(x)$는 제4사분면을 지난다.
ㄷ. 곡선 $y=f(x)$는 직선 $y=x+4$에 대하여 대칭이다.

① ㄱ ② ㄱ, ㄴ ③ ㄱ, ㄷ
④ ㄴ, ㄷ ⑤ ㄱ, ㄴ, ㄷ

| 유리함수의 그래프 | 23472-0186

12 출제율 92%

함수 $f(x)=\frac{3x+2}{2x-4}$의 역함수 $g(x)$에 대하여 함수 $y=g(x)$의 그래프의 점근선의 방정식은 $x=a$, $y=b$이고 함수 $y=g(x)$의 그래프가 점 $(1, c)$를 지날 때, 두 상수 a, b에 대하여 $4a+2b+c$의 값은?

① -4 ② -2 ③ 0
④ 2 ⑤ 4

| 무리식 | ▶ 23472-0187

13 출제율 87%

등식

$$2a+(a-b)\sqrt{2}=3\sqrt{2}+b+5$$

를 만족시키는 두 유리수 a, b에 대하여 ab의 값은?

① -2 ② -1 ③ 0
④ 1 ⑤ 2

| 무리식 | ▶ 23472-0188

14 출제율 82%

$\sqrt{-x^2-8x+9}+\sqrt{x+5}$의 값이 실수가 되도록 하는 모든 정수 x의 값의 합은?

① -20 ② -17 ③ -14
④ -11 ⑤ -8

| 무리함수의 그래프 | ▶ 23472-0189

15 출제율 92%

함수 $f(x)=\sqrt{ax-4}+b$의 정의역이 $\{x|x\leq-2\}$이고 함수 $y=f(x)$의 그래프가 점 $(-4, 4)$를 지날 때, $f(x)$의 최솟값은? (단, a, b는 상수이다.)

① -2 ② -1 ③ 0
④ 1 ⑤ 2

| 무리함수의 그래프 | ▶ 23472-0190

16 출제율 90%

함수 $f(x)=\sqrt{ax+4}$의 그래프가 점 $(2, 6)$을 지날 때, 상수 a의 값은?

① 12 ② 14 ③ 16
④ 18 ⑤ 20

| 무리함수의 그래프 | ▶ 23472-0191

17 출제율 95%

함수 $y=\sqrt{-x+3}$의 그래프를 x축의 방향으로 1만큼, y축의 방향으로 -2만큼 평행이동한 후, y축에 대하여 대칭이동하면 함수 $y=\sqrt{ax+b}+c$의 그래프와 일치한다. 세 상수 a, b, c에 대하여 $a+b+c$의 값은?

① 1 ② 3 ③ 5
④ 7 ⑤ 9

| 무리함수의 그래프 | ▶ 23472-0192

18 출제율 92%

함수 $f(x)=-\sqrt{2x-4}+3$에 대하여 〈보기〉에서 옳은 것만을 있는 대로 고른 것은?

보기

ㄱ. 정의역은 $\{x|x\geq2\}$이고, 치역은 $\{y|y\leq3\}$이다.
ㄴ. 함수 $y=f(x)$의 그래프는 함수 $y=-\sqrt{2x}$의 그래프를 x축의 방향으로 2만큼, y축의 방향으로 3만큼 평행이동한 것이다.
ㄷ. 함수 $y=f(x)$의 그래프는 제1사분면과 제4사분면을 지난다.

① ㄱ ② ㄱ, ㄴ ③ ㄱ, ㄷ
④ ㄴ, ㄷ ⑤ ㄱ, ㄴ, ㄷ

| 무리함수의 그래프 | 23472-0193

19 출제율 92%

함수 $f(x)=\begin{cases} -\sqrt{x-1}+3 & (x\geq 1) \\ \dfrac{3x-5}{x-1} & (x<1) \end{cases}$ 에 대하여

$f^{-1}(f^{-1}(f^{-1}(a)))=10$일 때, 실수 a의 값은?

① -2　　② -1　　③ 0

④ 1　　⑤ 2

| 무리함수의 그래프 | 23472-0194

20 출제율 94%

함수 $y=\sqrt{x-4}$의 그래프가 직선 $y=x+k$와 두 점에서 만날 때, 실수 k의 값의 범위를 구하시오.

| 무리함수의 그래프 | 23472-0195

21 출제율 90%

함수 $f(x)=\sqrt{ax+b}+c$의 역함수 $f^{-1}(x)$의 정의역이 $\{x|x\geq -2\}$이고 함수 $y=f^{-1}(x)$의 그래프가 x축, y축과 만나는 점이 각각 $(-1,\ 0)$, $(0,\ 3)$이다. 세 상수 a, b, c에 대하여 $a+b+c$의 값은?

① -2　　② -1　　③ 0

④ 1　　⑤ 2

서술형 문제

23472-0196

22 출제율 94%

함수 $f(x)=\dfrac{ax+b}{x+2}$의 그래프가 점 $(2,\ -1)$을 지나고 $f^{-1}(x)=f(x)$일 때, 두 상수 a, b에 대하여 $b-a$의 값을 구하시오.

23472-0197

23 출제율 87%

$0\leq x\leq 6$에서 함수 $y=5-\sqrt{2(x+2)}$의 최댓값을 M, 최솟값을 m이라 할 때, $M+m$의 값을 구하시오.

내신 고득점 도전 문제

개념 1 유리함수의 그래프

▶ 23472-0198

24 함수 $f(x)=\dfrac{x-1}{x}$에 대하여 $f^{2018}(3)$의 값은?
(단, $f^1=f$이고 자연수 n에 대하여 $f^{n+1}=f^n \circ f$이다.)

① -1　② $-\dfrac{1}{2}$　③ 0
④ $\dfrac{1}{2}$　⑤ 1

▶ 23472-0199

25 함수 $f(x)=\dfrac{4x-15}{x-4}$에 대하여 함수 $y=(f \circ f \circ f)(x)$의 그래프의 두 점근선이 만나는 점의 좌표가 (a, b)일 때, $a+b$의 값은?

① 4　② 5　③ 6
④ 7　⑤ 8

▶ 23472-0200

26 함수 $f(x)=x^2+2x+3+\dfrac{9}{x^2+2x+3}$가 $x=a$에서 최솟값을 가질 때, 모든 실수 a의 값의 합은?

① -2　② -1　③ 0
④ 1　⑤ 2

▶ 23472-0201

27 함수 $f(x)=\dfrac{ax}{x-1}$가 다음 조건을 만족시킨다.

> (가) $(f \circ g)(x)=\dfrac{3x-2}{x}$
> (나) $g^{-1}(2)=1$

$f(3)$의 값은? (단, a는 상수이다.)

① $\dfrac{1}{4}$　② $\dfrac{1}{2}$　③ $\dfrac{3}{4}$
④ 1　⑤ $\dfrac{5}{4}$

▶ 23472-0202

28 두 자연수 a, b에 대하여 함수 $y=\dfrac{x+a}{x+6}$의 그래프를 x축의 방향으로 m만큼, y축의 방향으로 n만큼 평행이동시킨 것이 함수 $y=\dfrac{ax+b}{x+b}$의 그래프와 일치할 때, $a+b+m+n$의 값은? (단, m, n은 실수이다.)

① 6　② 7　③ 8
④ 9　⑤ 10

▶ 23472-0203

29 $a \le x \le 0$에서 함수 $y=\dfrac{3x+k}{x-1}$의 최댓값이 2, 최솟값이 1일 때, 두 실수 a, k에 대하여 $a+k$ 값은? (단, $k \ne -3$)

① -2　② -1　③ 0
④ 1　⑤ 2

23472-0204

30 함수 $f(x)=\dfrac{ax+b}{2x+c}$의 역함수가 $f^{-1}(x)=\dfrac{3x-2}{2x+1}$일 때, abc의 값은? (단, a, b, c는 상수이다.)

① -2 ② -4 ③ -6
④ -8 ⑤ -10

23472-0205

31 $2\le x\le 5$에서 정의된 함수 $y=\dfrac{2x}{x-1}$의 그래프와 직선 $y=ax$가 만나도록 하는 실수 a의 최댓값을 M, 최솟값을 m이라 할 때, $M-m$의 값은?

① 1 ② $\dfrac{3}{2}$ ③ 2
④ $\dfrac{5}{2}$ ⑤ 3

23472-0206

32 함수 $y=\dfrac{k}{x+3}-2$의 그래프가 모든 사분면을 지나도록 하는 자연수 k의 최솟값은?

① 4 ② 5 ③ 6
④ 7 ⑤ 8

23472-0207

33 두 함수 $f(x)=\dfrac{3x+5}{2x-7}$, $g(x)=\dfrac{bx+c}{2x+a}$의 그래프가 직선 $y=x$에 대하여 서로 대칭일 때, 세 상수 a, b, c에 대하여 $a+2b+3c$의 값은?

① 24 ② 25 ③ 26
④ 27 ⑤ 28

23472-0208

34 함수 $y=\dfrac{x-1}{x-2}\,(x>2)$의 그래프 위의 한 점 P에서 x축과 y축에 내린 수선의 발을 각각 A, B라 할 때, $\overline{\mathrm{PA}}+\overline{\mathrm{PB}}$의 최솟값은?

① 1 ② 2 ③ 3
④ 4 ⑤ 5

23472-0209

35 $2\le x\le 6$인 모든 실수 x에 대하여

$$mx\le\dfrac{2x+3}{x-1}\le nx$$

가 성립할 때, m의 최댓값과 n의 최솟값의 합은?

① 3 ② 4 ③ 5
④ 6 ⑤ 7

개념 2 무리함수의 그래프

▶ 23472-0210

36 함수 $f(x)=-\sqrt{3-2x}$와 그 역함수 $y=g(x)$의 그래프의 교점의 좌표가 (a, b)일 때, $a+b$의 값은?

① -6 ② -3 ③ 0
④ 3 ⑤ 6

▶ 23472-0211

37 함수 $y=\sqrt{-2x+4}+a-3$의 그래프가 두 개의 사분면만을 지나도록 하는 $-10\le a\le 10$인 모든 정수 a의 개수는?

① 3 ② 5 ③ 7
④ 9 ⑤ 11

▶ 23472-0212

38 곡선 $y=\sqrt{1-x^2}$과 직선 $y=\frac{1}{k}(x-2)+1$이 서로 다른 두 점에서 만나도록 하는 실수 k의 최솟값은?

① 1 ② 2 ③ 3
④ 4 ⑤ 5

▶ 23472-0213

39 두 함수 $f(x)=\frac{x}{x+1}$, $g(x)=\sqrt{3x+2}$에 대하여 $(f\circ(g\circ f)^{-1}\circ f)(-2)$의 값은?

① $\frac{1}{3}$ ② $\frac{2}{3}$ ③ 1
④ $\frac{4}{3}$ ⑤ $\frac{5}{3}$

▶ 23472-0214

40 두 함수 $f(x)=4(x-1)^2+k\ (x\ge 1)$, $g(x)=\frac{1}{2}\sqrt{x-k}+1$의 그래프가 서로 다른 두 점에서 만나도록 하는 실수 k의 최솟값은?

① 1 ② 2 ③ 3
④ 4 ⑤ 5

▶ 23472-0215

41 함수 $y=-\sqrt{ax+b}+c$의 그래프가 그림과 같을 때, 상수 a, b, c에 대하여 〈보기〉에서 옳은 것만을 있는 대로 고른 것은?

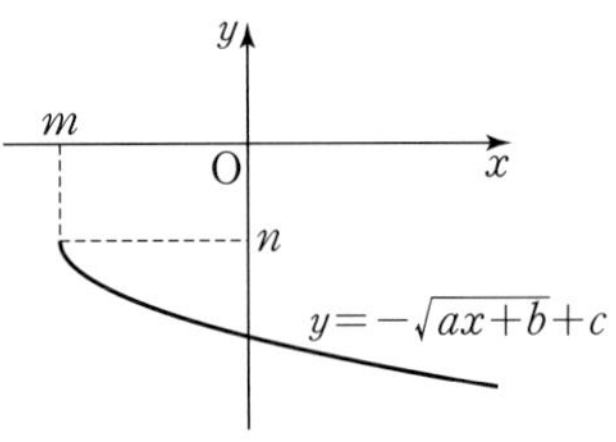

| 보기 |

ㄱ. $a>0$ ㄴ. $\sqrt{b}-c>0$
ㄷ. $abc>0$

① ㄱ ② ㄴ ③ ㄱ, ㄴ
④ ㄱ, ㄷ ⑤ ㄴ, ㄷ

23472-0216

42 함수 $y=a\sqrt{x}$의 그래프가 네 점 $(4,\ 4)$, $(4,\ 8)$, $(8,\ 4)$, $(8,\ 8)$을 네 꼭짓점으로 하는 정사각형과 만나도록 하는 실수 a의 최솟값과 최댓값의 곱은?

① $2\sqrt{2}$ ② 4 ③ $4\sqrt{2}$
④ 8 ⑤ $8\sqrt{2}$

23472-0217

43 두 함수 $f(x)=\sqrt{x+8}$, $g(x)=2\sqrt{4-x}$에 대하여 함수 $|f(x)-g(x)|+f(x)+g(x)$의 최댓값과 최솟값을 각각 M, m이라 할 때, Mm의 값은?

① $32\sqrt{5}$ ② $\frac{168\sqrt{5}}{5}$ ③ $\frac{176\sqrt{5}}{5}$
④ $\frac{184\sqrt{5}}{5}$ ⑤ $\frac{192\sqrt{5}}{5}$

23472-0218

44 자연수 n에 대하여 함수 $f(x)=\sqrt{x}+\sqrt{2n-x}$의 최댓값을 $g(n)$이라 할 때, $g(1)+g(4)+g(9)$의 값은?

① 8 ② 12 ③ 16
④ 20 ⑤ 24

23472-0219

45 함수 $f(x)=\frac{cx+d}{ax+b}$의 그래프가 다음 조건을 만족시킬 때, $f\left(\frac{6}{5}\right)$의 값을 구하시오.
(단, a, b, c, d는 상수이다.)

(가) 점근선의 방정식은 $x=1$, $y=3$이다.
(나) 점 $(2,\ 4)$를 지난다.

23472-0220

46 두 함수

$$f(x)=\sqrt{x-2}-1,\ g(x)=\sqrt{x+2}+1$$

의 그래프와 두 직선 $y=-\frac{1}{2}x$, $y=-\frac{1}{2}x+4$로 둘러싸인 도형의 넓이를 구하시오.

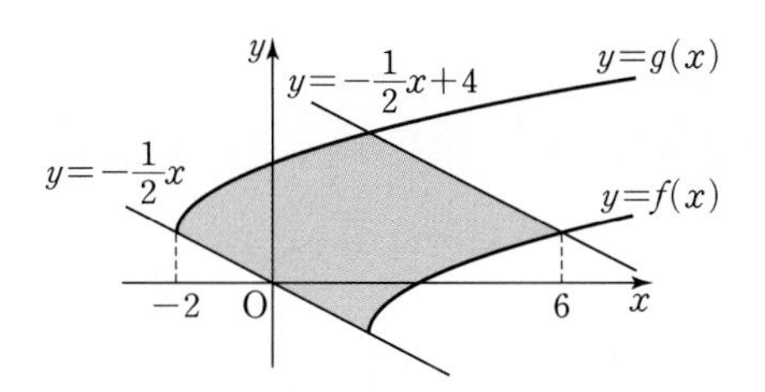

23472-0221

47 함수 $y=\frac{8x}{2x-3}$의 그래프 위의 점 중 x좌표와 y좌표가 모두 자연수인 점의 개수는?

① 1　② 2　③ 3　④ 4　⑤ 5

23472-0222

48 함수 $f(x)=\frac{2x}{1+|x|}$에 대하여 〈보기〉에서 옳은 것만을 있는 대로 고른 것은?

보기

ㄱ. 곡선 $y=f(x)$는 원점에 대하여 대칭이다.
ㄴ. 모든 실수 x에 대하여 $-2<f(x)<2$이다.
ㄷ. 두 곡선 $y=f(x)$, $y=f^{-1}(x)$로 둘러싸인 부분의 경계 및 내부에 포함되는 x좌표와 y좌표가 모두 정수인 점의 개수는 3이다.

① ㄱ　② ㄱ, ㄴ　③ ㄱ, ㄷ　④ ㄴ, ㄷ　⑤ ㄱ, ㄴ, ㄷ

23472-0223

49 그림과 같이 곡선 $y=\frac{3}{x}$ 위의 제1사분면에 있는 점 P와 곡선 $y=-\frac{12}{x}$ 위의 제4사분면에 있는 점 Q에 대하여 삼각형 OPQ의 넓이의 최솟값은? (단, O는 원점이다.)

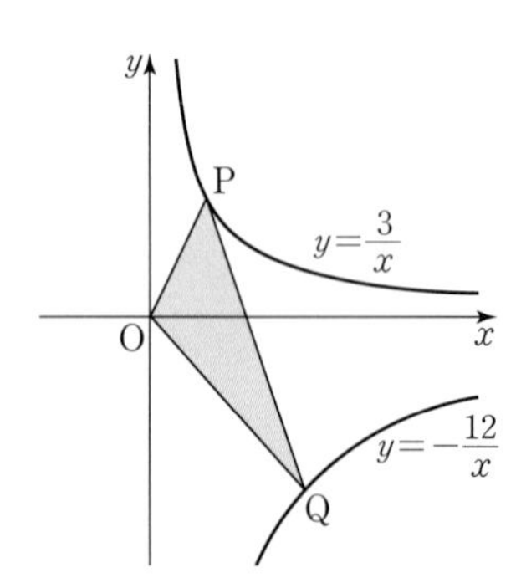

① 2　② 4　③ 6　④ 8　⑤ 10

23472-0224

50 함수 $y=\frac{1}{x}$의 그래프의 제1사분면 위의 점 A와 두 점 B$(-2, -1)$, C$(1, -10)$을 꼭짓점으로 하는 삼각형 ABC의 넓이의 최솟값을 구하시오.

23472-0225

51 두 함수 $y=\frac{x+1}{x-a}$, $y=-\frac{ax}{x+2}$의 그래프의 점근선으로 둘러싸인 부분의 넓이가 $\frac{1}{4}$이 되도록 하는 모든 실수 a의 값의 합은? (단, $a(a+1)\neq 0$)

① -5　② $-\frac{9}{2}$　③ -4　④ $-\frac{7}{2}$　⑤ -3

23472-0226

52 실수 전체의 집합에서 정의된 함수

$$f(x)=\begin{cases} -x+a & (x\leq 2) \\ \frac{b(x-2)+a-2}{x-1} & (x>2) \end{cases}$$

가 다음 조건을 만족시킨다.

(가) $f(1)=5$
(나) 함수 $f(x)$의 치역은 $\{y|y>2\}$이다.

$f(a-b)$의 값은? (단, a, b는 상수이다.)

① $\frac{7}{3}$　② $\frac{5}{2}$　③ $\frac{8}{3}$　④ $\frac{17}{6}$　⑤ 3

▶ 23472-0227

53 그림과 같이 함수 $f(x)=3\sqrt{x-2}+k$의 그래프와 그 역함수 $y=f^{-1}(x)$의 그래프가 서로 다른 두 점 A, B에서 만날 때, 선분 AB의 길이의 최댓값은?

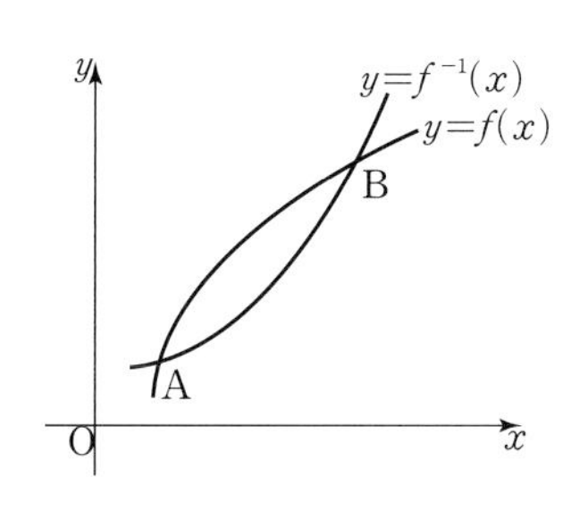

① $6\sqrt{2}$ ② $7\sqrt{2}$ ③ $8\sqrt{2}$
④ $9\sqrt{2}$ ⑤ $10\sqrt{2}$

▶ 23472-0228

54 그림과 같이 함수 $f(x)=\sqrt{x+2}$의 그래프와 그 역함수 $y=f^{-1}(x)$의 그래프가 만나는 점을 A라 하고, 직선 $y=-x$가 두 곡선 $y=f(x)$, $y=f^{-1}(x)$와 만나는 점을 각각 B, C라 하자. 삼각형 ABC의 넓이를 구하시오.

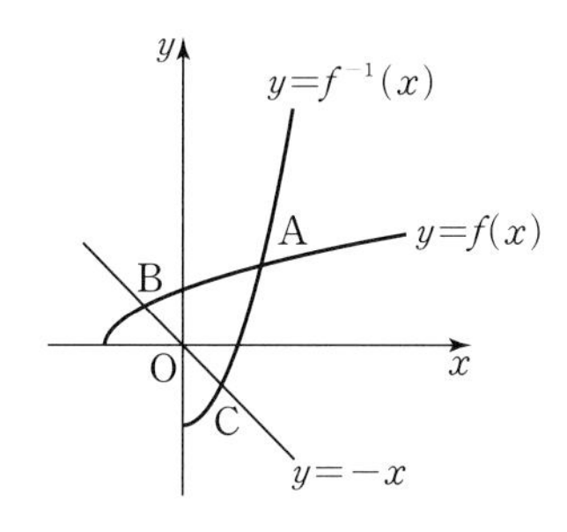

▶ 23472-0229

55 두 함수 f, g가 $f(x)=\dfrac{3}{x+1}$, $g(x)=\sqrt{x-1}+2$일 때, $1\le x\le 10$에서 함수 $(f\circ g)(x)$의 최댓값과 최솟값의 합은?

① $\dfrac{3}{2}$ ② 2 ③ $\dfrac{5}{2}$
④ 3 ⑤ $\dfrac{7}{2}$

▶ 23472-0230

56 방정식 $\sqrt{|x+1|}=x+k$가 서로 다른 두 근을 갖도록 하는 모든 실수 k의 값의 합은?

① 2 ② $\dfrac{9}{4}$ ③ $\dfrac{5}{2}$
④ $\dfrac{11}{4}$ ⑤ 3

▶ 23472-0231

57 함수 $y=\dfrac{4}{x-2}+1$의 그래프 위의 점 A와 점 B(2, 1)에 대하여 선분 AB의 길이의 최솟값은?

① $\sqrt{2}$ ② 2 ③ $\sqrt{6}$
④ $2\sqrt{2}$ ⑤ $\sqrt{10}$

신유형

▶ 23472-0232

58 실수 k에 대하여 x에 대한 방정식 $\left|\dfrac{2x+1}{-x+3}\right|=k$의 서로 다른 실근의 개수를 $f(k)$라 할 때, $f(k)=2$이고 $|k|\le 10$인 모든 정수 k의 개수는?

① 6 ② 7 ③ 8
④ 9 ⑤ 10

23472-0233

59 세 상수 a, b, c가 다음 조건을 만족시킬 때, abc의 값은?

> (가) 함수 $y=\sqrt{ax+b}+c$의 정의역은 $\{x|x\le 1\}$, 치역은 $\{y|y\ge -1\}$이다.
>
> (나) 직선 $y=\frac{1}{2}$은 함수 $y=\frac{cx}{ax+b}$의 그래프의 점근선이다.

① 1 ② 2 ③ 3
④ 4 ⑤ 5

23472-0234

60 함수 $f(x)=\frac{kx}{x+1}$의 그래프를 x축의 방향으로 3만큼, y축의 방향으로 m만큼 평행이동하였더니 함수 $y=f^{-1}(x)$의 그래프와 일치하였다. $f(m)$의 값은?

(단, k, m은 상수이다.)

① 1 ② 2 ③ 3
④ 4 ⑤ 5

23472-0235

61 함수 $y=a\sqrt{bx+c}$의 그래프가 그림과 같을 때, 다음 중 함수 $y=\frac{b}{x+a}+c$의 그래프로 적당한 것은?

(단, a, b, c는 상수이다.)

$y=a\sqrt{bx+c}$

①
$y=\frac{b}{x+a}+c$

②
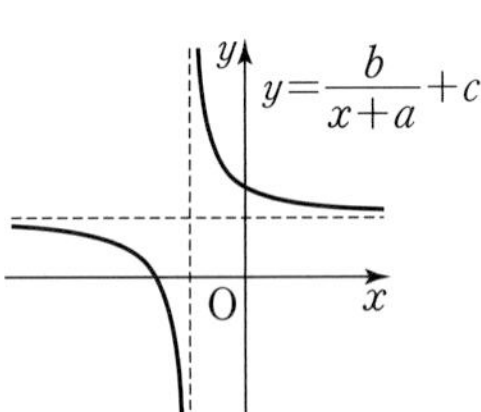

③
$y=\frac{b}{x+a}+c$

④
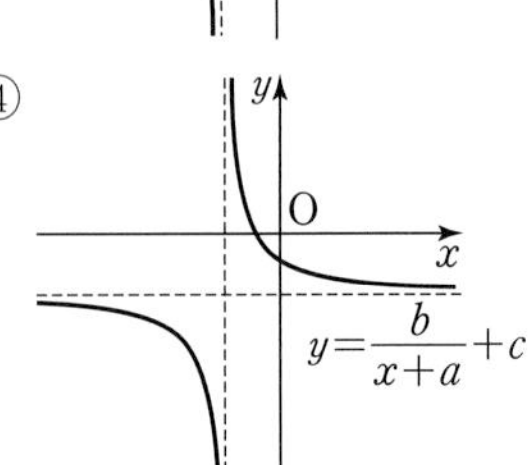

⑤
$y=\frac{b}{x+a}+c$

신유형 23472-0236

62 정의역이 $\{x|x\ge -2,\ x\text{는 실수}\}$이고 공역이 $\{y|y\le 1,\ y\text{는 실수}\}$인 함수

$$f(x)=\begin{cases} ax+3|x-2| & (x\ge 1) \\ \dfrac{bx}{x-a} & (-2\le x\le 1) \end{cases}$$

의 역함수가 존재하도록 하는 상수 a의 값을 구하시오.

신유형 23472-0237

63 $\overline{AB}=4$이고 넓이가 3인 삼각형 ABC에 대하여 점 C를 지나고 직선 AB와 평행한 직선 위에 점 D를 잡을 때, 두 삼각형 ABC와 DAB가 겹쳐지는 부분의 넓이를 x라 하자. $\overline{CD}$를 x에 관한 식으로 나타내면 $\frac{ax+b}{x+c}$일 때, 세 실수 a, b, c에 대하여 $a+b+c$의 값은?

① 6 ② 7 ③ 8
④ 9 ⑤ 10

신유형 23472-0238

64 정수 n에 대하여 x에 대한 방정식

$$\sqrt{n-x}=\frac{x-2}{x-1}\ (n\ge x,\ x\ne 1)$$

의 서로 다른 실근의 개수를 $f(n)$이라 할 때, 〈보기〉에서 옳은 것만을 있는 대로 고른 것은?

> 보기
>
> ㄱ. $f(1)=1$
>
> ㄴ. $f(0)+f(2)=3$
>
> ㄷ. $f(n)=2$를 만족시키는 n의 최솟값은 2이다.

① ㄱ ② ㄴ ③ ㄱ, ㄴ
④ ㄱ, ㄷ ⑤ ㄱ, ㄴ, ㄷ

23472-0239

65 그림과 같이 두 곡선 $y=2\sqrt{x}$, $y=\frac{10n}{x}$과 직선 $y=1$로 둘러싸인 영역의 내부 또는 그 경계에 포함되고 x좌표와 y좌표가 모두 자연수인 점의 개수가 100 이상 250 이하가 되도록 하는 모든 자연수 n의 값의 합을 구하시오.

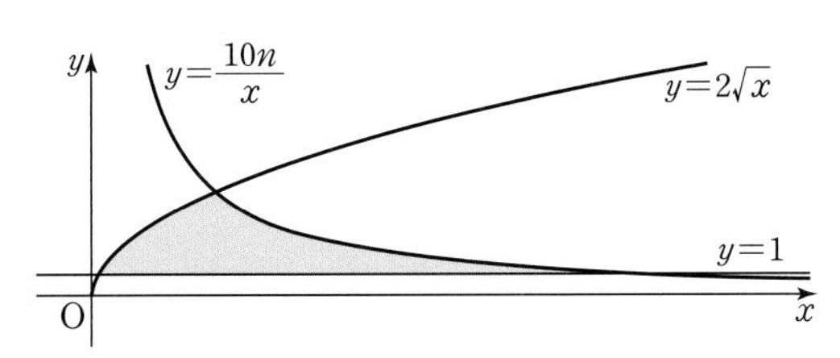

문항 파헤치기

풀이

실수 point 찾기

경우의 수

14. 순열과 조합

14 순열과 조합

빈틈 개념

■ **집합의 연산**
$A\cup B=\{x|x\in A$ 또는 $x\in B\}$
$A\cap B=\{x|x\in A$ 그리고 $x\in B\}$

■ **합집합의 원소의 개수**
$n(A\cup B)$
$=n(A)+n(B)-n(A\cap B)$
특히 $A\cap B=\varnothing$이면
$n(A\cup B)=n(A)+n(B)$

■ (1) ${}_n\mathrm{P}_r$에서 r는 반드시 $0\le r\le n$이어야 한다.
(2) $n!$을 'n factorial' 또는 'n의 계승'이라고 읽으며 이것은 1에서 n까지의 연속한 자연수의 곱이다.

■ ${}_n\mathrm{P}_r={}_n\mathrm{C}_r\times r!$, 즉
(순열의 수)=(조합의 수)×(원소를 일렬로 배열하는 방법의 수)

1 사건과 경우의 수

어떤 조건을 만족하는 집합을 사건이라 하고, 사건 A가 일어나는 모든 경우의 집합을 A, 사건 B가 일어나는 모든 경우의 집합을 B로 나타낼 때

(1) A 또는 B가 일어나는 경우 ⇨ $A\cup B$
(2) A, B가 동시에 일어나는 경우 ⇨ $A\cap B$

2 합의 법칙

두 사건 A, B가 동시에 일어나지 않을 때, 사건 A, B가 일어나는 경우의 수가 각각 m가지, n가지이면 사건 A 또는 사건 B가 일어나는 경우의 수는 $m+n$이다.

3 곱의 법칙

두 사건 A, B에 대하여 A가 일어나는 경우의 수가 m가지이고 그 각각에 대하여 B가 일어나는 경우의 수가 n가지이면 두 사건 A, B가 연달아 일어나는 경우의 수는 $m\times n$이다.

4 순열

(1) **순열의 뜻**: 서로 다른 n개에서 중복 없이 r개를 택하여 일렬로 배열하는 것을 n개에서 r개를 택하는 순열이라 하고 순열의 수를 기호로 ${}_n\mathrm{P}_r$와 같이 나타낸다.

(2) **순열의 수**: 서로 다른 n개에서 중복 없이 r개를 택하여 일렬로 배열하는 방법의 수는

${}_n\mathrm{P}_r=n(n-1)(n-2)\times\cdots\times(n-r+1)$ (단, $0<r\le n$)

① ${}_n\mathrm{P}_r=\dfrac{n!}{(n-r)!}$ (단, $0\le r\le n$)

② ${}_n\mathrm{P}_n=n(n-1)(n-2)\times\cdots\times3\times2\times1=n!$

③ ${}_n\mathrm{P}_0=1$, $0!=1$

5 조합

(1) **조합의 뜻**: 서로 다른 n개에서 순서를 생각하지 않고 중복 없이 r개를 뽑는 것을 n개에서 r개를 택하는 조합이라 하고, 이 조합의 수를 기호로 ${}_n\mathrm{C}_r$와 같이 나타낸다.

(2) **조합의 수**: 서로 다른 n개에서 중복 없이 r개를 택하는 방법의 수는

$${}_n\mathrm{C}_r=\frac{{}_n\mathrm{P}_r}{r!}=\frac{n(n-1)(n-2)\times\cdots\times(n-r+1)}{r!}$$

$$=\frac{n!}{r!(n-r)!}\ (\text{단, } 0\le r\le n)$$

① ${}_n\mathrm{C}_0=1$, ${}_n\mathrm{C}_n=1$, ${}_n\mathrm{C}_1=n$

② ${}_n\mathrm{C}_r={}_n\mathrm{C}_{n-r}$ (단, $0\le r\le n$)

③ ${}_n\mathrm{C}_r={}_{n-1}\mathrm{C}_r+{}_{n-1}\mathrm{C}_{r-1}$ (단, $1\le r<n-1$)

1등급 note

■ '적어도'를 포함한 순열의 수는 반대의 경우에 해당하는 경우의 수를 구한 후 전체 경우의 수에서 뺀다.

■ **이웃하게 나열하는 순열의 수**
(1) 이웃하는 것을 하나로 묶어서 한 묶음으로 생각한다.
(2) (한 묶음으로 구한 순열의 수)×(한 묶음 속 자체의 순열의 수)

■ **이웃하지 않게 나열하는 순열의 수**
(1) 이웃해도 좋은 것을 먼저 배열한다.
(2) 그 양 끝과 사이사이에 이웃하지 않아야 할 것을 배열한다.

■ **직선의 개수**
(1) 어느 세 점도 일직선 위에 있지 않은 서로 다른 n개의 점에서 두 점을 잇는 직선의 개수는 ${}_n\mathrm{C}_2$
(2) n각형의 대각선의 개수는 ${}_n\mathrm{C}_2-n$

■ **다각형의 개수**
(1) 일직선 위에 있지 않은 서로 다른 n개의 점에서 세 점을 잇는 삼각형의 개수는 ${}_n\mathrm{C}_3$
(2) 각 평행선에서 가로, 세로의 직선 중 각각 2개를 택하면 평행사변형이 된다. m개의 평행선과 n개의 평행선이 만날 때 생기는 평행사변형의 개수는 ${}_m\mathrm{C}_2\times{}_n\mathrm{C}_2$

기출에서 찾은 **내신 필수 문제**

| 합의 법칙 | ▶ 23472-0240

01 출제율 89%

0, 1, 2, 3, 4 중에서 서로 다른 세 숫자를 뽑아 만들 수 있는 세 자리 자연수 중에서 6의 배수의 개수는?

① 11 ② 13 ③ 15
④ 17 ⑤ 19

| 합의 법칙 | ▶ 23472-0241

02 출제율 86%

100 이하의 자연수 중에서 4의 배수 또는 9의 배수인 자연수의 개수는?

① 33 ② 34 ③ 35
④ 36 ⑤ 37

| 합의 법칙 | ▶ 23472-0242

03 출제율 88%

서로 다른 두 개의 주사위를 동시에 던질 때, 나오는 두 눈의 수의 합이 6의 배수이거나 두 눈의 수의 곱이 6의 배수인 경우의 수는?

① 16 ② 17 ③ 18
④ 19 ⑤ 20

| 합의 법칙 | ▶ 23472-0243

04 출제율 84%

부등식 $x+2y+3z\le9$를 만족시키는 세 자연수 x, y, z의 모든 순서쌍 (x, y, z)의 개수는?

① 6 ② 7 ③ 8
④ 9 ⑤ 10

| 곱의 법칙 | ▶ 23472-0244

05 출제율 90%

서로 다른 연필 5자루, 샤프 4자루, 볼펜 3자루 중에서 연필, 샤프, 볼펜을 각각 한 자루씩 선택하는 방법의 수는?

① 48 ② 52 ③ 56
④ 60 ⑤ 64

| 곱의 법칙 | ▶ 23472-0245

06 출제율 84%

240의 양의 약수 중 짝수인 양의 약수의 개수는?

① 8 ② 12 ③ 16
④ 20 ⑤ 24

| 곱의 법칙 | 23472-0246

07

출제율 91%

A, B 두 지점 사이에는 4개의 버스 노선과 3개의 지하철 노선이 있다. A지점에서 B지점으로 갈 때는 버스를 타고, B지점에서 A지점으로 돌아올 때는 지하철을 타는 방법의 수는?

① 6 ② 8 ③ 10
④ 12 ⑤ 14

| 곱의 법칙 | 23472-0247

08

출제율 94%

그림은 어느 도시를 4개의 영역으로 나누어 놓은 지도이다. 이 지도의 A, B, C, D 4개의 영역을 한 영역은 한 가지 색으로만 칠하려고 한다. 파랑, 빨강, 노랑, 보라 4가지 색의 일부 또는 전부를 사용하여 변을 공유하는 영역은 서로 다른 색으로 칠하는 방법의 수를 구하시오.

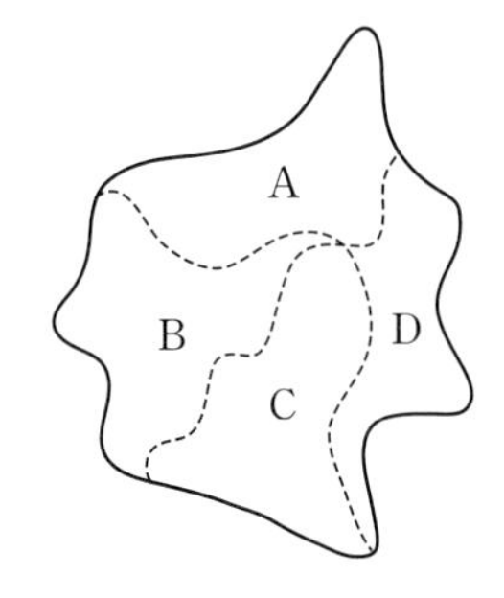

| 곱의 법칙 | 23472-0248

09

출제율 88%

그림과 같이 A지점에서 출발하여 B지점으로 가는 길이 있다. 영우와 그람이가 A지점에서 출발하여 C지점 또는 D지점을 지나 B지점으로 이동할 때, C지점과 D지점 중 서로 다른 지점을 지나가는 경우의 수는?

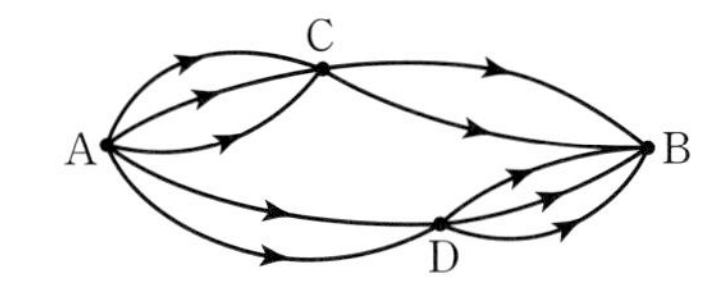

① 54 ② 60 ③ 66
④ 72 ⑤ 78

| 순열 | 23472-0249

10

출제율 92%

$14 \times {}_{n}\mathrm{P}_{3} = 5 \times {}_{n+2}\mathrm{P}_{3}$을 만족시키는 자연수 n의 값은?

① 5 ② 6 ③ 7
④ 8 ⑤ 9

| 순열 | 23472-0250

11

출제율 94%

남학생 3명과 여학생 2명을 일렬로 세울 때, 남학생끼리 모두 이웃하도록 세우거나 여학생끼리 모두 이웃하도록 세우는 경우의 수는?

① 54 ② 60 ③ 66
④ 72 ⑤ 78

| 순열 | 23472-0251

12

출제율 92%

서로 다른 수학책 3권, 서로 다른 영어책 4권을 책꽂이에 꽂으려고 한다. 수학책과 영어책을 교대로 꽂는 경우의 수는?

① 144 ② 160 ③ 178
④ 194 ⑤ 210

| 순열 | 23472-0252

13 출제율 86%

1학년 학생 4명과 2학년 학생 3명으로 구성된 동아리에서 동아리 부장과 차장을 뽑을 때, 적어도 한 명은 2학년 학생을 뽑는 경우의 수는?

① 30 ② 32 ③ 34
④ 36 ⑤ 38

| 순열 | 23472-0253

14 출제율 88%

1, 2, 3, 4, 5의 숫자 중에서 서로 다른 3개의 숫자를 택하여 만들 수 있는 세 자리 자연수 중에서 다음 조건을 만족시키는 자연수의 개수는?

> 백의 자리의 숫자가 짝수이면 일의 자리의 숫자는 홀수이다.

① 50 ② 52 ③ 54
④ 56 ⑤ 58

| 조합 | 23472-0254

15 출제율 88%

${}_{n+2}C_3 - {}_{n}C_2 = {}_{n}C_2 + {}_{n+1}C_{n-1}$을 만족시키는 자연수 n의 값은?

① 3 ② 4 ③ 5
④ 6 ⑤ 7

| 조합 | 23472-0255

16 출제율 92%

1부터 9까지의 자연수가 하나씩 적힌 9장의 카드 중 3장을 택할 때, 4의 약수가 적힌 카드가 적어도 한 장 이상 포함되도록 택하는 경우의 수는?

① 56 ② 60 ③ 64
④ 68 ⑤ 72

| 조합 | 23472-0256

17 출제율 91%

남학생 6명과 여학생 5명 중에서 3명을 뽑을 때, 3명의 학생의 성별이 모두 같은 경우의 수는?

① 24 ② 30 ③ 36
④ 42 ⑤ 48

| 조합 | 23472-0257

18 출제율 88%

어느 학급의 8명의 학생 중에서 3명을 뽑을 때, 번호가 가장 작은 학생을 포함하여 뽑는 경우의 수는?

① 21 ② 23 ③ 25
④ 27 ⑤ 29

서술형 문제

| 조합 |

▶ 23472-0258

19 출제율 94%

두 집합 $X=\{1, 2, 3\}$, $Y=\{1, 2, 3, 4, 5\}$에 대하여 다음 조건을 만족시키는 함수 $f: X \longrightarrow Y$의 개수는?

(가) $f(3) \neq 5$
(나) $x_1 \in X$, $x_2 \in X$에 대하여
$x_1 < x_2$이면 $f(x_1) < f(x_2)$

① 3 ② 4 ③ 5
④ 6 ⑤ 7

| 조합 |

▶ 23472-0259

20 출제율 92%

그림과 같이 일정한 간격으로 12개의 점을 직사각형 모양으로 배열하였다. 이 12개의 점을 이어서 만들 수 있는 서로 다른 직선의 개수는?

① 35 ② 36 ③ 37
④ 38 ⑤ 39

| 조합 |

▶ 23472-0260

21 출제율 97%

그림과 같이 반원 위에 8개의 점이 있다. 이 8개의 점으로 만들 수 있는 삼각형의 개수는?

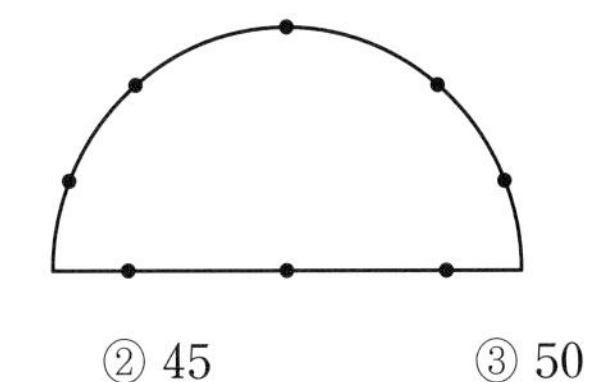

① 40 ② 45 ③ 50
④ 55 ⑤ 60

▶ 23472-0261

22 출제율 84%

8명이 참가한 씨름 대회의 대진표가 그림과 같을 때, 대진표를 작성하는 방법의 수를 구하시오.

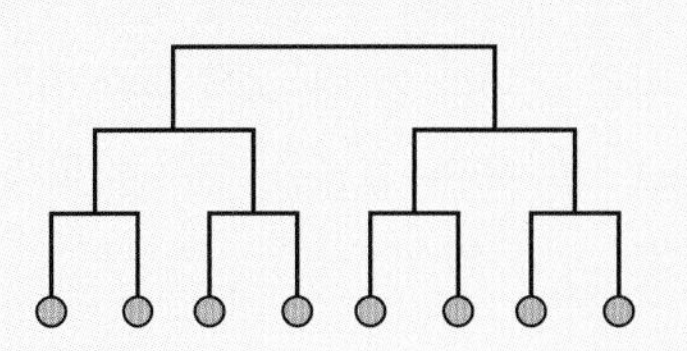

▶ 23472-0262

23 출제율 91%

100원짜리 동전 3개, 500원짜리 동전 3개, 1000원짜리 지폐 1장이 있다. 이 돈의 일부 또는 전부를 사용하여 지불할 수 있는 방법의 수를 a, 지불할 수 있는 금액의 수를 b라 할 때, $a+b$의 값을 구하시오.
(단, 0원은 지불하지 않는 것으로 본다.)

▶ 23472-0263

24 출제율 89%

한 평면 위에 있는 서로 다른 10개의 점 중에서 한 직선 위에 n개의 점이 있고, 나머지 점을 포함하여 어느 세 점도 한 직선 위에 있지 않다. 이 10개의 점으로 만들 수 있는 서로 다른 직선의 개수가 31일 때, 3 이상 10 이하의 자연수 n의 값을 구하시오.

내신 고득점 도전 문제

개념 1 합의 법칙

▶ 23472-0264

25 서로 다른 두 개의 주사위를 동시에 던져서 나오는 눈의 수를 각각 a, b라 할 때, x에 대한 이차방정식 $x^2+ax+b=0$이 실근을 갖지 않도록 하는 a, b의 모든 순서쌍 (a, b)의 개수는?

① 11 ② 13 ③ 15 ④ 17 ⑤ 19

▶ 23472-0265

26 백의 자리, 십의 자리, 일의 자리의 숫자 중 어느 2개의 합이 나머지 한 개의 2배이고, 숫자 0, 8, 9를 포함하지 않는 세 자리 자연수의 개수는?

① 55 ② 57 ③ 59 ④ 61 ⑤ 63

▶ 23472-0266

27 A, B, C, D, E 5명이 제출한 자신의 소지품을 각각 a, b, c, d, e라 하자. 이 5개의 소지품을 A, B, C, D, E 5명에게 하나씩 나누어 줄 때, 자신의 소지품을 갖지 않도록 나누어 주는 방법의 수는?

① 36 ② 40 ③ 44 ④ 48 ⑤ 52

개념 2 곱의 법칙

▶ 23472-0267

28 다음 조건을 만족시키는 세 자리 자연수의 개수는?

> (가) 백의 자리의 수는 짝수이다.
> (나) 십의 자리의 수는 3 이상의 수이다.
> (다) 일의 자리의 수는 7 이하의 수이다.

① 160 ② 192 ③ 224 ④ 256 ⑤ 288

▶ 23472-0268

29 500원짜리 동전 3개, 100원짜리 동전 n개, 50원짜리 동전 2개가 있다. 이 동전의 일부 또는 전부를 사용하여 지불할 수 있는 방법의 수가 107일 때, 지불할 수 있는 서로 다른 금액의 수는? (단, n은 자연수이고, 0원은 지불하지 않는 것으로 본다.)

① 40 ② 42 ③ 44 ④ 46 ⑤ 48

▶ 23472-0269

30 집합 $X=\{1, 2, 3, 4\}$에 대하여 함수 $f: X \longrightarrow X$ 중에서 다음 조건을 만족시키는 함수 f의 개수는?

> 집합 X의 모든 원소 x에 대하여 $f(x) \ge x$이다.

① 16 ② 18 ③ 20 ④ 22 ⑤ 24

▶ 23472-0270

31 남학생 5명과 여학생 4명 중 남학생 대표 1명, 여학생 대표 1명, 총무 1명을 선출하는 경우의 수를 구하시오.

▶ 23472-0271

32 그림과 같이 4개의 영역으로 나누어진 땅에 코스모스, 장미, 해바라기, 나팔꽃 네 종류 이하의 꽃을 심으려고 한다. 각 영역의 땅에는 한 종류의 꽃만을 심고 변을 공유하는 두 땅에는 서로 다른 꽃을 심는다. 심을 꽃의 종류를 선택하는 경우의 수를 구하시오.

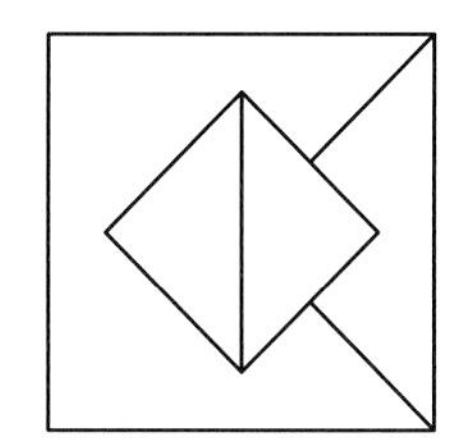

▶ 23472-0272

33 다음 조건을 만족시키는 자연수 n의 개수는?

> (가) $100 \le n \le 750$
> (나) 각 자리의 숫자는 모두 다르다.
> (다) 일의 자리의 숫자는 홀수이다.

① 222 ② 226 ③ 230
④ 234 ⑤ 238

개념 ③ 순열

▶ 23472-0273

34 1, 2, 3, 4, 5, 6, 7, 8의 8개의 숫자 중 서로 다른 4개의 숫자를 뽑아 네 자리 자연수를 만들 때, 적어도 한쪽 끝이 홀수인 네 자리 자연수의 개수는?

① 1240 ② 1280 ③ 1320
④ 1360 ⑤ 1400

▶ 23472-0274

35 1, 2, 3, 4, 5 중에서 중복을 허락하지 않고 n개를 뽑아 일렬로 나열하여 만든 자연수들을 작은 수부터 크기순으로 나열할 때, 50번째의 수를 구하시오.

(단, n은 5 이하의 자연수이다.)

▶ 23472-0275

36 남학생 3명과 여학생 n명이 있다. 이 중에서 남학생 3명과 여학생 $n-1$명을 모두 일렬로 세울 때, 남학생끼리 모두 이웃하여 서는 경우의 수가 3600이다. 이때 2 이상의 자연수 n의 값은?

① 3 ② 4 ③ 5
④ 6 ⑤ 7

23472-0276

37 A, B를 포함한 6명의 학생이 순서대로 입장할 때, A와 B 사이에 적어도 2명의 학생이 포함되는 경우의 수는?

① 252 ② 264 ③ 276
④ 288 ⑤ 300

23472-0277

38 철수와 영희를 포함한 6명의 학생이 그림과 같은 2개, 4개씩 앉는 6개의 의자에 앉을 때, 철수와 영희가 서로 붙어 있는 의자에 이웃하여 앉는 경우의 수는?

① 144 ② 156 ③ 168
④ 180 ⑤ 192

개념 4 **조합**

23472-0278

39 1부터 10까지의 자연수가 하나씩 적힌 10개의 공이 들어 있는 주머니에서 5개의 공을 꺼낼 때, 짝수가 적혀있는 공의 개수가 홀수가 적혀있는 공의 개수보다 많도록 꺼내는 경우의 수는?

① 110 ② 114 ③ 118
④ 122 ⑤ 126

23472-0279

40 다음 조건을 만족시키는 세 자연수 a, b, c의 모든 순서쌍 (a, b, c)의 개수는?

> (가) $1<a<b\le 6$
> (나) $b\le c$, $c\le 8$

① 20 ② 25 ③ 30
④ 35 ⑤ 40

23472-0280

41 두 집합 $X=\{1, 2, 3, 4\}$, $Y=\{1, 2, 3, 4, 5, 6, 7, 8\}$에 대하여 다음 조건을 만족시키는 함수 $f: X \longrightarrow Y$의 개수를 구하시오.

> (가) $f(2)$는 홀수이다.
> (나) 집합 X의 임의의 두 원소 a, b에 대하여 $a<b$이면 $f(a)<f(b)$이다.

23472-0281

42 철수는 현관문의 5자리의 비밀번호를 만들려고 한다. 다음 조건을 만족시키는 비밀번호의 개수가 $n\times 5!$일 때, 자연수 n의 값을 구하시오.

> (가) 같은 숫자 또는 같은 특수문자를 2번 이상 사용하지 않는다.
> (나) 특수문자는 1개 이상 포함되어 있다.

1	2	3
4	5	6
7	8	9
*	0	#

23472-0282

43 두 집합 $X=\{1, 2, 3\}$, $Y=\{1, 2, 3, 4, 5, 6\}$에 대하여 X에서 Y로의 함수 f가 있다. 집합 X의 임의의 두 원소 x_1, x_2에 대하여 〈보기〉에서 옳은 것만을 있는 대로 고른 것은?

보기

ㄱ. '$x_1 \neq x_2$이면 $f(x_1)=f(x_2)$이다.'를 만족시키는 함수 f의 개수는 6이다.

ㄴ. '$x_1 \neq x_2$이면 $f(x_1) \neq f(x_2)$이다.'를 만족시키는 함수 f의 개수는 60이다.

ㄷ. '$x_1 < x_2$이면 $f(x_1) < f(x_2)$이다.'를 만족시키는 함수 f의 개수는 20이다.

① ㄱ　② ㄴ　③ ㄱ, ㄴ
④ ㄱ, ㄷ　⑤ ㄴ, ㄷ

23472-0283

44 6명이 7층에서 아래 층으로 내려가기 위해 엘리베이터에 탔다. 2층부터 6층까지 5개의 층 중에서 어느 한 층에서만 한 명 이상이 내리며 남은 사람들은 모두 1층에서 내리는 모든 방법의 수를 구하시오.

23472-0284

45 그림과 같이 합동인 정사각형 13개로 이루어진 도형이 있다. 이 도형의 선들로 이루어진 직사각형의 개수는?

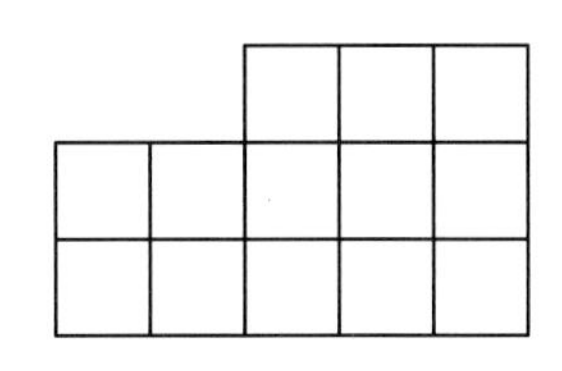

① 61　② 63　③ 65
④ 67　⑤ 69

23472-0285

46 삼각형의 세 변의 길이를 a, b, c $(a \geq b \geq c)$라 할 때, 다음 조건을 만족시키는 삼각형의 개수를 구하시오.

(가) $a+b+c=20$
(나) a, b, c는 자연수이다.

23472-0286

47 교사 1명, 남학생 3명, 여학생 4명 중 5명을 택하여 다음 조건을 만족하도록 일렬로 세우는 경우의 수를 구하시오.

(가) 교사 1명과 남학생 2명 이상을 반드시 포함한다.
(나) 남학생끼리는 모두 이웃하지 않는다.

23472-0287

48 두 집합 $X=\{1, 2, 3, 4\}$, $Y=\{1, 2, 3, 4, 5, 6\}$에 대하여 다음 조건을 만족시키는 함수 $f: X \longrightarrow Y$의 개수를 구하시오.

(가) $f(4)-f(1) \geq 1$
(나) 최솟값은 $f(3)$이고, 최댓값은 $f(2)$이다.

변별력을 만드는 1등급 문제

23472-0288

49 다항식 $(a+b+c)^2(p+q)^2$의 전개식에서 서로 다른 항의 개수를 구하시오.

23472-0289

50 어느 찬반 토론회에 참가하려고 하는 찬성 후보 3명과 반대 후보 4명이 있다. A와 B가 찬성과 반대 후보 중에서 각각 1명씩을 선택하여 투표할 때, 7명의 후보 중에서 A, B 두 사람 모두에게 선택된 후보자가 1명인 경우의 수는? (단, 기권 또는 무효는 없다.)

① 48 ② 52 ③ 56
④ 60 ⑤ 64

23472-0290

51 그림과 같이 5개의 도시 A, B, C, D, E가 하나의 도로로 연결되어 있다.

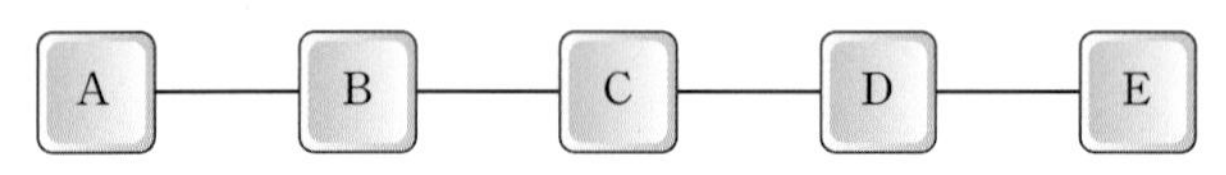

A, B, C, D, E 사이를 운행하는 1, 2, 3번 버스가 다음 조건을 만족시킨다.

> 1번 버스 : A 도시에서 D 도시 사이를 운행한다.
> 2번 버스 : B 도시에서 E 도시 사이를 운행한다.
> 3번 버스 : C 도시에서 E 도시 사이를 운행한다.

1, 2, 3번 버스 중 일부 또는 전부를 이용하여 A 도시에서 E 도시로 갔다가 다시 A 도시로 오는 경우의 수를 구하시오. (단, B, C, D 도시를 각각 3번 이상 지나지 않고, 모든 버스는 지나가는 도시에서 갈아탈 수 있다.)

23472-0291

52 파란색 깃발 9개, 빨간색 깃발 4개를 일렬로 꽂을 때, 빨간색 깃발과 빨간색 깃발 사이에 홀수 개의 파란색 깃발이 있도록 꽂는 경우의 수를 구하시오.

23472-0292

53 그림과 같이 크기가 같은 정사각형 6개를 붙여서 만든 도형이 있다. 빨강, 노랑, 파랑, 검정 네 가지 색의 전부 또는 일부를 사용하여 6개의 정사각형에 색을 칠하려고 한다. 한 변을 공유하는 정사각형에는 서로 다른 색을 칠하고 한 정사각형에는 한 가지 색만을 칠할 때, 서로 다르게 칠하는 경우의 수를 구하시오.

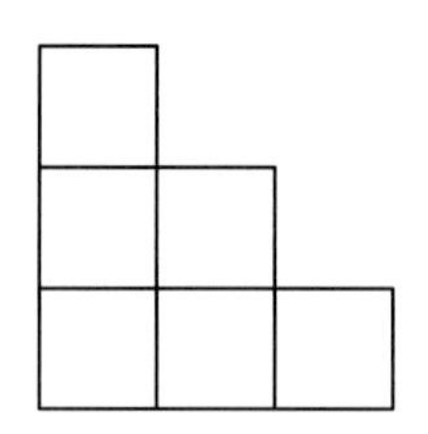

23472-0293

54 다음 조건을 만족시키는 세 정수 x, y, z의 모든 순서쌍 (x, y, z)의 개수는?

> (가) $|x|+|y|+|z|=10$
> (나) $|x|>|y|>|z|$

① 32 ② 36 ③ 40
④ 44 ⑤ 48

23472-0294

55 그림과 같이 정육면체 ABCDEFGH의 8개의 꼭짓점 중에서 서로 다른 세 점을 택하여 삼각형을 만들 때, 적어도 한 변을 정육면체의 한 모서리와 공유하는 삼각형의 개수는?

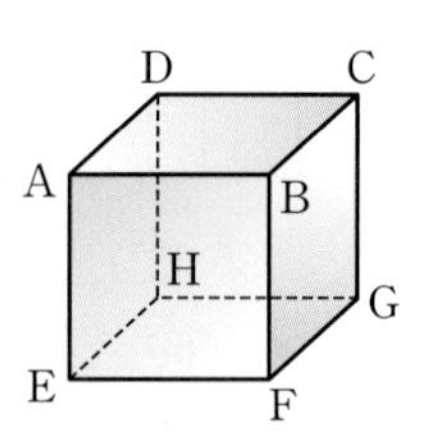

① 44 ② 46 ③ 48
④ 50 ⑤ 52

▶ 23472-0295

56 그림과 같은 5개의 정사각형에 A, B, C, D, E를 각각 하나씩 써넣으려고 한다. A와 B를 이웃하지 않은 정사각형에 써넣는 경우의 수는?

(단, 두 정사각형이 변을 공유할 때 이웃한다고 한다.)

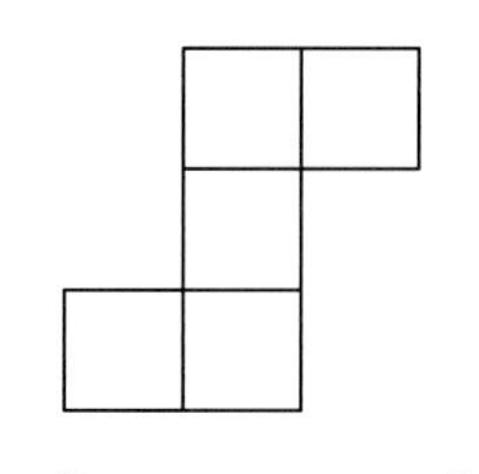

① 60　② 64　③ 68　④ 72　⑤ 76

(신유형)

▶ 23472-0296

57 8개의 나라 A, B, C, D, E, F, G, H가 있다. 한 나라에서 다른 나라로 이동하는 직항 중 두 나라 B와 C를 이동하는 직항만 없을 때, 나라 A에서 출발하여 7개의 나라 B, C, D, E, F, G, H를 모두 한 번씩만 방문하고 다시 A로 돌아오는 일정을 계획할 때, 가능한 모든 경우의 수를 구하시오. (단, 한 나라에서 다른 나라로 이동 시 직항만을 이용하고 다른 운송수단은 고려하지 않는다.)

▶ 23472-0297

58 집합 $X=\{1, 2, 3, 4, 5\}$에 대하여 $x \in X$이면 $(f \circ f)(x)=x$를 만족시키는 함수 $f : X \longrightarrow X$의 개수는?

① 22　② 23　③ 24　④ 25　⑤ 26

▶ 23472-0298

59 갑, 을, 병, 정 네 학생을 4개의 열람실 A, B, C, D에 배정하려고 한다. 다음 조건을 만족시키도록 배정하는 경우의 수를 구하시오.

(가) 각 학생은 네 열람실 중 두 곳에 배정한다.
(나) 각 열람실에 배정된 학생 수는 2이다.
(다) 갑, 을 두 학생의 열람실은 적어도 하나 겹쳐진다.

▶ 23472-0299

60 선생님 3명과 학생 6명이 있다. 다음 조건을 만족시키도록 9명의 자리를 배치하는 경우의 수를 N이라 할 때, $\frac{N}{6!}$의 값은?

(가) 앞줄에 4명, 뒷줄에 5명을 배치한다.
(나) 각 줄에는 적어도 한 명 이상의 선생님이 배치되고, 선생님끼리는 같은 줄에서 이웃하지 않도록 배치한다.

① 222　② 228　③ 234　④ 240　⑤ 246

(신유형)

▶ 23472-0300

61 집합 $X=\{1, 2, 3, 4, 5\}$에 대하여 등식
$\{f(1)-5\}\{f(2)-4\}\{f(3)-3\}\{f(4)-2\}\{f(5)-1\}=0$
을 만족시키는 일대일대응 $f : X \longrightarrow X$의 개수는?

① 64　② 68　③ 72　④ 76　⑤ 80

23472-0301

62 1부터 7까지의 자연수가 하나씩 적힌 공 7개가 들어 있는 주머니에서 공을 하나씩 7번 꺼낼 때, n번째 꺼낸 공에 적혀있는 수를 a_n이라 하자. 다음 조건을 만족시키도록 꺼내는 경우의 수를 구하시오.

(단, 꺼낸 공은 다시 넣지 않는다.)

> (가) $a_1=7$
> (나) $n\geq2$이면 $a_n\leq n$

23472-0302

63 10개의 바둑알이 있다. 10개의 바둑알을 1개 또는 2개 또는 3개의 묶음으로 나눌 때, 10개의 바둑알을 모두 나누는 방법의 수는?

① 11 ② 12 ③ 13 ④ 14 ⑤ 15

23472-0303

64 원 위의 7개의 점이 다음 조건을 만족시킨다.

> (가) 임의의 두 점을 연결한 어느 두 직선도 평행하지 않다.
> (나) 임의의 두 점을 연결한 어느 세 직선도 원 위의 점이 아닌 한 점에서 만나지 않는다.

임의의 두 점을 연결한 두 직선의 교점 중 원의 외부에 있는 것의 개수는?

① 62 ② 64 ③ 66 ④ 68 ⑤ 70

23472-0304

65 그림과 같이 한 변의 길이가 1인 정사각형 16개로 이루어진 한 변의 길이가 4인 정사각형이 있다. 한 변의 길이가 1인 정사각형 5개에 다음 조건을 만족시키도록 색칠하는 경우의 수를 구하시오.

(단, 그림은 아래 조건을 만족시키는 예이다.)

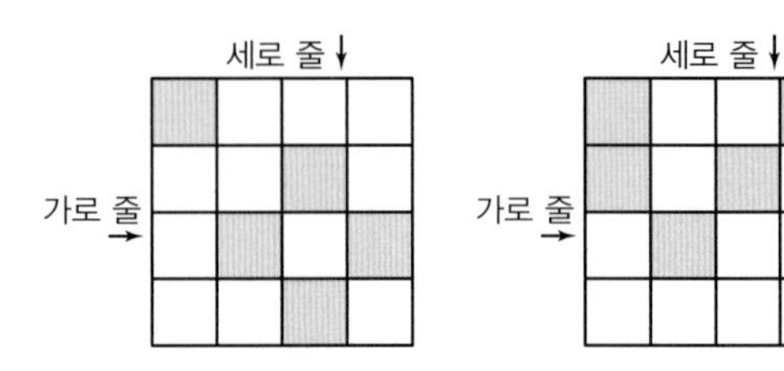

> (가) 모든 세로 줄에는 적어도 한 개의 정사각형을 색칠한다.
> (나) 어느 가로 줄에도 변을 공유하는 두 정사각형을 모두 색칠한 것은 없다.

23472-0305

66 그림과 같이 좌표평면 위에 9개의 점 (1, 1), (1, 2), (1, 3), (2, 1), (2, 2), (2, 3), (3, 1), (3, 2), (3, 3)이 있다. 집합 $\{p|1<p<3,\ p\neq2\}$의 두 원소 a, b에 대하여 점 P$(a,\ b)$와 9개의 점 중에서 2개로 만들 수 있는 삼각형의 개수의 최솟값은?

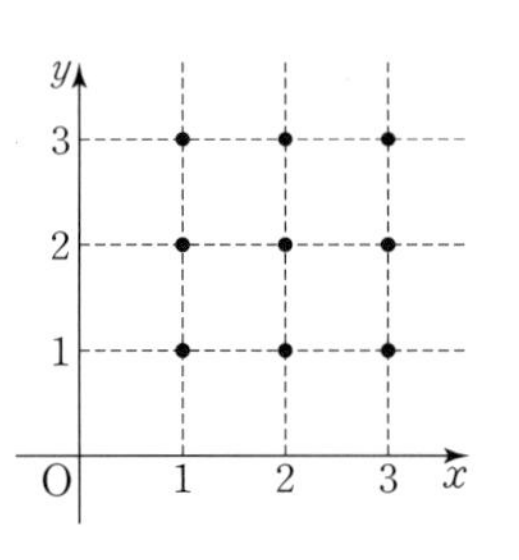

① 25 ② 27 ③ 29 ④ 31 ⑤ 33

23472-0306

67 집합 $X=\{1, 2, 3, 4, 5, 6, 7, 8, 9\}$에 대하여 X에서 X로의 일대일함수 f 중에서 다음 조건을 만족시키는 함수 f의 개수를 구하시오.

> (가) $f(n)>f(2n)$, $f(n)>f(2n+1)$ $(n=1, 2, 3, 4)$
> (나) $f(6)+f(7)=10$

23472-0307

68 그림과 같이 4개의 사물함이 한 블록을 이루는 사물함 12개와 3개의 사물함이 한 블록을 이루는 사물함 3개가 있다.

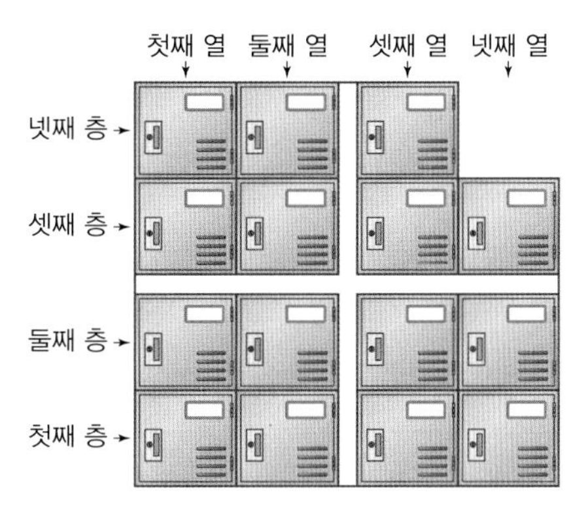

첫째 층, 첫째 열의 사물함을 A가 선택하였을 때, A, B, C, D 네 사람이 다음 조건을 만족시키도록 15개의 사물함을 모두 선택하는 경우의 수를 구하시오.

> (가) 모든 사람은 각 블록에서 1개 이하의 사물함을 선택한다.
> (나) 모든 사람은 같은 층의 사물함을 2개 이상 선택하지 않는다.
> (다) 모든 사람은 같은 열의 사물함을 2개 이상 선택하지 않는다.

문항 파헤치기

풀이

실수 point 찾기

MEMO

진짜 상위권 도약을 위한

올림포스 고난도

수학(하)

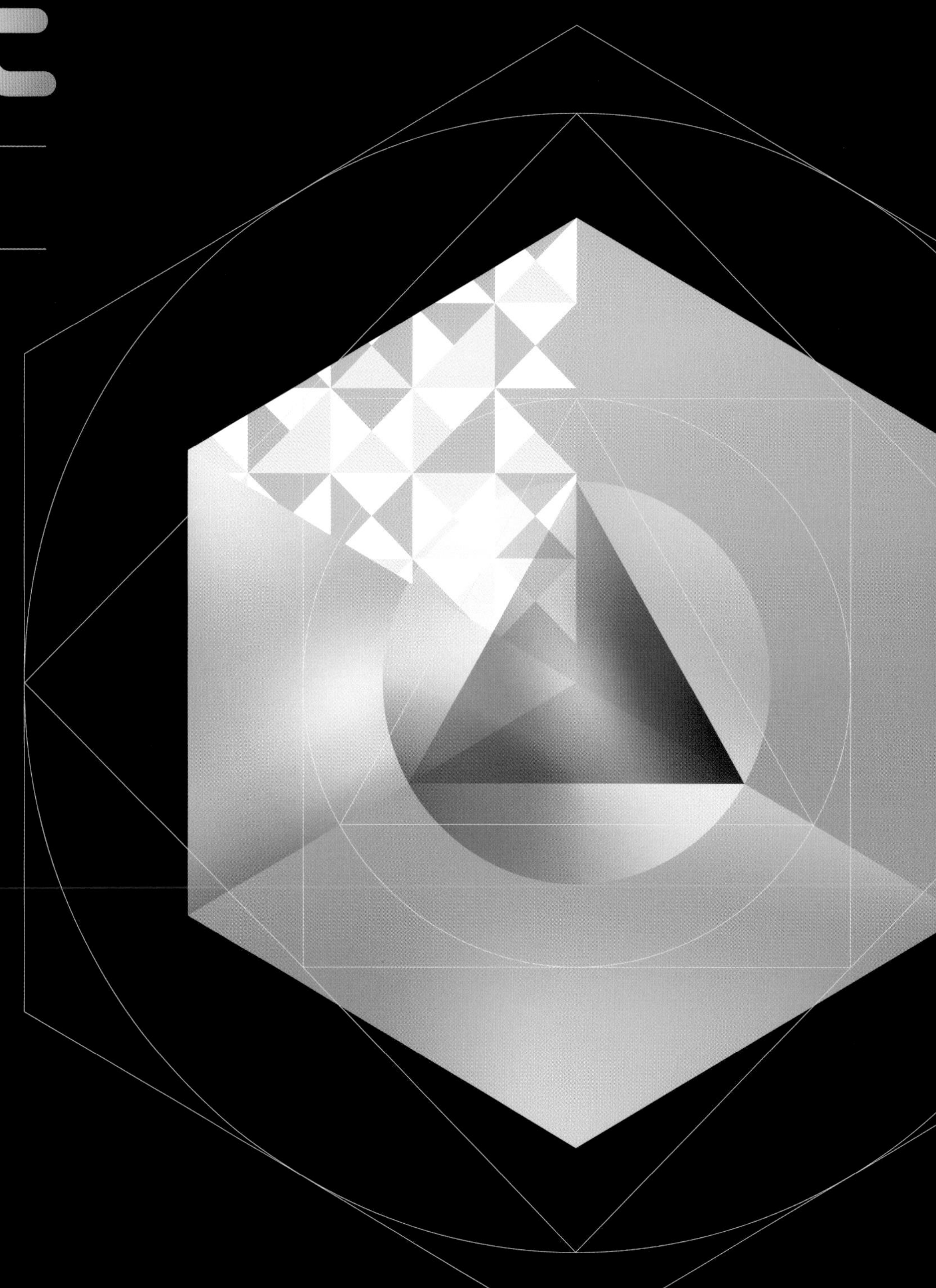

정답과 풀이

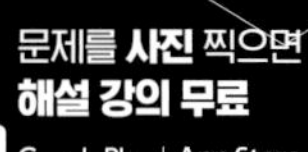

올림포스 고난도

정답과 풀이 수학(하)

정답과 풀이

10 집합

기출에서 찾은 내신 필수 문제 (본문 8~11쪽)

01 ③	02 5	03 ②	04 ③	
05 $\{1, \{1\}, \varnothing\}$		06 ⑤	07 ③	08 ③
09 ④	10 ④	11 ⑤	12 ⑤	13 ⑤
14 ②	15 ③	16 ⑤	17 ③	18 11
19 ③	20 ④	21 ④	22 32	23 67

01 $x=7n+1$ (n은 0 이상의 정수)꼴로 놓으면
$7n+1\le100$에서 $n\le\frac{99}{7}=14.\text{xxx}\cdots$이므로
$x=7n+1$ ($0\le n\le14$인 정수)
따라서 $n(A)=15$ 답 ③

02 $a\in A$, $b\in A$에 대하여 $a+b$의 값은 다음과 같다.

+	-1	0	1
-1	-2	-1	0
0	-1	0	1
1	0	1	2

따라서 $B=\{-2, -1, 0, 1, 2\}$이므로 $n(B)=5$ 답 5

03 $n(A)\le1$을 만족시키려면
이차방정식 $x^2-nx+4=0$의 실근의 개수가 0 또는 1이어야 하므로
이 이차방정식의 판별식을 D라 하면
$D=n^2-16\le0$
즉, $(n-4)(n+4)\le0$에서 $-4\le n\le4$이므로
조건을 만족시키는 정수 n의 개수는 9이다. 답 ②

04 $3\in A$이고 $A=B$이므로 $3\in B$
$a-3=3$이므로 $a=6$ 답 ③

05 조건 (가)에서 $n(A)=3$이므로 집합 A의 원소의 개수는 3이고
조건 (나)에서 $\{1\}$은 집합 A의 원소이고
$\{1\}\subset A$이려면 1이 집합 A의 원소이어야 한다.
또한 $\varnothing\in A$이므로 $\varnothing$도 집합 A의 원소이다.
따라서 집합 A는 1, $\{1\}$, $\varnothing$을 원소로 가져야 하므로
$A=\{1, \{1\}, \varnothing\}$ 답 $\{1, \{1\}, \varnothing\}$

06 $A\subset B$이려면 $2\in B$이어야 한다.
(i) $a^2+1=2$일 때, $a=-1$ 또는 $a=1$
$a=-1$이면 $A=\{2, -1\}$, $B=\{2, -4, 5\}$이므로 $A\not\subset B$
$a=1$이면 $A=\{2, 1\}$, $B=\{2, -2, 5\}$이므로 $A\not\subset B$
(ii) $a-3=2$일 때, $a=5$
$A=\{2, 5\}$, $B=\{26, 2, 5\}$이므로 $A\subset B$
(i), (ii)에서 $a=5$ 답 ⑤

07 조건 (가)에서 집합 A는 집합 $\{1, 2, 3, 4, 5, 6\}$의 부분집합이고
조건 (나)에서 집합 A는 2를 원소로 갖고 3을 원소로 갖지 않아야 하므로
구하는 집합 A의 개수는
$2^{6-1-1}=2^4=16$ 답 ③

08 $A\cap X=A$에서 $A\subset X$
$B\cup X=B$에서 $X\subset B$이므로 $A\subset X\subset B$
따라서 구하는 집합 X는 집합 B의 부분집합이고
-1, 1을 반드시 원소로 가져야 하므로
구하는 집합 X의 개수는
$2^{5-2}=2^3=8$ 답 ③

09 $N_{12}=\{12, 24, 36, 48, \cdots\}$, $N_6=\{6, 12, 18, 24, \cdots\}$이므로
$N_{12}\cup N_6=\{6, 12, 18, 24, \cdots\}$
$(N_{12}\cup N_6)\subset N_k$이려면 k는 6의 약수이어야 하므로
$a=6$
$N_3=\{3, 6, 9, 12, \cdots\}$, $N_4=\{4, 8, 12, 16, \cdots\}$이므로
$N_3\cap N_4=\{12, 24, 36, 48, \cdots\}$
$(N_3\cap N_4)\supset N_k$이려면 k는 12의 배수이어야 하므로
$b=12$
따라서 $a+b=18$ 답 ④

10 $A\cap B=\varnothing$이고 $n=20-n$에서 $n=10$
(i) $n<20-n$, 즉 $n<10$인 경우
$n>7$이므로 $n=8$, 9
(ii) $n>20-n$, 즉 $n>10$인 경우
$20-n>7$이므로 $n<13$
즉, $n=11$, 12
따라서 조건을 만족시키는 자연수 n의 개수는 4이다. 답 ③

11 $U=\{1, 2, 3, 4, 5\}$의 원소의 개수가 2인 부분집합은
$\{1, 2\}$, $\{1, 3\}$, $\{1, 4\}$, $\{1, 5\}$, $\{2, 3\}$, $\{2, 4\}$, $\{2, 5\}$, $\{3, 4\}$,
$\{3, 5\}$, $\{4, 5\}$의 10개이므로 가능한 집합 A의 개수는 10이다.
$A=\{1, 2\}$라 하면 집합 $\{3, 4, 5\}$의 원소가 2개인 부분집합은
$\{3, 4\}$, $\{3, 5\}$, $\{4, 5\}$의 3개이므로 가능한 집합 B의 개수는 3이다.
따라서 모든 순서쌍 (A, B)의 개수는
$10\times3=30$ 답 ⑤

12 $A-B^C=A\cap(B^C)^C=A\cap B$
$A\cap B=\{0, 3\}$이므로 $a^2-2a=0$, $a(a-2)=0$
따라서 $a=0$ 또는 $a=2$
(i) $a=0$일 때, $A=\{1, 3, 0\}$, $B=\{3, -2, 2\}$이므로
$A\cap B=\{3\}$
(ii) $a=2$일 때, $A=\{1, 3, 0\}$, $B=\{3, 0, 4\}$이므로
$A\cap B=\{0, 3\}$
(i), (ii)에 의하여 $a=2$ 답 ⑤

13 $A\cup B=\{1, 2, 3, 4, 5, 6, 7, 8, 9, 10\}$이고
$\{(A\cup B)-(A-B)\}-(B-A)=A\cap B$이므로
$A\cap B=\{5, 6, 7\}$
따라서 집합 $A\cap B$의 모든 원소의 합은
$5+6+7=18$ 답 ⑤

14 주어진 벤다이어그램에서 색칠한 부분은 두 집합 B, C의 교집합 $B\cap C$와 집합 A의 여집합 A^C의 공통부분이므로
$A^C\cap(B\cap C)=A^C\cap B\cap C$ 답 ②

15 ㄱ. $A\subset B$이면 $A\cap B=A$ (참)
ㄴ. $A\subset B$이면 $A\cup B=B$이므로
$(A\cup B)-B=B-B=\varnothing$ (참)
ㄷ. $A\subset B$이면 $A-B=\varnothing$이므로
$(A-B)^C\cap B^C=U\cap B^C=U-B$
$U\neq B$이면 $U-B\neq\varnothing$ (거짓)
이상에서 옳은 것은 ㄱ, ㄴ이다. 답 ③

16 $A-B=A-(A\cap B)=A$이므로 $A\cap B=\varnothing$
따라서 $(A^C\cup B)^C=A\cap B^C=A-B=A$이고
$(A^C\cap B)=B-A=B-(A\cap B)=B-\varnothing=B$이므로
$(A^C\cup B)^C\cup(A^C\cap B)=A\cup B$
즉, $A\cup B=U-\{1, 10\}$이므로
$n(A\cup B)=10-2=8$ 답 ⑤

17 $A^C\cap(B\cup C)^C=A^C-(B\cup C)$
주어진 벤다이어그램에서
$A^C=\{2, 3, 4, 8, 9\}$, $B\cup C=\{3, 5, 6, 7, 8, 9\}$
이므로 $A^C\cap(B\cup C)^C=\{2, 4\}$
따라서 집합 $A^C\cap(B\cup C)^C$의 모든 원소의 합은 $2+4=6$ 답 ③

18 $A\cup(A\cup B)^C=\{2, 3, 4, 6\}$이므로
$A^C\cap(A\cup B)=\{1, 5\}$
$$A^C\cap(A\cup B)=(A^C\cap A)\cup(A^C\cap B)=\varnothing\cup(A^C\cap B)=B-A$$
즉, $A-B=\{4\}$, $B-A=\{1, 5\}$
집합 $A\cap B$는 집합 $\{2, 3, 6\}$의 부분집합이므로 모든 원소의 합이 최대인 경우 $A\cap B=\{2, 3, 6\}$이다.
따라서 집합 $A\cap B$의 모든 원소의 합의 최댓값은
$2+3+6=11$ 답 11

19 $$n(A\cup B)=n(A)+n(B)-n(A\cap B)=13+11-8=16$$ 답 ③

20 버스를 이용하여 등교하는 학생들의 집합을 A, 지하철을 이용하여 등교하는 학생들의 집합을 B라 하면
$n(A)=14$, $n(B)=18$, $n(A\cap B)=8$
버스 또는 지하철을 이용하여 등교하는 학생들의 집합이 $A\cup B$이므로
$$n(A\cup B)=n(A)+n(B)-n(A\cap B)=14+18-8=24$$ 답 ④

21 학생부 종합 전형에 지원하려는 학생들의 집합을 P, 특기자 전형에 지원하려는 학생들의 집합을 Q라 하면
$n(P)=77$, $n(Q)=61$이므로
$n(P\cap Q)\leq 61$, $n(P\cup Q)\leq 120$
그런데 $n(P\cup Q)=n(P)+n(Q)-n(P\cap Q)$이므로
$77+61-n(P\cap Q)\leq 120$
따라서 $n(P\cap Q)\geq 18$이므로 구하는 학생 수의 최댓값은 18이다.
답 ④

22 18의 약수는 1, 2, 3, 6, 9, 18이고
4의 약수는 1, 2, 4이므로
$A=\{1, 2, 3, 6, 9, 18\}$, $B=\{1, 2, 4\}$
······ (가)
집합 X는 집합 A의 부분집합이고
$n(X\cap B)=1$을 만족시켜야 하므로
$1\in X$이고 $2\notin X$이거나 $1\notin X$이고 $2\in X$이어야 한다.
······ (나)
$1\in X$이고 $2\notin X$를 만족시키는 부분집합 X의 개수는
$2^{6-1-1}=2^4=16$
마찬가지로 $1\notin X$이고 $2\in X$를 만족시키는 부분집합 X의 개수는
$2^{6-1-1}=2^4=16$
따라서 조건을 만족시키는 집합 X의 개수는
$16+16=32$
······ (다)
답 32

단계	채점 기준	비율
(가)	두 집합 A, B를 원소나열법으로 나타낸 경우	20 %
(나)	집합 X에 속하는 원소와 속하지 않는 원소를 파악한 경우	30 %
(다)	조건을 만족시키는 집합 X의 개수를 구한 경우	50 %

23 집합 A는 100 이하의 2의 배수의 집합이므로 $n(A)=50$
집합 B는 100 이하의 3의 배수의 집합이므로 $n(B)=33$
······ (가)
집합 $A\cap B$는 100 이하의 6의 배수의 집합이므로
$A\cap B=\{6\times1, 6\times2, 6\times3, \cdots, 6\times16\}$에서 $n(A\cap B)=16$
······ (나)
따라서
$$n(A\cup B)=n(A)+n(B)-n(A\cap B)=50+33-16=67$$
······ (다)
답 67

단계	채점 기준	비율
(가)	$n(A)$, $n(B)$의 값을 구한 경우	30 %
(나)	$n(A\cap B)$의 값을 구한 경우	40 %
(다)	$n(A\cup B)$의 값을 구한 경우	30 %

내신 고득점 도전 문제 　본문 12~15쪽

24 ⑤	**25** ⑤	**26** ④	**27** ③	**28** ③
29 ③	**30** ④	**31** 30	**32** ③	**33** ②
34 ②	**35** ③	**36** ②	**37** 18	**38** ⑤
39 ①	**40** ②	**41** ⑤	**42** ④	**43** ③
44 ⑤	**45** 21	**46** 33	**47** 70	

24 $3<a<b$이므로 $3\times a=3a$, $3\times b=3b$, $a\times b=ab$
즉, $\{xy\,|\,x\in A,\ y\in A,\ x\neq y\}=\{3a,\ 3b,\ ab\}$
이므로 조건 (나)에 의하여
$3a+3b+ab=99$
$ab+3a+3b+9=(a+3)(b+3)=108$
$a+3$과 $b+3$은 $6<a+3<b+3<13$인 자연수이므로
$a+3$, $b+3$은 9, 12이다.
따라서 $a=6$, $b=9$이므로 $a+b=15$ 　답 ⑤

25 $A_3\cap A_4=A_{12}$, $A_3\cap A_6=A_6$이므로
$(A_3\cap A_4)\cup(A_3\cap A_6)=A_{12}\cup A_6=A_6$
전체집합 U의 원소 중 6의 배수는 16개이므로 구하는 원소의 개수는 16이다. 　답 ⑤

26 $A=\{x\,|\,-3\le x\le a+1\}$, $B=\left\{x\,\middle|\,\frac{-b-3}{2}\le x\le 2\right\}$이고,
$A=B$이므로
$-3=\frac{-b-3}{2}$, $a+1=2$
따라서 $a=1$, $b=3$이므로 $a+b=4$ 　답 ④

27 $A\subset B$이려면 $a\le 1$, $2a+7>4$이어야 하므로
$-\frac{3}{2}<a\le 1$
따라서 정수 a의 개수는 -1, 0, 1의 3이다. 　답 ③

28 두 집합 A, B를 원소나열법으로 나타내면
$A=\{2,\ 4,\ 6,\ 8\}$, $B=\{1,\ 2,\ 3,\ 6\}$이므로
$A\cup X=B\cup X$를 만족시키려면
집합 X는 1, 3, 4, 8을 반드시 원소로 가져야 한다.
$n(U)=8$이므로 조건을 만족시키는 U의 부분집합 X의 개수는
$2^{8-4}=2^4=16$ 　답 ③

29 $a=-1$인 경우 $a+b$의 값은 $0\le a+b\le n-1$인 정수,
$a=1$인 경우 $a+b$의 값은 $2\le a+b\le n+1$인 정수이고
$n=1$이면 $\{a+b\,|\,a\in A,\ b\in B\}=\{0,\ 2\}$이므로 이 집합의 부분집합의 개수는 $2^2=4$
즉, 조건을 만족시키지 않는다.
$n\ge 2$이면 $a+b$의 값은 $0\le a+b\le n+1$인 정수이므로
주어진 집합의 원소의 개수는 $n+2$
따라서 집합 $\{a+b\,|\,a\in A,\ b\in B\}$의 부분집합의 개수는 2^{n+2}
즉, $2^{n+2}=256$에서 $2^8=256$이므로 $n+2=8$
따라서 $n=6$ 　답 ③

30 집합 A의 모든 원소의 곱이 홀수이므로 집합 A의 모든 원소는 홀수이어야 한다.
집합 A의 모든 원소의 합이 홀수이므로 $n(A)$는 홀수이어야 한다.
집합 U의 원소 중 홀수는 1, 3, 5, 7, 9이고, $3\in A$이므로
집합 A의 개수는 $\{3\}$, $\{1,\ 3,\ 5\}$, $\{1,\ 3,\ 7\}$, $\{1,\ 3,\ 9\}$, $\{3,\ 5,\ 7\}$, $\{3,\ 5,\ 9\}$, $\{3,\ 7,\ 9\}$, $\{1,\ 3,\ 5,\ 7,\ 9\}$의 8이다. 　답 ④

31 조건 (가)에서 집합 X의 원소 중 가장 작은 원소가 3이 되려면 집합 X는 1, 2를 원소로 갖지 않고 3을 반드시 원소로 가져야 한다.
$n(U)=8$이므로 1, 2를 원소로 갖지 않고 3을 반드시 원소로 갖는 집합의 개수는 $2^{8-3}=2^5=32$
이 중에서 조건 (나)를 만족시키지 않는 집합은 원소의 개수가 1인 것과 원소의 개수가 6인 것이다.
원소의 개수가 1인 것은 $\{3\}$의 1개, 원소의 개수가 6인 것은
$\{3,\ 4,\ 5,\ 6,\ 7,\ 8\}$의 1개이므로
구하는 부분집합 X의 개수는
$32-1-1=30$ 　답 30

32 두 집합 A와 B가 서로소, 즉 $A\cap B=\varnothing$을 만족시켜야 한다.
2의 배수 또는 3의 배수는 집합 B의 원소가 될 수 없다.
즉, n의 약수 중 2의 배수 또는 3의 배수인 것이 없어야 하므로 n은 2의 배수 또는 3의 배수가 아니어야 한다.
따라서 조건을 만족시키는 10 이하의 자연수 n은 1, 5, 7이므로 그 합은
$1+5+7=13$ 　답 ③

33 $x^2-4x-5=(x-5)(x+1)\ge 0$에서 $x\le -1$ 또는 $x\ge 5$
$|x-k|\le 1$에서 $-1\le x-k\le 1$이므로 $k-1\le x\le k+1$
$A-B=A$에서 $A\cap B=\varnothing$
즉, $-1<k-1$이고 $k+1<5$이어야 하므로 $0<k<4$
따라서 조건을 만족시키는 정수 k의 개수는 1, 2, 3의 3이다. 　답 ②

34 $(x-1)(x^2-3x)=0$에서 $x(x-1)(x-3)=0$
$x=0$ 또는 $x=1$ 또는 $x=3$이므로 $A=\{0,\ 1,\ 3\}$
$A-B=\{0\}$이므로 $1\in B$, $3\in B$
즉, $x^2+ax+b=0$의 두 실근이 1, 3이다.
$x^2+ax+b=(x-1)(x-3)=x^2-4x+3$이므로
$a=-4$, $b=3$
따라서 $a+b=(-4)+3=-1$ 　답 ②

35 $A=\{x\,|\,3\le x\le 7\}$, $B=\{x\,|\,5<x<9\}$에서
$A-B=\{x\,|\,3\le x\le 5\}$
$(A-B)\subset X\subset A$에서
$\{x\,|\,3\le x\le 5\}\subset\left\{x\,\middle|\,3\le x\le\frac{a}{2}+1\right\}\subset\{x\,|\,3\le x\le 7\}$
$5\le\frac{a}{2}+1\le 7$이므로 $8\le a\le 12$
따라서 정수 a의 개수는 8, 9, 10, 11, 12의 5이다. 　답 ③

36 40 이하의 자연수 중 양의 약수의 개수가 홀수인 것은
1은 양의 약수의 개수가 1

소수 p에 대하여

p^2꼴 : $2^2=4$, $3^2=9$, $5^2=25$

p^4꼴 : $2^4=16$

두 소수 p, q에 대하여

p^2q^2꼴 : $2^2\times3^2=36$

이므로 집합 A를 원소나열법으로 나타내면

$A=\{1, 4, 9, 16, 25, 36\}$

40 이하의 자연수 중 3과 서로소가 아닌 자연수는 3의 배수인 자연수이므로 집합 B를 원소나열법으로 나타내면

$B=\{3, 6, 9, \cdots, 39\}$

$n(B-X)=n(B)$이려면 $B-X=B$

즉, $B\cap X=\varnothing$이므로 집합 X의 원소는 40 이하의 자연수 중 3의 배수가 아니어야 한다.

$X-A=\varnothing$이므로 $X\subset A$

즉, X의 원소는 1, 4, 9, 16, 25, 36 중 3의 배수가 아닌 것을 원소로 가져야 하므로 $X\subset\{1, 4, 16, 25\}$

따라서 집합 X의 모든 원소의 합의 최댓값은

$1+4+16+25=46$ 답 ②

37 집합 A의 원소 x에 대하여 $x\in X$이면 $x\notin(X-A)$이지만 $x\in(X-B)$이므로

$X-A\neq X-B$

집합 B의 원소 x에 대하여 $x\in X$이면 $x\notin(X-B)$이지만 $x\in(X-A)$이므로

$X-A\neq X-B$

따라서 집합 X는 $A\cup B$의 어떤 원소도 원소로 갖지 않는다.

집합 X는 집합 $\{3, 4, 5, 6\}$의 부분집합 중 원소의 개수가 4인 집합이므로 $\{3, 4, 5, 6\}$이다.

따라서 집합 X의 모든 원소의 합은

$3+4+5+6=18$ 답 18

38 ㄱ. $A\cap B=\varnothing$이면

$f(A\cup B)=f(A)+f(B)$(참)

ㄴ. $A^C\cup A=U$이고, $A^C\cap A=\varnothing$이므로

$f(U)=f(A^C\cup A)=f(A^C)+f(A)$

따라서 $f(A^C)=f(U)-f(A)$(참)

ㄷ. $A-B=A-(A\cap B)$이므로 $f(A-B)=f(A)-f(A\cap B)$

따라서 $f(A\cap B)=f(A)-f(A-B)$(참)

이상에서 옳은 것은 ㄱ, ㄴ, ㄷ이다. 답 ⑤

39 $(A^C\cup B)-(A\cup B)^C$

$=(A^C\cup B)\cap(A\cup B)$

$=(A^C\cap A)\cup B$

$=\varnothing\cup B=B$

이므로

$A\cap\{(A^C\cup B)-(A\cup B)^C\}=A\cap B$

$x^2-10x+16=(x-2)(x-8)\le0$에서 $2\le x\le8$이므로

$A=\{2, 3, 4, 5, 6, 7, 8\}$이고 $B=\{1, 2, 5, 10\}$

즉, $A\cap B=\{2, 5\}$

따라서 집합 $A\cap B$의 모든 원소의 합은 $2+5=7$ 답 ①

40 $(A-B)\cup(B-A)=\{1, 6\}$이므로

$2\in A$, $-1\in B$이어야 한다.

$2\in A$이려면 $a+2=2$ 또는 $a^2-a=2$

$a^2-a=2$에서 $a^2-a-2=0$, $(a-2)(a+1)=0$

이므로

$a=0$ 또는 $a=-1$이어야 한다.

(i) $a=-1$인 경우

$A=\{-1, 1, 2\}$, $B=\{-1, 2, b\}$

$-1\in B$이고 $(A-B)\cup(B-A)=\{1, 6\}$이려면 $b=6$

(ii) $a=0$인 경우

$A=\{-1, 0, 2\}$, $B=\{0, 2, b\}$

$-1\in B$이어야 하므로 $b=-1$

이때 $(A-B)\cup(B-A)=\varnothing$이므로 조건을 만족시키지 않는다.

(i), (ii)에 의하여

조건을 만족시키는 a, b는 $a=-1$, $b=6$이므로

$a+b=5$ 답 ②

41 ㄱ. $(A\cup B)\cap(A\cup B^C)=A\cup(B\cap B^C)$

$=A\cup\varnothing=A$(참)

ㄴ. $(A\cap B^C)\cap(A^C\cap B)=A\cap B^C\cap A^C\cap B$

$=(A\cap A^C)\cap(B\cap B^C)=\varnothing$(참)

ㄷ. (좌변)$=[(A\cap B)\cup(A\cap B^C)]\cup(A^C\cap B)$

$=[A\cap(B\cup B^C)]\cup(A^C\cap B)$

$=A\cup(A^C\cap B)$

$=(A\cup A^C)\cap(A\cup B)$

$=U\cap(A\cup B)$

$=A\cup B$(참)

이상에서 옳은 것은 ㄱ, ㄴ, ㄷ이다. 답 ⑤

42 $(A-B)\cap(B-A)=\varnothing$이므로

$n((A-B)\cup(B-A))=n(A-B)+n(B-A)=7$

$n(A-B)=n(A)-n(A\cap B)$이고

$n(B-A)=n(B)-n(A\cap B)$

$n(A)=10$, $n(B)=11$이므로

$n(A)+n(B)-2n(A\cap B)=7$에서 $n(A\cap B)=7$

따라서

$n(A\cup B)=n(A)+n(B)-n(A\cap B)$

$=10+11-7=14$ 답 ④

43 $n(A^C\cup B^C)=n((A\cap B)^C)$

$=n(U)-n(A\cap B)$

$=40-n(A\cap B)$

$n(A\cap B)=n(A)+n(B)-n(A\cup B)$

$=28+18-n(A\cup B)$

$=46-n(A\cup B)$

즉, $n(A^C\cup B^C)=40-\{46-n(A\cup B)\}=-6+n(A\cup B)$이므로

$n(A\cup B)$의 최솟값은 $B\subset A$일 때 28이고, 최댓값은 $A\cup B=U$일 때의 40이다.
따라서 $n(A^C\cup B^C)$의 최솟값은 $-6+28=22$이고 최댓값은 $-6+40=34$이므로 그 합은
$22+34=56$

답 ③

44 학생 전체의 집합을 U라 하고 A, B, C를 선택한 학생의 집합을 각각 A, B, C라 하면
$n(U)=n(A\cup B\cup C)=80$, $n(A)=42$, $n(B)=35$, $n(C)=44$, $n(A\cap B\cap C)=16$
이므로 A, B, C 중 두 개를 선택한 학생의 수는
$n(A\cap B)+n(B\cap C)+n(C\cap A)$
$=n(A)+n(B)+n(C)+n(A\cap B\cap C)-n(A\cup B\cup C)$
$=42+35+44+16-80=57$
따라서 A, B, C 중 하나만 선택한 학생의 수는
$80-57+2\times 16=55$

답 ⑤

45 $A\cap B=\{2, 3\}$이므로 $3\in A$
$a^2-2a+3=3$에서 $a(a-2)=0$
$a=0$ 또는 $a=2$

…… (가)

(i) $a=0$일 때
$A=\{1, 2, 3\}$, $B=\{0, 1, 2, 3, 4\}$
$A\cap B=\{1, 2, 3\}$이므로 조건을 만족시키지 않는다.
(ii) $a=2$일 때
$A=\{1, 2, 3\}$, $B=\{2, 3, 4, 5, 6\}$
$A\cap B=\{2, 3\}$이므로 조건을 만족시킨다.

…… (나)

따라서 집합 $A\cup B=\{1, 2, 3, 4, 5, 6\}$이므로 $A\cup B$의 모든 원소의 합은 $1+2+3+4+5+6=21$

…… (다)

답 21

단계	채점 기준	비율
(가)	가능한 a의 값을 구한 경우	30 %
(나)	조건을 만족시키는 A, B를 구한 경우	40 %
(다)	집합 $A\cup B$의 모든 원소의 합을 구한 경우	30 %

46 집합 $X\cap A$의 모든 원소의 합의 최솟값은 $1+2+3=6$이고, 최댓값은 $3+4+5=12$이다.
조건 (나)에서 집합 $X\cap A^C$의 모든 원소의 합은 33 이상 39 이하이다.

…… (가)

집합 U의 원소 중 집합 A에 속하는 원소를 제외한 나머지 원소들의 집합은 $\{6, 7, 8, 9, 10\}$으로 $X\cap A^C=\{6, 8, 9, 10\}$이면 모든 원소의 합은 33이다.

…… (나)

따라서 집합 $X\cap A^C$의 모든 원소의 합의 최솟값은 33이다.

…… (다)

답 33

단계	채점 기준	비율
(가)	집합 $X\cap A^C$의 모든 원소의 합의 범위를 구한 경우	30 %
(나)	집합 $X\cap A^C$를 구한 경우	40 %
(다)	집합 $X\cap A^C$의 모든 원소의 합의 최솟값을 구한 경우	30 %

47 A, B를 각각 선호한 학생의 집합을 각각 A, B라 하면
$n(A)=20$, $n(B)=28$이고 $n(A\cap B)\ge 6$
$(A\cap B)\subset A$이고 $(A\cap B)\subset B$이므로
$6\le n(A\cap B)\le 20$

…… (가)

A, B 중 적어도 하나를 선호한 학생 수는 $n(A\cup B)$
$n(A\cup B)=n(A)+n(B)-n(A\cap B)$
$=20+28-n(A\cap B)=48-n(A\cap B)$
따라서 $28\le n(A\cup B)\le 42$이므로

…… (나)

$n(A\cup B)$의 최솟값은 28, 최댓값은 42
따라서 그 합은 70이다.

…… (다)

답 70

단계	채점 기준	비율
(가)	$n(A\cap B)$의 값의 범위를 구한 경우	40 %
(나)	$n(A\cup B)$의 값의 범위를 구한 경우	50 %
(다)	최솟값과 최댓값의 합을 구한 경우	10 %

변별력을 만드는 1등급 문제

본문 16~18쪽

48 ④ **49** 42 **50** ④ **51** ④ **52** 81
53 ④ **54** 16 **55** 61 **56** ③ **57** 19
58 ⑤ **59** $\{1, 3, 4, 6\}$ **60** 8 **61** ④
62 ④ **63** ③ **64** 12 **65** 8

48
자연수 n에 대하여 n^2의 일의 자리의 숫자를 $f(n)$이라 하자. 집합
$\{x|x=f(k), k는 홀수\}$
의 모든 원소의 합은? → 홀수의 제곱의 일의 자리의 숫자의 집합

① 9 ② 11 ③ 13
✓④ 15 ⑤ 19

step 1 집합의 정의를 이용하여 집합을 구한다.
$k=10m+l$(m은 0 이상의 정수, $l=1, 3, 5, 7, 9$)이라 하면
$k^2=(10m+l)^2=10(10m^2+2ml)+l^2$
이므로 k^2의 일의 자리의 숫자는 l^2의 일의 자리의 숫자와 같다.
$1^2=1$, $3^2=9$, $5^2=25$, $7^2=49$, $9^2=81$
이므로 구하는 집합은 $\{1, 5, 9\}$이다.

step 2 집합의 모든 원소의 합을 구한다.

따라서 모든 원소의 합은 $1+5+9=15$ 답 ④

49

양의 실수 전체의 집합의 두 부분집합 A, B가 다음 조건을 만족시킨다.

→ $A=\{a_1, a_2\}$, $B=\{b_1, b_2, b_3, b_4\}$로 놓는다.

(가) $n(A)=2$, $n(B)=4$

(나) 집합 A의 모든 원소의 합은 6이고, 집합 B의 모든 원소의 합은 9이다.

집합 C를

$$C=\{a+b \mid a\in A,\ b\in B\}$$

라 할 때, 집합 C의 모든 원소의 합의 최댓값을 구하시오. 42

→ 집합 C의 원소의 개수가 8일 때 모든 원소의 합이 최대이다.

step 1 집합 C의 원소를 표현하여 모든 원소의 합이 최대일 때를 파악한다.

$A=\{a_1, a_2\}$, $B=\{b_1, b_2, b_3, b_4\}$라 하면

$a_1+a_2=6$, $b_1+b_2+b_3+b_4=9$

집합 C의 원소는 a_1+b_1, a_1+b_2, a_1+b_3, a_1+b_4, a_2+b_1, a_2+b_2, a_2+b_3, a_2+b_4이고 집합 C의 모든 원소의 합이 최대가 되려면 이 8개의 수가 모두 서로 다른 값이어야 한다.

step 2 집합 C를 모든 원소의 합의 최댓값을 구한다.

따라서 집합 C의 모든 원소의 합의 최댓값은

$$(a_1+b_1)+(a_1+b_2)+(a_1+b_3)+(a_1+b_4)+(a_2+b_1)+(a_2+b_2)+(a_2+b_3)+(a_2+b_4)$$

$$=4(a_1+a_2)+2(b_1+b_2+b_3+b_4)$$

$$=4\times6+2\times9=42$$ 답 42

50

전체집합 $U=\{1, 2, 3, 4, 5, 6, 7, 8\}$의 공집합이 아닌 두 부분집합 A, B가

→ $f(B)=f(U)-f(A)$

$$A\cup B=U,\ A\cap B=\varnothing$$

을 만족시킨다. 집합 X의 모든 원소의 합을 $f(X)$라 할 때, $f(A)\times f(B)$의 최댓값은?

→ $f(A)\times(f(U)-f(A))$이므로 이차함수로 해석한다.

① 312 ② 316 ③ 320 ✓④ 324 ⑤ 328

step 1 $f(A)=x$로 두고 이차함수를 구한다.

$f(U)=1+2+3+\cdots+8=36$

$A\cup B=U$, $A\cap B=\varnothing$이므로 $f(A)=x$라 하면

$f(B)=36-x$

따라서

$$f(A)\times f(B)=x(36-x)$$
$$=-(x^2-36x+18^2)+18^2$$
$$=-(x-18)^2+324$$

step 2 이차함수의 최댓값을 구한다.

따라서 $x=18$일 때, 최댓값 324를 갖는다. 답 ④

51

두 집합 X, Y에 대하여 집합 $X\triangle Y$를

$$X\triangle Y=(X\cap Y^C)\cup(X\cup Y^C)^C$$

로 정의하자. 두 집합 → 드모르간의 법칙을 이용한다.

$$A=\{2, 3, 5, 7, 10\},\ B=\{1, 3, 5, 7, 9, 11\}$$

에 대하여 $A\triangle X=B$를 만족시키는 집합 X의 모든 원소의 합은?

① 27 ② 29 ③ 31 ✓④ 33 ⑤ 35

step 1 $X\triangle Y$을 벤다이어그램으로 나타낸다.

$$X\triangle Y=(X\cap Y^C)\cup(X\cup Y^C)^C$$
$$=(X\cap Y^C)\cup(X^C\cap Y)$$
$$=(X-Y)\cup(Y-X)$$

이고 벤다이어그램으로 나타내면 다음과 같다.

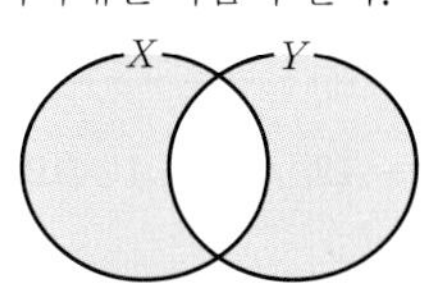

step 2 $A\triangle X=B$가 성립하도록 벤다이어그램에 원소를 배열한다.

즉, $A\triangle X=B$가 되려면 집합 B가 2와 10을 원소로 갖지 않으므로 2와 10은 집합 $A\cap X$의 원소이어야 하고 집합 $B-A$의 원소 1, 9, 11은 집합 $X-A$의 원소이어야 하므로 다음 그림과 같다.

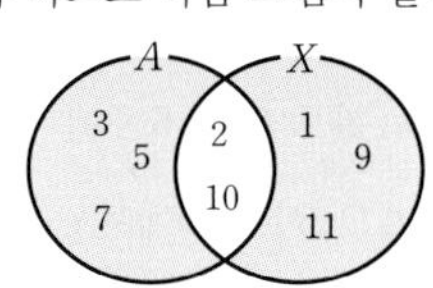

step 3 집합 X의 모든 원소의 합을 구한다.

따라서 $X=\{1, 2, 9, 10, 11\}$이므로 모든 원소의 합은 33이다. 답 ④

52

전체집합 $U=\{1, 2, 3, 4\}$의 두 부분집합 A, B에 대하여 $A-B=\varnothing$을 만족시키는 두 집합 A, B의 모든 순서쌍 (A, B)의 개수를 구하시오. 81

→ $A\subset B$

step 1 두 집합 A, B의 관계를 파악한다.

$A-B=\varnothing$에서 $A\subset B$이므로 $A\subset B\subset U$

step 2 $n(B)$의 값에 따라 집합 A의 개수를 구한다.

(i) $n(B)=4$인 경우 집합 B의 개수는 1이고 집합 B의 부분집합 A의 개수는 $2^4=16$이므로 두 집합 A, B의 순서쌍 (A, B)의 개수는 $1\times16=16$

(ii) $n(B)=3$인 경우 집합 B의 개수는 $\{1, 2, 3\}$, $\{1, 2, 4\}$, $\{1, 3, 4\}$, $\{2, 3, 4\}$의 4이고 각각의 집합 B의 부분집합 A의 개수는 $2^3=8$이므로 두 집합 A, B의 순서쌍 (A, B)의 개수는 $4\times8=32$

(iii) $n(B)=2$인 경우 집합 B의 개수는 $\{1, 2\}$, $\{1, 3\}$, $\{1, 4\}$, $\{2, 3\}$,

$\{2, 4\}$, $\{3, 4\}$의 6이고 각각의 집합 B의 부분집합 A의 개수는 $2^2=4$이므로 두 집합 A, B의 순서쌍 (A, B)의 개수는 $6\times4=24$

(iv) $n(B)=1$인 경우 집합 B의 개수는 $\{1\}$, $\{2\}$, $\{3\}$, $\{4\}$의 4이고 각각의 집합 B의 부분집합 A의 개수는 $2^1=2$이므로 두 집합 A, B의 순서쌍 (A, B)의 개수는 $4\times2=8$

(v) $n(B)=0$인 경우 집합 $B=\varnothing$이므로 $A\subset B$인 집합 A의 개수는 $2^0=1$(개)이므로 두 집합 A, B의 순서쌍 (A, B)의 개수는 $1\times1=1$

step 3 집합 A, B의 순서쌍 (A, B)의 개수를 구한다.

(i)~(v)에서 두 집합 A, B의 모든 순서쌍 (A, B)의 개수는

$16+32+24+8+1=81$

답 81

53

$n(U)=50$인 전체집합 U의 두 부분집합 A, B에 대하여

$n(A-B)=3\times n(A\cap B)$,

$n(B-A)=2\times n(A\cap B)$, $n(A)\geq10$ → 세 집합 $A-B$, $B-A$, $A\cap B$는 서로 서로소이다.

일 때, $n(A\cap B)$의 최솟값과 최댓값의 합은?

① 8 ② 9 ③ 10
✓④ 11 ⑤ 12

step 1 $A-B$, $A\cap B$, $B-A$와 A 또는 $A\cup B$의 관계를 찾는다.

$A=(A-B)\cup(A\cap B)$이고

$A\cup B=(A-B)\cup(A\cap B)\cup(B-A)$이므로

$n(A)=n(A-B)+n(A\cap B)$이고

$n(A\cup B)=n(A-B)+n(A\cap B)+n(B-A)$

step 2 $n(A\cap B)$의 값의 범위를 구한다.

$n(A-B)=3\times n(A\cap B)$이고 $n(B-A)=2\times n(A\cap B)$이므로

$n(A)=4\times n(A\cap B)$, $n(A\cup B)=6\times n(A\cap B)$

$n(A)\geq10$이므로 $4\times n(A\cap B)\geq10$에서 $n(A\cap B)\geq\frac{5}{2}$

$n(A\cup B)\leq n(U)=50$이므로

$6\times n(A\cap B)\leq50$에서 $n(A\cap B)\leq\frac{25}{3}$

step 3 $n(A\cap B)$의 최댓값과 최솟값의 합을 구한다.

$\frac{5}{2}\leq n(A\cap B)\leq\frac{25}{3}$이므로 $n(A\cap B)$의 최솟값은 3, 최댓값은 8이다.

따라서 그 합은 11이다.

답 ④

54

전체집합 $U=\{x|x$는 10 이하의 자연수$\}$의 두 부분집합

$A=\{1, 3, 5, 7, 9\}$, $B=\{x|x$는 10 이하의 소수$\}$

에 대하여 U의 부분집합 중 집합 $A\cup B$와 서로소인 집합의 개수를 구하시오. → 집합 $(A\cup B)^C$의 부분집합이다. 16

step 1 집합 $A\cup B$를 구한다.

$B=\{2, 3, 5, 7\}$이므로 $A\cup B=\{1, 2, 3, 5, 7, 9\}$

step 2 집합 $A\cup B$와 서로소인 집합의 개수를 구한다.

전체집합 U의 부분집합 중에서 집합 $A\cup B$와 서로소인 집합은 집합 $(A\cup B)^C=\{4, 6, 8, 10\}$의 부분집합이므로 구하는 집합의 개수는

$2^4=16$

답 16

55

집합 $A=\{2, 3, 4, 5, 6, 7, 8\}$의 부분집합 중에서 다음 조건을 만족시키는 집합 X의 개수를 구하시오. 61

(가) $n(X)\geq2$
(나) 집합 X의 모든 원소의 합은 홀수이다. → 홀수인 원소가 홀수 개 있어야 한다.

step 1 집합의 원소 중 홀수의 개수가 1인 집합 X를 구한다.

집합 A의 원소 중 홀수는 3, 5, 7의 3개이다.

모든 원소의 합이 홀수이려면 1개 또는 3개의 홀수를 원소로 가져야 한다.

(i) 1개의 홀수를 원소로 갖는 부분집합

짝수 2, 4, 6, 8의 4개로 부분집합을 만들고 홀수 3, 5, 7 중에서 하나만 추가한다.

이 중에서 홀수 1개만으로 이루어진 집합은 제외해야 하므로

$3\times(2^4-1)=45$

step 2 집합의 원소 중 홀수의 개수가 3인 집합 X를 구한다.

(ii) 3개의 홀수를 원소로 갖는 부분집합

짝수 2, 4, 6, 8의 4개로 부분집합을 만들고 홀수 3, 5, 7을 모두 추가한다.

$2^4=16$

(i), (ii)에 의하여 구하는 집합 X의 개수는

$45+16=61$

답 61

56

집합 $A=\{a, 2a, 3a, 4a, 5a\}$에 대하여 집합 B를 → 원소나열법으로 나타낸다.

$B=\{x+k|x\in A\}$

라 하자. $A\cap B=\{8, 10\}$일 때, $a+k$의 값은?

(단, a, k는 양의 실수이다.)

① 4 ② 6 ✓③ 8
④ 10 ⑤ 12

step 1 집합 B를 구한다.

$A=\{a, 2a, 3a, 4a, 5a\}$이므로

$B=\{a+k, 2a+k, 3a+k, 4a+k, 5a+k\}$

step 2 교집합을 이용하여 a, k를 구한다.

교집합이 공집합이 아니므로

$k=a$이면 $n(A\cap B)=4$이므로 모순이다.

$k=2a$이면 $n(A\cap B)=3$이므로 모순이다.

$k=3a$이면 $B=\{4a, 5a, 6a, 7a, 8a\}$이므로

$A\cap B=\{4a, 5a\}$

$4a=8$, $5a=10$이므로 $a=2$

따라서 $k=6$이므로

$a+k=8$

답 ③

57

자연수 n에 대하여 집합
$X_n=\{x \mid n+2 \le x \le 8n+12\}$
일 때, $X_1 \cap X_2 \cap \cdots \cap X_m=\varnothing$을 만족시키는 자연수 m의 최솟값을 구하시오. 19

$X_1 \cap X_2 \cap \cdots \cap X_m=\varnothing$이면 $X_1 \cap X_2 \cap \cdots \cap X_m \cap X_{m+1}=\varnothing$

step 1 $X_1 \cap X_2$, $X_1 \cap X_2 \cap X_3$을 구한다.

$X_1=\{x \mid 3 \le x \le 20\}$, $X_2=\{x \mid 4 \le x \le 28\}$이므로
$X_1 \cap X_2=\{x \mid 4 \le x \le 20\}$
즉, 4는 집합 X_2의 원소의 최솟값이고 20은 최댓값이다.
$X_3=\{x \mid 5 \le x \le 36\}$이므로
$X_1 \cap X_2 \cap X_3=\{x \mid 5 \le x \le 20\}$
마찬가지로 5는 집합 X_3의 원소의 최솟값이다.

step 2 $X_1 \cap X_2 \cap \cdots \cap X_m=\varnothing$을 만족시키는 m에 관한 관계식을 찾는다.

$X_m=\{x \mid m+2 \le x \le 8m+12\}$의 원소의 최솟값이 $m+2$이므로
$X_1 \cap X_2 \cap \cdots \cap X_m=\{x \mid m+2 \le x \le 20\}$
이 집합이 공집합이 되려면 $20<m+2$에서 $m>18$
따라서 조건을 만족시키는 자연수 m의 최솟값은 19이다. 답 19

58

10 이하의 자연수 전체의 집합의 부분집합 A가 다음 조건을 만족시킨다.

(가) $1 \in A$, $10 \in A$
(나) 집합 $B=\{3, 4, 5, 6\}$에 대하여
$\{(A-B) \cup (A \cap B)\} \cap B^C=A$가 성립한다.

$A-B=A \cap B^C$

집합 A의 모든 원소의 합의 최솟값과 최댓값을 각각 m, M이라 할 때, $m+M$의 값은?

① 36 ② 39 ③ 42
④ 45 ✓⑤ 48

step 1 $\{(A-B) \cup (A \cap B)\} \cap B^C$을 간단히 한다.

조건 (가)에 의하여 1과 10은 집합 A의 원소이고
조건 (나)에 의하여

$$\begin{aligned}\{(A-B) \cup (A \cap B)\} \cap B^C &= \{(A \cap B^C) \cup (A \cap B)\} \cap B^C \\ &= \{A \cap (B^C \cup B)\} \cap B^C \\ &= (A \cap U) \cap B^C \\ &= A \cap B^C \\ &= A-B\end{aligned}$$

step 2 가능한 집합 A를 구한 후 원소의 합의 최솟값과 최댓값을 구한다.

즉, $A-B=A$에서 $A \cap B=\varnothing$이므로
집합 A는 집합 B의 원소 3, 4, 5, 6을 원소로 갖지 않아야 하므로
$\{1, 10\} \subset A \subset \{1, 2, 7, 8, 9, 10\}$
집합 A가 $\{1, 10\}$일 때, 원소의 합의 최솟값 $m=11$
집합 A가 $\{1, 2, 7, 8, 9, 10\}$일 때, 원소의 합의 최댓값 $M=37$
따라서 $m+M=11+37=48$ 답 ⑤

59

서로 다른 네 양수 a, b, c, d에 대하여
집합 $A=\{a, b, c, d\}$가 다음 조건을 만족시킨다.

(가) 집합 $\{x+y \mid x \in A, y \in A\}$의 원소를 작은 것부터 차례로 나열한 것이 $a_1, a_2, \cdots, a_n$일 때, $a_2=4$이고 $a_{n-1}=10$이다.
(나) 집합 $\{xy \mid x \in A, y \in A\}$의 원소를 작은 것부터 차례로 나열한 것이 $b_1, b_2, \cdots, b_m$일 때, $b_2=3$, $b_{m-1}=24$이다.

집합 A를 구하시오. $\{1, 3, 4, 6\}$

→ $a<b<c<d$로 놓자.

step 1 a_2, b_2, a_{n-1}, b_{m-1}을 a, b, c, d에 관한 식으로 나타낸다.

$a<b<c<d$로 놓으면
조건 (가)에서 $a_1=2a$, $a_2=a+b$, $a_{n-1}=c+d$, $a_n=2d$이고
조건 (나)에서 $b_1=a^2$, $b_2=ab$, $b_{m-1}=cd$, $b_m=d^2$이므로
$a+b=4$, $ab=3$이고 $c+d=10$, $cd=24$

step 2 a, b, c, d의 값을 구한다.

a, b는 이차방정식 $x^2-4x+3=0$의 해와 같으므로
$x^2-4x+3=(x-1)(x-3)=0$에서
$a=1$, $b=3$
c, d는 이차방정식 $x^2-10x+24=0$의 해와 같으므로
$x^2-10x+24=(x-4)(x-6)=0$에서
$c=4$, $d=6$
따라서 집합 $A=\{1, 3, 4, 6\}$ 답 $\{1, 3, 4, 6\}$

60

자연수 전체의 집합의 부분집합 X가 다음 조건을 만족시킨다.

(가) 집합 X의 원소는 4개 이상의 연속된 정수이다.
(나) $n(X)$는 짝수이다.
(다) 집합 X의 모든 원소의 합은 60이다.

→ 4개 이상의 연속된 자연수의 합이 60이다.

집합 X의 원소의 개수의 최솟값을 구하시오. 8

step 1 연속된 자연수의 집합을 표현한다.

집합 X의 원소의 개수가 짝수이므로 $n(X)=2m$(m은 자연수)라 하면

$$X=\left\{x-\frac{2m-1}{2}, \cdots, x-\frac{3}{2}, x-\frac{1}{2}, x+\frac{1}{2}, x+\frac{3}{2}, \cdots, x+\frac{2m-1}{2}\right\}$$

집합 X의 모든 원소의 합이 60이므로
$2x \times m=60$에서 $x=\dfrac{30}{m}$

step 2 집합 X의 원소의 개수의 최솟값을 구한다.

$\dfrac{60}{m}$은 자연수이고 $\dfrac{30}{m}$은 자연수가 아니므로
$m=4$ 또는 $m=12$ 또는 $m=20$ 또는 $m=60$
따라서 집합 X의 원소의 개수의 최솟값은
$2 \times 4=8$ 답 8

61

2 이상의 자연수 n에 대하여 집합 A_n을

$A_n=\{x|nx$는 자연수이고 x는 1보다 작은 양의 실수$\}$

→ $nx=1, 2, 3, \cdots, n-1$

라 할 때, $n(A_6-A_9)+n(A_9-A_6)$의 값은?

① 6 ② 7 ③ 8
√④ 9 ⑤ 10

step 1 집합 A_n을 구한다.

$0<x<1$에서 $0<nx<n$

$nx=1, 2, 3, \cdots, n-1$에서

$x=\frac{1}{n}, \frac{2}{n}, \frac{3}{n}, \cdots, \frac{n-1}{n}$

$A_n=\left\{\frac{1}{n}, \frac{2}{n}, \frac{3}{n}, \cdots, \frac{n-1}{n}\right\}$

step 2 차집합을 구한 후 원소의 개수를 구한다.

$A_6=\left\{\frac{1}{6}, \frac{1}{3}, \frac{1}{2}, \frac{2}{3}, \frac{5}{6}\right\}$,

$A_9=\left\{\frac{1}{9}, \frac{2}{9}, \frac{1}{3}, \frac{4}{9}, \frac{5}{9}, \frac{2}{3}, \frac{7}{9}, \frac{8}{9}\right\}$

이므로

$A_6-A_9=\left\{\frac{1}{6}, \frac{1}{2}, \frac{5}{6}\right\}$이고

$A_9-A_6=\left\{\frac{1}{9}, \frac{2}{9}, \frac{4}{9}, \frac{5}{9}, \frac{7}{9}, \frac{8}{9}\right\}$

따라서

$n(A_6-A_9)+n(A_9-A_6)=3+6=9$

답 ④

62

실수 전체의 집합의 두 부분집합 A와 B가 다음 조건을 만족시킨다.

(가) $A\cup B=\{x|-4\le x\le 4\}$
(나) $B-A=\{x|2<x\le 4\}$ → $A=\{x|-4\le x\le 2\}$

$A=\{x|x^2+ax+b\le 0\}$일 때, a^2+b^2의 값은?

(단, a, b는 상수이다.)

① 56 ② 60 ③ 64
√④ 68 ⑤ 72

step 1 합집합과 차집합을 이용하여 집합 A를 구한다.

$(A\cup B)-(B-A)=A$이고

$A\cup B=\{x|-4\le x\le 4\}$, $B-A=\{x|2<x\le 4\}$

이므로

$A=\{x|-4\le x\le 2\}$

step 2 이차방정식의 근과 계수의 관계를 이용하여 두 상수 a, b를 구한다.

이차방정식의 근과 계수의 관계에 의하여

$-4+2=-a$, $-4\times 2=b$

이므로 $a=2$, $b=-8$

따라서 $a^2+b^2=2^2+(-8)^2=68$

답 ④

63

→ $A_k=\{1, 2\}$이면 $m(A_k)=1$

집합 $A=\{1, 2, 3, 4\}$의 공집합이 아닌 서로 다른 모든 부분집합 $A_1, A_2, \cdots, A_n$에 대하여 집합 $A_k(1\le k\le n)$의 원소 중 가장 작은 원소를 $m(A_k)$라 할 때, $m(A_1)+m(A_2)+\cdots+m(A_n)$의 값은?

① 24 ② 25 √③ 26
④ 27 ⑤ 28

step 1 $m(A_i)=k$ ($k=1, 2, 3, 4$)인 집합 A_i의 개수 구하기

집합 $A=\{1, 2, 3, 4\}$의 부분집합 X에 대하여

(i) $m(X)=1$인 경우

집합 X는 1을 원소로 가져야 하므로 이를 만족시키는 부분집합의 개수는 2^3

(ii) $m(X)=2$인 경우

집합 X는 1을 원소로 갖지 않고 2를 원소로 가져야 하므로 이를 만족시키는 부분집합의 개수는 2^2

(iii) $m(X)=3$인 경우

집합 X는 1, 2를 원소로 갖지 않고 3을 원소로 가져야 하므로 이를 만족시키는 부분집합의 개수는 2^1

(iv) $m(X)=4$인 경우

집합 X는 1, 2, 3을 원소로 갖지 않고 4를 원소로 가져야 하므로 이를 만족시키는 부분집합의 개수는 $2^0=1$

step 2 구하는 값 구하기

(i), (ii), (iii), (iv)에 의하여

$m(A_1)+m(A_2)+\cdots+m(A_n)$

$=1\times 8+2\times 4+3\times 2+4\times 1=26$

답 ③

64

집합 X의 모든 원소의 합을 $S(X)$라 할 때, 실수 전체의 집합의 부분집합 A가 다음 조건을 만족시킨다.

(가) $n(A)=5$
(나) 집합 A의 부분집합 중 원소의 개수가 2 또는 3인 부분집합을 모두 나열한 것이 $A_1, A_2, \cdots, A_n$이고 $S(A_1)+S(A_2)+\cdots+S(A_n)=120$이다.

→ 집합 A의 각각의 원소가 몇 번씩 더해지는지 파악하자.

$S(A)$의 값을 구하시오. 12

step 1 a_1을 원소로 갖고 원소의 개수가 2 또는 3인 부분집합의 개수를 구한다.

조건 (가)에서 $n(A)=5$이므로 집합 A의 원소를 a_1, a_2, a_3, a_4, a_5라 하자.

원소의 개수가 2이고 a_1을 원소로 갖는 부분집합의 개수는 4

원소의 개수가 3이고 a_1을 원소로 갖는 부분집합의 개수는 나머지 두 원소가 각각 (a_2, a_3), (a_2, a_4), (a_2, a_5), (a_3, a_4), (a_3, a_5), (a_4, a_5)인 경우이므로 그 개수는 6이다.

따라서 a_1을 원소로 갖고 원소의 개수가 2 또는 3인 부분집합의 개수는

$4+6=10$

step 2 $a_i(i=2, 3, 4, 5)$를 원소로 갖고 원소의 개수가 2 또는 3인 부분집합의 개수를 구한 후 $S(A)$의 값을 구한다.

마찬가지로 a_2, a_3, a_4, a_5를 각각 원소로 갖고 원소의 개수가 2 또는 3인 부분집합의 개수도 10이므로

$S(A_1)+S(A_2)+\cdots+S(A_n)=10(a_1+a_2+a_3+a_4+a_5)$
$=10S(A)$

따라서 $10S(A)=120$이므로

$S(A)=12$ 답 12

11+⑤+⑥+⑦=36에서 ⑤+⑥+⑦=25

㉠에 대입하면 ④=9

step 3 탁구, 배드민턴, 테니스를 모두 좋아한다고 대답한 학생 수 구하기

따라서 9+7+10+⑦=34이므로 ⑦=8

즉, 탁구, 배드민턴, 테니스를 모두 좋아한다고 대답한 학생 수는 8이다. 답 8

65

어느 학교 학생들에게 좋아하는 스포츠를 조사한 결과의 일부는 다음과 같다.

→ 각각 집합 A, B, C로 놓자.

(가) 탁구, 배드민턴, 테니스를 좋아한다고 대답한 학생 수는 각각 45명, 45명, 36명이다.
(나) 탁구만 좋아한다고 대답한 학생이 21명, 배드민턴만 좋아한다고 대답한 학생이 18명, 테니스만 좋아한다고 대답한 학생이 11명이다.
(다) 탁구, 배드민턴, 테니스 중 적어도 하나를 좋아한다고 대답한 학생은 84명이다.

탁구, 배드민턴, 테니스를 모두 좋아한다고 대답한 학생 수를 구하시오. → $n(A\cap B\cap C)$ 8

step 1 집합을 A, B, C로 놓고 각 집합의 원소의 개수를 나타낸다.

탁구, 배드민턴, 테니스를 각각 좋아한다고 대답한 학생의 집합을 A, B, C라 하면

조건 (가)에 의하여 $n(A)=45$, $n(B)=45$, $n(C)=36$

조건 (다)에 의하여 $n(A\cup B\cup C)=84$

이고 구하는 것은 $n(A\cap B\cap C)$이다.

step 2 벤다이어그램에 각 집합의 원소의 개수 나타내고 관계식을 찾는다.

벤다이어그램에서 각 영역의 번호를 다음 그림과 같이 대응시키면

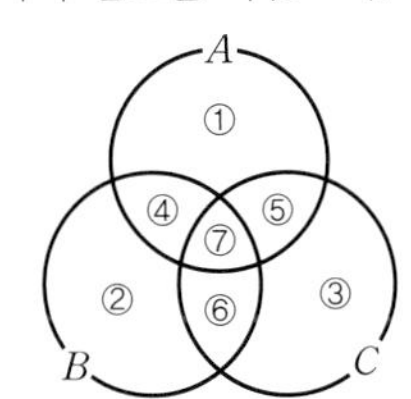

$n(A\cap B\cap C)$=⑦

조건 (나)에 의하여 ①=21, ②=18, ③=11이고

$n(A\cup B\cup C)$=①+②+③+④+⑤+⑥+⑦=84

$n(A)$=①+④+⑤+⑦=45

$n(B)$=②+④+⑥+⑦=45

$n(C)$=③+⑤+⑥+⑦=36

이므로

21+18+11+④+⑤+⑥+⑦=84에서

④+⑤+⑥+⑦=34 …… ㉠

21+④+⑤+⑦=45에서 ④+⑤+⑦=24

㉠에 대입하면 ⑥=10

18+④+⑥+⑦=45에서 ④+⑥+⑦=27

㉠에 대입하면 ⑤=7

1등급을 넘어서는 **상위 1%** 본문 19쪽

66

2 이상의 자연수 n에 대하여 자연수 전체의 집합의 부분집합 A_n이 다음 조건을 만족시킨다.

(가) $1\in A_n$
(나) $x\in A_n$이면 $\frac{n}{x}\in A_n$이다.

→ x가 집합 A_n의 원소이면 $\frac{n}{x}$도 집합 A_n의 원소이다.

〈보기〉에서 옳은 것만을 있는 대로 고른 것은?

보기

ㄱ. $A_7=\{1, 7\}$
ㄴ. 집합 A_n의 원소의 개수가 홀수이면 n의 양의 약수의 개수는 홀수이다. → $x=\frac{n}{x}$인 x가 존재한다.
ㄷ. 집합 A_n의 원소의 개수가 12일 때, n의 최솟값은 96이다.

① ㄱ ✓② ㄱ, ㄴ ③ ㄱ, ㄷ
④ ㄴ, ㄷ ⑤ ㄱ, ㄴ, ㄷ

step 1 집합 A_7을 구한다.

ㄱ. 조건 (가)에서 $1\in A_7$이고, 조건 (나)에서 $\frac{7}{1}\in A_7$, 즉 $7\in A_7$

$\frac{7}{7}=1$이므로 $A_7=\{1, 7\}$ (참)

step 2 집합 A_n의 원소의 개수가 홀수일 때의 n의 값을 추론한다.

ㄴ. $1\in A_n$이고 $\frac{n}{1}\in A_n$이므로 $n(A_n)\ge 2$

$x\in A_n$이면 $\frac{n}{x}\in A_n$이므로 $n\ne x^2$이면

집합 A_n의 원소의 개수는 짝수이다.

집합 A_n의 원소의 개수가 홀수이려면 $n=x^2$, 즉 n은 제곱수이다.

따라서 n의 양의 약수의 개수는 홀수이다. (참)

→ 제곱수의 양의 약수의 개수는 홀수이다.

step 3 n이 제곱수일 때와 그렇지 않을 때의 집합 A_n을 추론한다.

ㄷ. 집합 A_n의 원소의 개수가 12일 때

$1\in A_n$이고 $n\in A_n$ → 제곱수일 때와 제곱수가 아닐 때로 나누어 생각한다.

(i) $n=k^2$일 때

x_1과 $\frac{n}{x_1}$, x_2와 $\frac{n}{x_2}$, x_3과 $\frac{n}{x_3}$, x_4와 $\frac{n}{x_4}$

의 네 쌍을 각각 a, b, c, d라 하면

$A_n=\{1, n, k, a, b, c, d\}$

집합 A_n의 원소의 개수가 홀수이므로 조건을 만족시키지 않는다.

(ii) $n \neq k^2$일 때

x_1과 $\frac{n}{x_1}$, x_2와 $\frac{n}{x_2}$, x_3과 $\frac{n}{x_3}$, x_4와 $\frac{n}{x_4}$, x_5와 $\frac{n}{x_5}$

의 다섯 쌍을 각각 a, b, c, d, e라 하면

$A_n=\{1, n, a, b, c, d, e\}$

집합 A_n은 n의 양의 약수의 개수가 12이므로

$12=12\times1=6\times2=4\times3=2\times2\times3=\cdots$

에서 양의 약수의 개수가 12인 수는

2^{11}, $2^5\times3^1$, $2^3\times3^2$, $2^2\times3\times5$, $\cdots$

가 있다.

따라서 n의 최솟값은 60이다. (거짓)

이상에서 옳은 것은 ㄱ, ㄴ이다. 답 ②

11 명제

기출에서 찾은 내신 필수 문제

본문 22~23쪽

01 ④	02 ③	03 ①	04 ③	05 ⑤
06 ③	07 ④	08 ③	09 ④	10 풀이 참조
11 3	12 풀이 참조			

01 실수 x에 대한 조건 '$x^2-4x-5\geq0$'의 부정은 '$x^2-4x-5<0$'이므로 $x^2-4x-5<0$에서 $(x-5)(x+1)<0$, $-1<x<5$

즉, 진리집합에 포함되는 정수 x의 최댓값은 4이고 최솟값은 0

따라서 그 합은 4이다. 답 ④

02 ㄱ. $x^2+y^2=0$이면 $x=0$, $y=0$이다.

ㄴ. $x=1$, $y=-1$이면 $x^2=y^2$이지만 $x\neq y$이다.

ㄷ. 6의 약수는 1, 2, 3, 6이고, 12의 약수는 1, 2, 3, 4, 6, 12이므로 x가 6의 약수이면 x는 12의 약수이다.

이상에서 참인 명제는 ㄱ, ㄷ이다. 답 ③

03 주어진 명제가 참이므로 그 대우 '$a\geq k$이고 $b\geq3$이면 $a+b\geq4$이다.'가 참이다.

$a\geq k$, $b\geq3$에서 $a+b\geq k+3$이므로 $k+3\geq4$, $k\geq1$

따라서 k의 최솟값은 1이다. 답 ①

04 두 조건 p, q의 진리집합을 각각 P, Q라 하자.

명제 $p \longrightarrow q$의 역은 $q \longrightarrow p$이고 이 역이 참이려면

$Q\subset P$를 만족해야 한다.

$x^2\leq4$에서 $x^2-4\leq0$, $(x-2)(x+2)\leq0$이므로

$Q=\{x|-2\leq x\leq2\}$

$Q\subset P$를 만족시키려면 $a>2$이어야 하므로

정수 a의 최솟값은 3이다. 답 ③

05 ㄱ. $x^2>9$에서 $x^2-9>0$, $(x-3)(x+3)>0$, $x<-3$ 또는 $x>3$

명제 '$x>3$이면 $x<-3$ 또는 $x>3$이다.'가 참이므로 그 대우는 참이다.

명제의 역은 '$x^2>9$이면 $x>3$이다.'이고 $x=-4$이면 $x>3$을 만족시키지 않으므로 그 역은 참이 아니다.

ㄴ. 명제 '$xy\neq0$이면 $x\neq0$이고 $y\neq0$이다.'의 대우는

'$x=0$ 또는 $y=0$이면 $xy=0$이다.'이고 $x=0$이면 $xy=0$이고 $y=0$이면 $xy=0$이므로 주어진 명제의 대우는 참이다.

명제의 역은 '$x\neq0$이고 $y\neq0$이면 $xy\neq0$이다.'이고 이 역은 참이다.

ㄷ. $|x|\leq1$의 해가 $-1\leq x\leq1$이고

$x^2-1=(x+1)(x-1)\leq0$의 해도 $-1\leq x\leq1$

명제 '$|x|\leq1$이면 $x^2-1\leq0$이다.'가 참이므로 이 명제의 대우도 참이다.

마찬가지로 명제의 역은 '$x^2-1\leq0$이면 $|x|\leq1$이다.'이고 이 역도 참이다.

이상에서 역과 대우가 모두 참인 명제는 ㄴ, ㄷ이다. 답 ⑤

06 $\sqrt{2}$가 유리수라 가정하자.

서로소인 두 자연수 m, n에 대하여 $\frac{n}{m}=\sqrt{2}$

$\left(\frac{n}{m}\right)^2=2$이므로 $n^2=\boxed{2m^2}$

n^2이 짝수이므로 n은 짝수이다.

$n=2k$ (k는 자연수)라 하면

$4k^2=2m^2$이므로 $2k^2=\boxed{m^2}$

m^2이 짝수이므로 m도 짝수이다.

따라서 m, n이 서로소인 자연수라는 사실에 모순이므로 $\sqrt{2}$는 무리수이다.

이상에서 $f(m)=2m^2$, $g(m)=m^2$이므로

$f(3)+g(4)=18+16=34$ 답 ③

07 $|x-a|\le1$이 $-2\le x\le3$이기 위한 충분조건이므로

명제 '$|x-a|\le1$이면 $-2\le x\le3$이다.'가 참이다.

$|x-a|\le1$에서 $a-1\le x\le a+1$

$-2\le a-1$이고 $a+1\le3$이므로 $-1\le a\le2$

따라서 구하는 정수 a는 -1, 0, 1, 2의 4개이다. 답 ④

08 ㄱ. $\sim q$는 $\sim r$이기 위한 충분조건이므로 $Q^C\subset R^C$, 즉 $R\subset Q$ (참)

ㄴ. p는 q이기 위한 필요조건이므로 $Q\subset P$

ㄱ에서 $R\subset Q$이므로 $R\subset P$ (참)

ㄷ. $Q\subset P$이므로 $P-Q\ne\varnothing$일 때, $Q^C\not\subset P^C$ (거짓)

이상에서 옳은 것은 ㄱ, ㄴ이다. 답 ③

09 $\left(a+\frac{1}{a}\right)\left(a+\frac{4}{a}\right)=a^2+5+\frac{4}{a^2}$이고

$a^2>0$이므로 산술평균과 기하평균에 대한 절대부등식을 이용하면

$a^2+\frac{4}{a^2}\ge2\times\sqrt{a^2\times\frac{4}{a^2}}=4$에서

$\left(a+\frac{1}{a}\right)\left(a+\frac{4}{a}\right)\ge9$이고

$a^2=\frac{4}{a^2}$일 때, $\left(a+\frac{1}{a}\right)\left(a+\frac{4}{a}\right)$는 최솟값 9를 갖는다. 답 ④

10 (1) 역: $a\ne0$이면 $ab\ne0$이다.

$a=2$, $b=0$이면 $a\ne0$이지만 $ab=0$이다. (거짓)

대우: $a=0$이면 $ab=0$이다. (참)

.... (가)

(2) 역: a, b가 모두 무리수이면 $a+b$가 무리수이다.

$a=\sqrt{3}$, $b=-\sqrt{3}$이면 a, b는 모두 무리수이지만

$a+b=0$이므로 $a+b$는 무리수가 아니다. (거짓)

대우: a, b 중 적어도 하나가 유리수이면 $a+b$는 유리수이다.

$a=\sqrt{3}$, $b=2$이면 a는 유리수, b는 무리수이지만

$a+b=2+\sqrt{3}$이므로 $a+b$는 무리수이다. (거짓)

.... (나)

답 풀이 참조

단계	채점 기준	비율
(가)	명제 (1)의 역과 대우를 쓰고, 참 거짓을 판별한 경우	40 %
(나)	명제 (2)의 역과 대우를 쓰고, 참 거짓을 판별한 경우	60 %

11 세 조건 p, q, r의 진리집합을 각각 P, Q, R라 하면

조건 p는 조건 q이기 위한 충분조건이므로 $P\subset Q$

따라서 $a\le-2$

.... (가)

조건 p는 조건 r이기 위한 필요조건이므로 $R\subset P$

따라서 $b\ge5$

.... (나)

따라서 a의 최댓값은 -2이고 b의 최솟값은 5이므로 그 합은

$(-2)+5=3$

.... (다)

답 3

단계	채점 기준	비율
(가)	a의 값의 범위를 구한 경우	30 %
(나)	b의 값의 범위를 구한 경우	40 %
(다)	a의 최댓값과 b의 최솟값의 합을 구한 경우	30 %

12 $(a+b)^2-4ab=a^2+2ab+b^2-4ab$

$=a^2-2ab+b^2$

$=(a-b)^2$

a, b는 실수이므로 $(a-b)^2\ge0$

따라서 $(a+b)^2-4ab\ge0$이므로 $(a+b)^2\ge4ab$

.... (가)

등호는 $a=b$일 때 성립한다.

.... (나)

답 풀이 참조

단계	채점 기준	비율
(가)	a, b에 대한 완전제곱식으로 식을 정리한 경우	60 %
(나)	등호가 성립할 조건을 구한 경우	40 %

내신 고득점 도전 문제

본문 24~25쪽

13 ④ **14** ④ **15** ⑤ **16** ④ **17** ④
18 ④ **19** ① **20** ⑤ **21** ③ **22** 4
23 풀이 참조 **24** 풀이 참조

13 조건 'x는 홀수이고 $|x-3|\le3$'의 부정은

'x는 짝수이거나 $|x-3|>3$'이다.

$|x-3|>3$에서 $x-3>3$ 또는 $x-3<-3$

즉, $x>6$ 또는 $x<0$

따라서 진리집합에 포함되는 원소는

2, 4, 6, 7, 8, 9, 10이므로 그 개수는 7이다. 답 ④

14 $P-Q=\varnothing$에서 $P\subset Q$이고
$P\cup Q^C=U$에서 $Q\subset P$이므로 $P=Q$이다.
ㄱ. $P\subset Q$이므로 참인 명제이다.
ㄴ. $Q^C\not\subset P$이므로 거짓인 명제이다.
ㄷ. $P^C\subset Q^C$, 즉 $Q\subset P$이므로 참인 명제이다.
이상에서 참인 명제는 ㄱ, ㄷ이다. 답 ④

15 명제 $p \longrightarrow \sim q$가 거짓임을 보이기 위해서는 $P\not\subset Q^C$임을 보여야 하므로 집합 P의 원소이지만 집합 Q^C의 원소가 아닌 원소가 존재해야 한다.
따라서 주어진 명제가 거짓임을 보이는 원소로만 이루어져 있는 집합은
$P-Q^C=P\cap(Q^C)^C=P\cap Q$ 답 ⑤

16 $|x|\le n$에서 $-n\le x\le n$이고
$x^2-10x+24<0$에서 $(x-4)(x-6)<0$, $4<x<6$이므로
명제 '$-n\le x\le n$인 어떤 x에 대하여 $4<x<6$이다.'가 참이 되려면 $n>4$를 만족시켜야 한다.
따라서 참이 되도록 하는 자연수 n의 최솟값은 5이다. 답 ④

17 명제 '$(x-1)(x^2-5x-10)\ne 0$이면 $x\ne 2a-3$이다.'의 대우는 '$x=2a-3$이면 $(x-1)(x^2-5x-10)=0$이다.'이다.
이 대우가 참이려면
$x=2a-3$일 때, $(x-1)(x^2-5x-10)=0$에서
$x=1$ 또는 $x^2-5x-10=0$
이차방정식 $x^2-5x-10=0$의 판별식을 D라 하면
$D=(-5)^2-4\times1\times(-10)=65>0$이므로
이 이차방정식은 서로 다른 두 실근을 갖는다.
이차방정식 두 실근을 α, $\beta\,(\alpha\ne1,\ \beta\ne1)$라 하면 근과 계수의 관계에 의하여
$\alpha+\beta=5$
즉, $2a-3=1$에서 $a=2$이고
$2a-3=\alpha$에서 $a=\frac{1}{2}(\alpha+3)$, $2a-3=\beta$에서 $a=\frac{1}{2}(\beta+3)$이므로
조건을 만족시키는 모든 실수 a의 값은
$$2+\frac{1}{2}(\alpha+3)+\frac{1}{2}(\beta+3)=2+\frac{1}{2}(\alpha+\beta)+3$$
$$=2+\frac{1}{2}\times5+3=\frac{15}{2}$$
답 ④

18 n이 3의 배수가 아니라고 가정하자.
$n=3k-1$ 또는 $n=3k-2$(k는 자연수)라 하면
$n=3k-1$일 때, $n^2=(3k-1)^2=3\times(\boxed{3k^2-2k})+1$
$n=3k-2$일 때, $n^2=(3k-2)^2=3\times(\boxed{3k^2-4k+1})+1$
이므로 n^2은 3으로 나누면 나머지가 $\boxed{1}$인 자연수이다.
따라서 n이 3의 배수가 아니면 n^2도 3의 배수가 아니다.
즉, n^2이 3의 배수이면 n도 3의 배수이다.
이상에서 $f(k)=3k^2-2k$, $g(k)=3k^2-4k+1$, $a=1$이므로
$f(3a)+g(3a)=f(3)+g(3)=(27-6)+(27-12+1)=37$ 답 ④

19 세 조건 p, q, r의 진리집합을 각각 P, Q, R라 하면
$P=\{x\mid-1\le x\le5\}$, $Q=\{x\mid x\le a\}$, $R=\{x\mid 5-a\le x\le a-3\}$
조건 p는 조건 q이기 위한 충분조건이므로 $a\ge5$이고 조건 p는 조건 r이기 위한 필요조건이므로 $-1\le5-a$, $a-3\le5$에서 $a\le6$
따라서 $5\le a\le6$이므로 정수 a는 5, 6이고 그 합은 $5+6=11$ 답 ①

20 p는 q이기 위한 충분조건이므로 $p\Longrightarrow q$
q는 r이기 위한 필요조건이므로 $r\Longrightarrow q$
q는 s이기 위한 충분조건이므로 $q\Longrightarrow s$
r는 s이기 위한 필요조건이므로 $s\Longrightarrow r$
ㄱ. $p\Longrightarrow q$, $q\Longrightarrow s$이므로 $p\Longrightarrow s$
따라서 p는 s이기 위한 충분조건이다. (참)
ㄴ. $q\Longrightarrow s$이고 $s\Longrightarrow r\Longrightarrow q$, 즉 $s\Longrightarrow q$이므로 $q\Longleftrightarrow s$
따라서 q는 s이기 위한 필요충분조건이다. (참)
ㄷ. $p\Longrightarrow q$, $q\Longrightarrow s$, $s\Longrightarrow r$이므로 $p\Longrightarrow r$
따라서 r는 p이기 위한 필요조건이다. (참)
따라서 옳은 것은 ㄱ, ㄴ, ㄷ이다. 답 ⑤

21 $4x+\frac{1}{x-2}=4(x-2)+\frac{1}{x-2}+8$에서 $x>2$이므로 $x-2>0$
산술평균과 기하평균의 관계에 의하여
$$4(x-2)+\frac{1}{x-2}\ge2\sqrt{4(x-2)\times\frac{1}{x-2}}=4$$
$\left(\text{등식은 } 4(x-2)=\frac{1}{x-2},\ \text{즉 } (x-2)^2=\frac{1}{4}\text{일 때, 성립한다.}\right)$
를 만족시키므로
$$4x+\frac{1}{x-2}\ge12$$
따라서 $m\le12$이므로 조건을 만족시키는 실수 m의 최댓값은 12이다.
답 ③

22 180의 양의 약수는
1, 2, 3, 4, 5, 6, 9, 10, 12, 15, 18, 20, 30, 36, 45, 60, 90, 180
.... (가)
$\sqrt{x}$가 무리수이려면 x는 제곱수가 아니어야 하므로
주어진 명제가 거짓이려면 x는 제곱수이어야 한다.
.... (나)
180의 양의 약수 중 제곱수는 1, 4, 9, 36이므로
반례인 모든 x의 개수는 4이다.
.... (다)
답 4

단계	채점 기준	비율
(가)	180의 양의 약수를 구한 경우	40 %
(나)	반례가 되는 x의 조건을 구한 경우	40 %
(다)	반례인 x의 개수를 구한 경우	20 %

23 $(R-P)\cup(P-Q)=\varnothing$이려면

$R-P=\varnothing$이고 $P-Q=\varnothing$
즉, $R\subset P$이고 $P\subset Q$이므로
$R\subset P\subset Q$

.... (가)

$R\subset Q$이므로 r는 q이기 위한 충분조건이고
$P\subset Q$에서 $Q^C\subset P^C$이므로 $\sim p$는 $\sim q$이기 위한 필요조건이다.

.... (나)

답 풀이 참조

단계	채점 기준	비율
(가)	P, Q, R의 관계를 구한 경우	50 %
(나)	알맞은 것을 찾은 경우	50 %

24 $(a^2+b^2)(x^2+y^2)-(ax+by)^2$
$=a^2x^2+a^2y^2+b^2x^2+b^2y^2-(a^2x^2+2abxy+b^2y^2)$
$=b^2x^2-2abxy+a^2y^2$
$=(bx-ay)^2$

.... (가)

a, b, x, y는 실수이므로
$(bx-ay)^2\ge 0$
따라서 $(a^2+b^2)(x^2+y^2)\ge(ax+by)^2$

.... (나)

$\left(\text{단, 등호는 } \frac{x}{a}=\frac{y}{b}\text{일 때 성립한다.}\right)$

.... (다)

답 풀이 참조

단계	채점 기준	비율
(가)	완전제곱식으로 식을 정리한 경우	30 %
(나)	실수 조건을 이용하여 부등식을 증명한 경우	40 %
(다)	등호가 성립할 조건을 구한 경우	30 %

변별력을 만드는 1등급 문제

본문 26~28쪽

25 ③ **26** ③ **27** ② **28** ① **29** ④
30 ⑤ **31** ④ **32** ④ **33** ④ **34** ⑤
35 ③ **36** 32 **37** ④ **38** ① **39** ①
40 ④

25
실수 x에 대한 조건
p: $|x-n|\ge\frac{k}{3}$ → $\sim p$: $|x-n|<\frac{k}{3}$
에 대하여 조건 $\sim p$의 진리집합에 포함되는 정수의 개수가 5일 때, 모든 자연수 k의 값의 합은? (단, n은 자연수이다.)

① 20 ② 22 ✓③ 24
④ 26 ⑤ 28

step 1 조건의 부정의 진리집합을 구한다.
$\sim p$: $|x-n|<\frac{k}{3}$이므로 조건 $\sim p$의 진리집합은
$\left\{x \middle| n-\frac{k}{3}<x<n+\frac{k}{3}\right\}$

step 2 진리집합이 5개의 정수를 포함할 조건을 구한다.
조건 $\sim p$의 진리집합에 포함되는 정수의 개수가 5이므로 진리집합에 $n-2$, $n-1$, n, $n+1$, $n+2$가 포함되어야 한다.
$n+2<n+\frac{k}{3}\le n+3$
$2<\frac{k}{3}\le 3$
$6<k\le 9$
따라서 자연수 k는 7, 8, 9이므로 그 합은
$7+8+9=24$

답 ③

26
실수 x에 대한 세 조건
p: $x<-3$ 또는 $x>2$,
q: $-2\le x\le 2$,
r: $x^2+ax+b\le 0$
에 대하여 두 명제 $q\longrightarrow r$, $r\longrightarrow\sim p$가 모두 참이다. 두 실수 a, b에 대하여 $a+b$의 최솟값은?

→ p, q, r의 진리집합을 P, Q, R라 할때, $Q\subset R$, $R\subset P^C$

① -1 ② -3 ✓③ -5
④ -7 ⑤ -9

step 1 주어진 조건의 진리집합을 구한다.
세 조건 p, q, r의 진리집합을 각각 P, Q, R라 하면
$P=\{x|x<-3 \text{ 또는 } x>2\}$이므로 $P^C=\{x|-3\le x\le 2\}$
$Q=\{x|-2\le x\le 2\}$

step 2 명제가 참일 조건을 이용하여 미정계수를 결정한다.
$q\Longrightarrow r$이므로 $Q\subset R$이고, $r\Longrightarrow\sim p$이므로 $R\subset P^C$
따라서 $Q\subset R\subset P^C$
이차방정식 $x^2+ax+b=0$의 두 실근을 α, $\beta(\alpha<\beta)$라 하면
$R=\{x|\alpha\le x\le\beta\}$
$-3\le\alpha\le-2$, $2\le\beta\le 2$
따라서 $-3\le\alpha\le-2$, $\beta=2$
$2^2+a\times 2+b=0$에서 $b=-2a-4$
$x^2+ax-2a-4=0$
$x^2+ax-2(a+2)=0$
$(x-2)(x+2+a)=0$
$x=2$ 또는 $x=-2-a$
$-3\le-2-a\le-2$이므로 $0\le a\le 1$
따라서 $a+b=a+(-2a-4)=-a-4$이므로
$-5\le-a-4\le-4$
이고 $a+b$의 최솟값은 -5이다.

답 ③

27

두 실수 x, y에 대한 두 조건 p, q가

p: $(x-1)^2+(y-2)^2=r^2$

q: $y=7-x$

→ 두 조건 p, q의 진리집합을 각각 P, Q라 할 때, $P\cap Q\neq\varnothing$

일 때, 명제 '어떤 x, y에 대하여 p이면 q이다.'가 참이 되도록 하는 r^2의 최솟값은? (단, r는 양수이다.)

① 6 ✓② 8 ③ 10 ④ 12 ⑤ 14

step 1 '어떤'이 포함된 명제가 참일 조건을 구한다.

두 조건 p, q의 진리집합을 각각 P, Q라 할 때, 명제 '어떤 x, y에 대하여 p이면 q이다.'가 참이 되려면 $P\cap Q\neq\varnothing$이어야 한다.

즉, 원 $(x-1)^2+(y-2)^2=r^2$이 직선 $y=-x+7$과 만나야 한다.

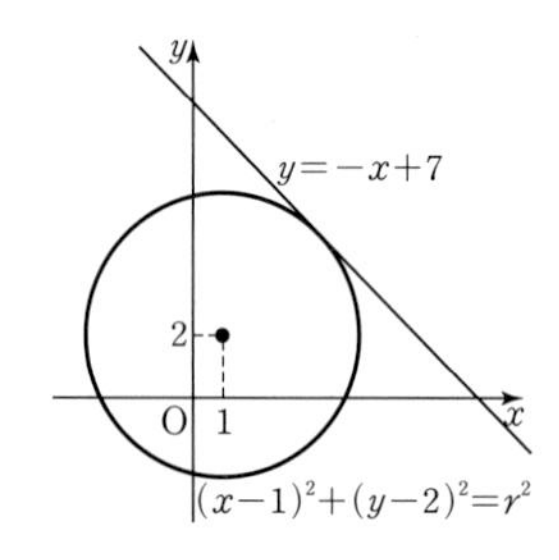

step 2 점과 직선 사이의 거리를 이용하여 반지름의 길이의 최솟값을 구한다.

원의 반지름의 길이 r가 점 $(1, 2)$와 직선 $x+y-7=0$ 사이의 거리보다 크거나 같아야 하므로

$r\geq\dfrac{|1+2-7|}{\sqrt{1+1}}$에서 $r\geq2\sqrt{2}$

$r^2\geq8$

따라서 구하는 r^2의 최솟값은 8이다. 답 ②

28

실수 x에 대한 두 조건 p, q가

p: $x^3+ax^2+bx+c\neq0$

q: $x^2-2x-3\neq0$

→ 두 조건 p, q의 진리집합을 각각 P, Q라 할 때, $P=Q$이므로 $P^C=Q^C$

이다. p는 q이기 위한 필요충분조건일 때, 세 상수 a, b, c에 대하여 모든 $a+b+c$의 값의 합은?

✓① -2 ② -1 ③ 0 ④ 1 ⑤ 2

step 1 두 조건의 부정을 구한다.

두 조건 p, q의 진리집합을 P, Q라 할 때,

p는 q이기 위한 필요충분조건이려면 $P=Q$, 즉 $P^C=Q^C$

$\sim q$: $x^2-2x-3=0$에서 $(x-3)(x+1)=0$이므로

$x=-1$ 또는 $x=3$

즉, $Q^C=\{-1, 3\}$

$\sim p$: $x^3+ax^2+bx+c=0$의 진리집합이 P^C이므로

$P^C=\{-1, 3\}$

step 2 대우가 참일 조건을 이용하여 미지수를 구한다.

즉, 삼차방정식 $x^3+ax^2+bx+c=0$은 두 실근 -1, 3만 가져야 하므로

$x^3+ax^2+bx+c=(x+1)^2(x-3)$ 또는

$x^3+ax^2+bx+c=(x+1)(x-3)^2$

$x=1$을 각각 대입하면

$1+a+b+c=-8$ 또는 $1+a+b+c=8$

따라서 $a+b+c=-9$ 또는 $a+b+c=7$이므로 그 합은 -2이다.

답 ①

29

세 집합 A, B, C에 대하여 〈보기〉의 명제 중 참인 명제인 것만 있는 대로 고른 것은?

| 보기 |

ㄱ. $A=B$이면 $A\cup C=B\cup C$이다.

ㄴ. $A\cap C=B\cap C$이면 $A=B$이다.

ㄷ. $A\subset B$이면 $n(A-C)\leq n(B-C)$이다.

→ $(A-C)\subset(B-C)$

① ㄱ ② ㄴ ③ ㄱ, ㄴ ✓④ ㄱ, ㄷ ⑤ ㄱ, ㄴ, ㄷ

step 1 집합의 상등 관계를 이용한다.

ㄱ. $A=B$이므로 $B\cup C$에서 B대신 A를 대입해도 같은 집합, 즉 $A\cup C=B\cup C$ (참)

ㄴ. $C=\varnothing$이고 $A\neq B$이면 $A\cap C=B\cap C=\varnothing$이지만 $A\neq B$이므로 성립하지 않는다. (거짓)

step 2 집합의 포함 관계를 이용한다.

ㄷ. $A\subset B$이면 $(A-C)\subset(B-C)$이므로 $n(A-C)\leq n(B-C)$ (참)

이상에서 옳은 것은 ㄱ, ㄷ이다. 답 ④

30

전체집합 U의 두 부분집합 A, B에 대하여 $A=B$이기 위한 필요충분조건인 것만을 〈보기〉에서 있는 대로 고른 것은?

| 보기 |

ㄱ. $A^C\subset B^C$이고 $n(A)\leq n(B)$ → $B\subset A$

ㄴ. $\{A\cap(A-B^C)^C\}\cup(B-A)=\varnothing$ → $P\cup Q=\varnothing$이면 $P=\varnothing$, $Q=\varnothing$

ㄷ. $(A-B)\cup(A-B^C)=B$

① ㄱ ② ㄴ ③ ㄱ, ㄷ ④ ㄴ, ㄷ ✓⑤ ㄱ, ㄴ, ㄷ

step 1 집합의 포함 관계를 이용한다.

ㄱ. $A^C\subset B^C$에서 $B\subset A$이므로 $n(B)\leq n(A)$이고

$n(A)\leq n(B)$이므로 $n(A)=n(B)$

즉, $B\subset A$이고 $n(A)=n(B)$이므로 $A=B$

따라서 주어진 조건은 필요충분조건이다.

step 2 집합의 연산을 통해 두 집합 사이의 관계를 파악한다.

ㄴ. $\{A\cap(A-B^C)^C\}\cup(B-A)=\varnothing$에서

$\{A\cap(A-B^C)^C\}=\varnothing$이고 $B-A=\varnothing$

$A\cap(A-B^C)^C=A\cap(A\cap B)^C$
$=A\cap(A^C\cup B^C)$
$=(A\cap A^C)\cup(A\cap B^C)$
$=A-B=\varnothing$

$A-B=\varnothing$이므로 $A\subset B$이고 $B-A=\varnothing$이므로 $B\subset A$

즉, $A=B$

따라서 주어진 조건은 필요충분조건이다.

ㄷ. $(A-B)\cup(A-B^C)=(A\cap B^C)\cup(A\cap B)$
$=A\cap(B^C\cup B)$
$=A\cap U=A$

즉, $A=B$

따라서 주어진 조건은 필요충분조건이다.

이상에서 $A=B$이기 위한 필요충분조건인 것은 ㄱ, ㄴ, ㄷ이다. 답 ⑤

31

두 실수 a, b에 대하여 〈보기〉에서 조건 p가 조건 q이기 위한 충분조건이지만 필요조건이 아닌 것만을 있는 대로 고른 것은?

보기

ㄱ. p: $ab=0$ ($\rightarrow$ $a=0$ 또는 $b=0$)　　q: $|a|+|b|=0$ ($\rightarrow$ $a=0$이고 $b=0$)

ㄴ. p: $0<a+b<ab$　　q: $a>0$, $b>0$

ㄷ. p: $|a+b|\geq|a-b|$　　q: $|b-a|\geq|b|-|a|$

① ㄱ　② ㄴ　③ ㄷ
✓④ ㄴ, ㄷ　⑤ ㄱ, ㄴ, ㄷ

step 1 조건 p가 조건 q이기 위한 충분조건인지 필요조건인지를 구한다.

ㄱ. p: $ab=0 \Longleftrightarrow a=0$ 또는 $b=0$

q: $|a|+|b|=0 \Longleftrightarrow a=0$이고 $b=0$

따라서 조건 p는 조건 q이기 위한 필요조건이지만 충분조건은 아니다.

ㄴ. $0<a+b<ab$에서 a, b의 합과 곱이 모두 양수이므로

$a>0$이고 $b>0$

그런데 $a=1$, $b=1$이면 $a+b=2$, $ab=1$이므로 $a+b>ab$

따라서 p는 q이기 위한 충분조건이지만 필요조건은 아니다.

ㄷ. p: $|a+b|\geq|a-b| \Longleftrightarrow |a+b|^2\geq|a-b|^2 \Longleftrightarrow ab\geq0$

$c=b-a$라 하면

q: $|b-a|\geq|b|-|a| \Longleftrightarrow |c|\geq|a+c|-|a|$
$\Longleftrightarrow |a|+|c|\geq|a+c|$

이므로 임의의 두 실수 a, c에 대하여 항상 성립한다.

따라서 p는 q이기 위한 충분조건이지만 필요조건은 아니다.

이상에서 조건 p가 조건 q이기 위한 충분조건이지만 필요조건이 아닌 것은 ㄴ, ㄷ이다. 답 ④

32

전체집합 U의 세 부분집합 P, Q, R가 각각 세 조건 p, q, r의 진리집합이고, 두 명제 $p \longrightarrow \sim q$와 $\sim r \longrightarrow q$가 모두 참일 때, 〈보기〉에서 옳은 것만을 있는 대로 고른 것은? ($\rightarrow$ $P\subset Q^C$, $R^C\subset Q$)

보기

ㄱ. $P\subset R$

ㄴ. $(P\cup Q^C)\subset R^C$

ㄷ. $(P^C\cap R^C)\subset Q$

① ㄱ　② ㄴ　③ ㄱ, ㄴ
✓④ ㄱ, ㄷ　⑤ ㄱ, ㄴ, ㄷ

step 1 진리집합의 포함 관계를 구한다.

두 명제 $p \longrightarrow \sim q$와 $\sim r \longrightarrow q$가 모두 참이므로

$P\subset Q^C$, $R^C\subset Q$

즉, $Q\subset P^C$, $Q^C\subset R$이므로 $P\subset Q^C\subset R$, $R^C\subset Q\subset P^C$이 성립한다.

ㄱ. $P\subset Q^C\subset R$에서 $P\subset R$ (참)

ㄴ. $P\subset Q^C$에서 $(P\cup Q^C)=Q^C$

즉, $Q^C\subset R^C$이지만 $Q^C\subset R$ (거짓)

ㄷ. $P\subset R$이므로 $(P^C\cap R^C)=(P\cup R)^C=R^C$

$(P^C\cap R^C)\subset Q$에서 $R^C\subset Q$ (참)

이상에서 옳은 것은 ㄱ, ㄷ이다. 답 ④

33

두 실수 x, y에 대하여 〈보기〉에서 조건 p가 조건 q이기 위한 필요충분조건인 것만을 있는 대로 고른 것은?

보기

ㄱ. p: $\dfrac{1}{xy}>1$　　q: $xy<1$

ㄴ. p: $x\neq0$ 또는 $y\neq0$　　q: $x^2+y^2>0$

ㄷ. p: $|x+y|=0$ ($\rightarrow$ $x+y=0$)　　q: $x^3+y^3=0$

① ㄱ　② ㄴ　③ ㄷ
✓④ ㄴ, ㄷ　⑤ ㄱ, ㄴ, ㄷ

step 1 조건 p가 조건 q이기 위한 충분조건이면서 필요조건인 것을 구한다.

ㄱ. $\dfrac{1}{xy}>1$이면 $0<xy<1$이므로 $xy<1$이다.

그런데 $x=-1$, $y=2$이면 $xy=-2<1$이지만

$\dfrac{1}{xy}=-\dfrac{1}{2}<1$이다.

따라서 조건 p는 조건 q이기 위한 충분조건이지만 필요조건은 아니다.

ㄴ. $p \longrightarrow q$의 대우인 $\sim q \longrightarrow \sim p$에서

$\sim q$: $x^2+y^2\leq0$, $\sim p$: $x=0$이고 $y=0$

이 되어 $\sim q$는 $\sim p$이기 위한 필요충분조건이다.

따라서 조건 p는 조건 q이기 위한 필요충분조건이다.

ㄷ. p: $|x+y|=0 \Longleftrightarrow x+y=0$
$\Longleftrightarrow x=-y$

q: $x^3+y^3=0 \iff (x+y)(x^2-xy+y^2)=0$

$\iff x+y=0$

$\iff x=-y$

따라서 조건 p는 조건 q이기 위한 필요충분조건이다.

이상에서 조건 p가 조건 q이기 위한 필요충분조건인 것은 ㄴ, ㄷ이다.

답 ④

34

세 조건 p, q, r가 다음 조건을 만족시킨다.

(가) p는 q이기 위한 필요조건이다. → $q \Longrightarrow p$

(나) $\sim q$는 $\sim r$이기 위한 충분조건이다.

→ r는 q이기 위한 충분조건, 즉 $r \Longrightarrow q$

세 조건 p, q, r의 진리집합을 각각 P, Q, R라 할 때, 〈보기〉에서 옳은 것만을 있는 대로 고른 것은?

보기

ㄱ. $Q-P=\varnothing$

ㄴ. $R\subset P$

ㄷ. $P^C\subset(Q^C\cap R^C)$

① ㄱ ② ㄱ, ㄴ ③ ㄱ, ㄷ

④ ㄴ, ㄷ √⑤ ㄱ, ㄴ, ㄷ

step 1 진리집합의 포함 관계를 구한다.

ㄱ. p는 q이기 위한 필요조건이므로 $q \Longrightarrow p$

$q \Longrightarrow p$이므로 $Q\subset P$

따라서 $Q-P=\varnothing$ (참)

ㄴ. $\sim q$는 $\sim r$이기 위한 충분조건이므로

$\sim q \Longrightarrow \sim r$, 즉 $r \Longrightarrow q$

$r \Longrightarrow q$이므로 $R\subset Q$

ㄱ에서 $Q\subset P$이므로 $R\subset P$ (참)

ㄷ. ㄱ, ㄴ에 의하여 $(Q\cup R)\subset P$이므로 $P^C\subset(Q\cup R)^C$

따라서 $P^C\subset(Q^C\cap R^C)$(참)

이상에서 옳은 것은 ㄱ, ㄴ, ㄷ이다.

답 ⑤

35

두 조건 p, q에 대하여 $f(p, q)$를 다음과 같이 정의하자.

$$f(p, q)=\begin{cases} 1 \ (\text{명제 } p \longrightarrow q\text{가 참}) \\ 2 \ (\text{명제 } p \longrightarrow q\text{가 거짓}) \end{cases}$$

세 집합 A, B, C에 대하여 세 조건 p, q, r가

p: $A\subset(B\cap C)$

q: $A\subset(B\cup C)$

r: $A\subset B$ 또는 $A\subset C$

일 때, $f(p, q)+2f(\sim q, \sim r)+3f(\sim p, \sim r)$의 값은?

① 7 ② 8 √③ 9

④ 10 ⑤ 11

step 1 진리집합의 포함 관계를 이용한다.

(i) $A\subset(B\cap C)$이고 $(B\cap C)\subset(B\cup C)$에서

$A\subset(B\cup C)$, 즉 $p \Longrightarrow q$이므로 $f(p, q)=1$

(ii) $\sim q \longrightarrow \sim r$의 대우가 $r \longrightarrow q$이고

$A\subset B$ 또는 $A\subset C$이면 $A\subset(B\cup C)$

즉, $r \Longrightarrow q$에서 $\sim q \Longrightarrow \sim r$ 이므로 $f(\sim q, \sim r)=1$

(iii) $\sim p \longrightarrow \sim r$의 대우가 $r \longrightarrow p$

[반례] $A=\{1\}$, $B=\{1, 2\}$, $C=\{3\}$으로 놓으면

$A\subset B$이므로 위의 예는 r의 진리집합의 한 원소이다. 이때

$B\cap C=\varnothing$이므로 $A\not\subset(B\cap C)$, 즉 $r \longrightarrow p$는 거짓이므로

$\sim p \longrightarrow \sim r$도 거짓이다. $f(\sim p, \sim r)=2$

따라서 (i), (ii), (iii)에 의하여

$f(p, q)+2f(\sim q, \sim r)+3f(\sim p, \sim r)=1+2\times1+3\times2=9$

답 ③

36

자연수 x에 대하여 세 조건 p, q, r가

p: x는 2의 배수 또는 3의 배수이다.

q: x를 5로 나눈 나머지가 3 또는 4이다.

r: $(x-a)(x-b)=0$, $a\neq b$

이다. $\sim p$는 r이기 위한 필요조건이고, r는 q이기 위한 충분조건일 때, $a+b$의 최솟값을 구하시오. → $r \Longrightarrow \sim p$ → $r \Longrightarrow q$

32

step 1 진리집합을 원소나열법으로 나타낸다.

세 조건 p, q, r의 진리집합을 각각 P, Q, R라 하면

$P=\{2, 3, 4, 6, 8, 9, 10, \cdots\}$

$Q=\{3, 4, 8, 9, 13, 14, 18, 19, \cdots\}$

$R=\{a, b\}$

이므로 $P^C=\{1, 5, 7, 11, 13, 17, 19, \cdots\}$

step 2 충분조건, 필요조건의 성질을 이용한다.

$\sim p$는 r이기 위한 필요조건이므로 $r \Longrightarrow \sim p$에서

$R\subset P^C$ …… ㉠

r는 q이기 위한 충분조건이므로 $r \Longrightarrow q$에서

$R\subset Q$ …… ㉡

㉠, ㉡에서 R는 P^C와 Q의 부분집합이므로

$R\subset(P^C\cap Q)=\{13, 19, 23, 29, \cdots\}$

따라서 $a+b$의 최솟값은 $13+19=32$

답 32

37

명제 '어떤 실수 x에 대하여 $y=\dfrac{x^2-x+1}{x^2+x+1}$이면 $|y+1|\le t$이다.'

가 참이 되도록 하는 실수 t의 최솟값은?

① $\dfrac{1}{3}$ ② $\dfrac{2}{3}$ ③ 1

√④ $\dfrac{4}{3}$ ⑤ $\dfrac{5}{3}$

step 1 x에 대한 식으로 정리한 후 조건을 만족시키는 y의 값의 범위를 구한다.

$y=\frac{x^2-x+1}{x^2+x+1}$, $(x^2+x+1)y=x^2-x+1$에서

$(y-1)x^2+(y+1)x+(y-1)=0$

$y=1$이면 $2x=0$에서 $x=0$, 즉 $x=0$이면 $y=1$

$y\neq1$일 때, 실수 x에 대하여 y의 값의 범위는

이차방정식 $(y-1)x^2+(y+1)x+(y-1)=0$의 판별식을 D라 할 때, $D=(y+1)^2-4(y-1)^2\geq0$에서

$3y^2-10y+3\leq0$, $(3y-1)(y-3)\leq0$이므로 $\frac{1}{3}\leq y\leq3$

step 2 '어떤'이 포함된 명제가 참이 되도록 하는 t의 값의 범위를 구한다.

$t<0$이면 $|y+1|\leq t$를 만족시키는 y의 값이 존재하지 않으므로 조건을 만족시키지 않는다.

$|y+1|\leq t$에서 $-t\leq y+1\leq t$, $-1-t\leq y\leq t-1$

즉, 주어진 명제

'어떤 실수 x에 대하여 $y=\frac{x^2-x+1}{x^2+x+1}$이면 $|y+1|\leq t$이다.'는

'어떤 실수 y가 $\frac{1}{3}\leq y\leq3$이면 $-1-t\leq y\leq t-1$이다.'와 같은 명제이고

이 명제가 참이려면 $t-1\geq\frac{1}{3}$

즉, $t\geq\frac{4}{3}$에서 실수 t의 최솟값은 $\frac{4}{3}$이다. 답 ④

38

높이가 3인 정삼각형 ABC의 내부의 점 P에서 세 변 BC, CA, AB에 내린 수선의 발을 각각 D, E, F라 하자. $\overline{PD}=1$일 때, $\overline{PE}^2+\overline{PF}^2$의 최솟값은?

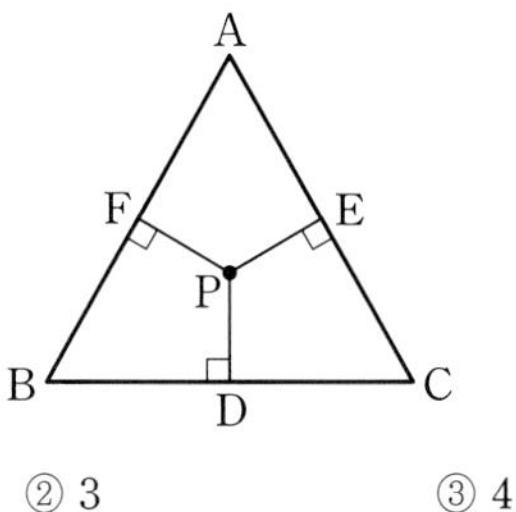

✓① 2 ② 3 ③ 4
④ 5 ⑤ 6

step 1 $\overline{PE}+\overline{PF}$의 값을 구한다.

점 P를 지나고 직선 AC와 평행한 직선이 선분 BC와 만나는 점을 P_1, 점 P_1에서 선분 AC에 내린 수선의 발을 E_1이라 하고 점 P를 지나고 직선 AB와 평행한 직선이 선분 BC와 만나는 점을 P_2, 점 P_2에서 선분 AB에 내린 수선의 발을 F_1이라 하면

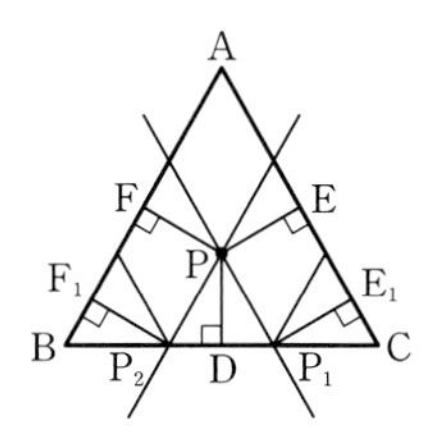

$\overline{PE}=\overline{P_1E_1}$, $\overline{PF}=\overline{P_2F_1}$이고

$\overline{P_1E_1}$과 $\overline{P_2F_1}$은 각각 선분 P_1C, P_2B를 한 변으로 하는 정삼각형의 높이와 같고 $\overline{PD}$는 선분 P_1P_2를 한 변으로 하는 정삼각형의 높이와 같다.

$\overline{P_1E_1}=\frac{\sqrt{3}}{2}\overline{P_1C}$, $\overline{P_2F_1}=\frac{\sqrt{3}}{2}\overline{P_2B}$, $\overline{PD}=\frac{\sqrt{3}}{2}\overline{P_1P_2}$

따라서

$\frac{\sqrt{3}}{2}(\overline{P_1C}+\overline{P_1P_2}+\overline{P_2B})=\overline{P_1E_1}+\overline{PD}+\overline{P_2F_1}$

즉, 정삼각형 ABC의 높이가 3이므로 한 변의 길이는 $2\sqrt{3}$이고 $\overline{PD}=1$에서 $\frac{\sqrt{3}}{2}\times2\sqrt{3}=\overline{P_1E_1}+1+\overline{P_2F_1}$, 즉 $\overline{P_1E_1}+\overline{P_2F_1}=2$이므로

$\overline{PE}+\overline{PF}=2$

step 2 코시-슈바르츠의 부등식을 이용한다.

코시-슈바르츠의 부등식에 의하여

$(1^2+1^2)(\overline{PE}^2+\overline{PF}^2)\geq(\overline{PE}+\overline{PF})^2=2^2$

즉, $\overline{PE}^2+\overline{PF}^2\geq2$이므로 $\overline{PE}^2+\overline{PF}^2$의 최솟값은 2이다. 답 ①

39

다음은 명제 '$x^2+y^2=3$을 만족시키는 두 유리수 x, y는 존재하지 않는다.'를 증명하는 과정이다.

> $x^2+y^2=3$을 만족시키는 두 유리수 x, y가 존재한다고 가정하자.
> 두 유리수 x, y가 $x^2+y^2=3$을 만족시키므로
> $x=\frac{m}{M}$, $y=\frac{n}{N}$ (m과 M, n과 N은 서로소인 정수)이라 하면
> $\left(\frac{m}{M}\right)^2+\left(\frac{n}{N}\right)^2=3$
> 따라서 $\frac{m^2N^2}{M^2}=3N^2-$ (가)
> m과 M은 서로소이므로 $N=kM$ (k는 정수)이어야 한다. 즉,
> $(km)^2+n^2=3N^2$
> $km=3a+r$, $n=3b+s$ (a, b, r, s는 정수이고 $0\leq r<3$, $0\leq s<3$)라 하면
> $(km)^2+n^2=3(3a^2+2ar+3b^2+2bs)+r^2+$ (나)
> 그런데 $(km)^2+n^2$이 3의 배수이므로 $r=s=0$이어야 한다.
> 따라서 두 수 km, n은 3의 배수이므로 N은 (다) 의 배수이다.
> 이것은 n과 N이 서로소라는 가정에 모순이다.
> 따라서 $x^2+y^2=3$을 만족시키는 두 유리수 x, y는 존재하지 않는다.

위의 (가), (나)에 알맞은 식을 각각 $f(n)$, $g(s)$라 하고, (다)에 알맞은 수의 최댓값을 a라 할 때, $a\times\frac{g(8)}{f(4)}$의 값은?

✓① 12 ② 14 ③ 16
④ 18 ⑤ 20

step 1 등식을 이용하여 빈 칸을 채운다.

$x^2+y^2=3$을 만족시키는 두 유리수 x, y가 존재한다고 가정하자.

두 유리수 x, y가 $x^2+y^2=3$을 만족시키므로

$x=\frac{m}{M}$, $y=\frac{n}{N}$ (m과 M, n과 N은 서로소인 정수)이라 하면

$\left(\frac{m}{M}\right)^2+\left(\frac{n}{N}\right)^2=3$에서 $\frac{m^2N^2}{M^2}+n^2=3N^2$

따라서 $\frac{m^2N^2}{M^2}=3N^2-\boxed{n^2}$

m과 M은 서로소이므로 $N=kM$ (k는 정수)이어야 한다. 즉,

$(km)^2+n^2=3N^2$

$km=3a+r$, $n=3b+s$ ($0\leq r<3$, $0\leq s<3$)라 하면

$(km)^2+n^2=(3a+r)^2+(3b+s)^2$

$=3(3a^2+2ar+3b^2+2bs)+r^2+\boxed{s^2}$

그런데 $(km)^2+n^2$이 3의 배수이므로 $r^2+\boxed{s^2}=0$, 즉 $r=s=0$이어야 한다.

따라서 두 수 km, n은 3의 배수이므로 N은 $\boxed{3}$의 배수이다.

이것은 n과 N이 서로소라는 가정에 모순이다.

따라서 $x^2+y^2=3$을 만족시키는 두 유리수 x, y는 존재하지 않는다.

step 2 숫자를 대입하여 식의 값을 구한다.

이상에서 $f(n)=n^2$, $g(s)=s^2$, $a=3$이므로

$a\times\dfrac{g(8)}{f(4)}=3\times\dfrac{8^2}{4^2}=12$ 답 ①

40

함수 $y=\dfrac{k}{x}$의 그래프 위의 제1사분면에 있는 점 P와 직선 $3x+4y+11=0$ 사이의 거리의 최솟값이 7 이하가 되도록 하는 모든 자연수 k의 개수는?

→ 점과 직선 사이의 거리 공식을 이용한다.

① 6 ② 8 ③ 10
✓④ 12 ⑤ 14

step 1 점과 직선 사이의 거리를 구한다.

점 P의 좌표를 $\left(t, \dfrac{k}{t}\right)(t>0)$라 하면

점 P와 직선 $3x+4y+11=0$ 사이의 거리는

$$\frac{\left|3t+4\times\dfrac{k}{t}+11\right|}{\sqrt{3^2+4^2}}=\frac{\left|3t+\dfrac{4k}{t}+11\right|}{5}$$

$$=\frac{1}{5}\left(3t+\frac{4k}{t}+11\right)$$

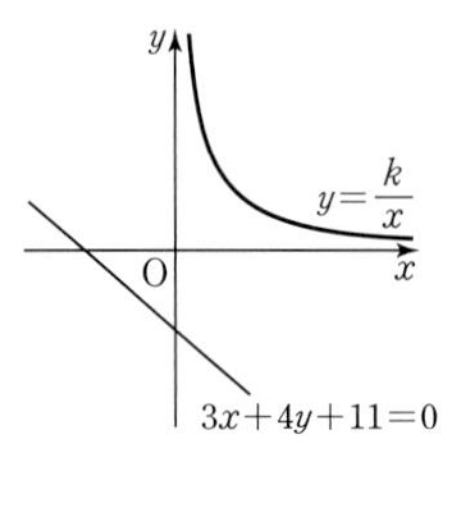

step 2 산술평균과 기하평균의 관계를 이용하여 최솟값을 구한다.

이때 $3t>0$, $\dfrac{4k}{t}>0$이므로

$3t+\dfrac{4k}{t}\ge 2\sqrt{3t\times\dfrac{4k}{t}}=4\sqrt{3k}$ $\left(\text{단, 등호는 } 3t=\dfrac{4k}{t}\text{일 때 성립한다.}\right)$

점 P와 직선 $3x+4y+11=0$ 사이의 거리의 최솟값이 7 이하이므로

$\dfrac{1}{5}(4\sqrt{3k}+11)\le 7$에서 $4\sqrt{3k}\le 24$, $\sqrt{3k}\le 6$, $3k\le 36$, $k\le 12$

따라서 구하는 자연수 k의 개수는 1, 2, 3, ⋯, 12의 12이다. 답 ④

1등급을 넘어서는 상위 1% 본문 29쪽

41

좌표평면에서 두 직선 $y=4-x$, $y=k$와 y축으로 둘러싸인 부분의 경계 및 내부를 도형 D라 하자. 두 점 A(4, 0), B(0, 4)에 대하여 명제

'영역 D에 속하는 어떤 점 P에 대하여 $\angle POA=\angle PAB$이다.'

가 참이 되도록 하는 양수 k의 최댓값은? (단, O는 원점이다.)

→ 세 점 O, A, P를 지나는 원을 떠올린다.

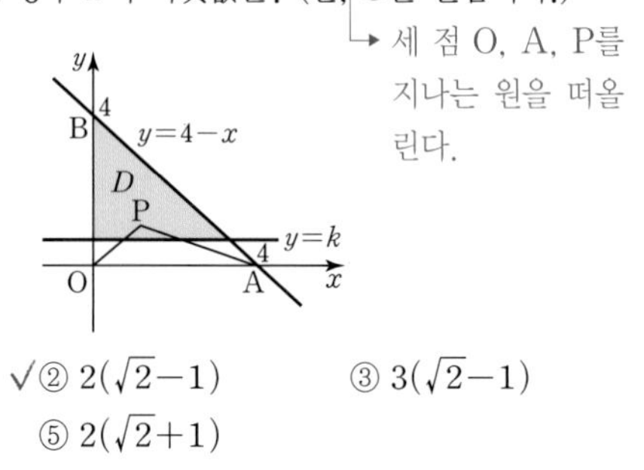

① $\sqrt{2}-1$ ✓② $2(\sqrt{2}-1)$ ③ $3(\sqrt{2}-1)$
④ $\sqrt{2}+1$ ⑤ $2(\sqrt{2}+1)$

step 1 주어진 조건을 이용하여 점 P의 자취를 찾는다.

$\angle POA=\angle PAB=\theta$라 하면 $\angle OAB=45°$이므로

$\angle OAP=45°-\theta$, $\angle APO=135°$

원점 O를 지나고 직선 $y=4-x$와 점 A에서 접하는 원의 중심을 C라 할 때, 점 P는 이 원의 제1사분면 위에 있는 점이다.

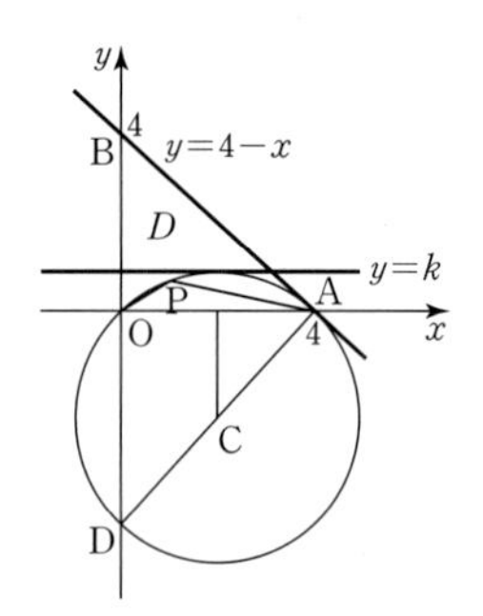

이 원이 y축과 만나는 점을 D라 할 때,

$\angle ODA=\angle DAO=45°$이므로 $\overline{OD}=\overline{OA}=4$

$\overline{DA}=4\sqrt{2}$이므로 원의 반지름의 길이는 $2\sqrt{2}$이고 점 C와 x축 사이의 거리는 2이다.

→ $\angle AOD=90°$이므로 $\overline{AD}$는 원의 지름이다.

step 2 명제가 참일 조건을 구한다.

따라서 명제가 참이 되려면 직선 $y=k$가 원과 만나야 하므로 직선 $y=k$가 원과 제1사분면에서 접할 때 k의 값이 최대이다.

따라서 구하는 k의 최댓값은

$2\sqrt{2}-2$, 즉 $2(\sqrt{2}-1)$ 답 ②

12 함수

기출에서 찾은 내신 필수 문제 (본문 32~35쪽)

01 ③	02 ②	03 ③	04 ③	05 ③
06 ⑤	07 ①	08 ③	09 ④	10 ①
11 ④	12 ⑤	13 ③	14 ②	15 ⑤
16 ①	17 ④	18 ④	19 ①	20 ④
21 ②	22 5	23 2	24 5	

01 ㄱ, ㄷ. 모든 실수 x에 실수 y가 하나씩 대응하므로 함수이다.
ㄴ. $x<-2$ 또는 $x>2$인 실수 x에 대응하는 y가 없고, $-2<x<2$인 실수 x에 대응하는 y가 2개씩 있으므로 함수가 아니다.
따라서 함수인 것은 ㄱ, ㄷ이다. 답 ③

02 $f(1)=1+2=3$이고 $g(1)=a+b$이므로
$a+b=3$ …… ㉠
$f(4)=4+2=6$이고 $g(4)=16a+b$이므로
$16a+b=6$ …… ㉡
따라서 ㉠, ㉡에서 $a=\frac{1}{5}$, $b=\frac{14}{5}$이므로
$\frac{b}{a}=\frac{\frac{14}{5}}{\frac{1}{5}}=14$ 답 ②

03 $a=0$이면 $f(0)=f(-0)$이므로 성립한다.
$a>0$인 경우 $f(a)=a^2+2$, $f(-a)=2a^2+a$이므로
$a^2+2=2a^2+a$에서 $a^2+a-2=0$, $(a+2)(a-1)=0$
$a=-2$ 또는 $a=1$
$a>0$이므로 $a=1$
$a<0$인 경우 $f(a)=2a^2-a$, $f(-a)=a^2+2$
$2a^2-a=a^2+2$에서 $a^2-a-2=0$, $(a-2)(a+1)=0$
$a=2$ 또는 $a=-1$
$a<0$이므로 $a=-1$
따라서 조건을 만족시키는 실수 a의 개수는 -1, 0, 1의 3이다. 답 ③

04 $f(0)<f(1)$이므로
$f(0)=-1$이면 $f(1)=0$이고 $f(-1)=1$ 또는 $f(1)=1$이고 $f(-1)=0$
$f(0)=0$이면 $f(1)=1$이고 $f(-1)=-1$
$f(0)=1$일 때, $f(1)$의 값은 존재하지 않는다.
따라서 조건을 만족시키는 함수 f의 개수는 3이다. 답 ③

05 함수 $f(x)$가 직선이고 일대일대응이므로
$a>0$일 때, $f(-1)=0$, $f(2)=6$
즉, $-a+b=0$, $2a+b=6$이므로 두 식을 연립하면
$a=2$, $b=2$, 즉 $a+b=4$
$a<0$일 때, $f(-1)=6$, $f(2)=0$
즉, $-a+b=6$, $2a+b=0$이므로 두 식을 연립하면
$a=-2$, $b=4$, 즉 $a+b=2$
따라서 모든 $a+b$의 값의 합은
$4+2=6$ 답 ③

06 집합 X에서 X로의 함수 $f(x)=x^2-4x+6$이 항등함수이려면 X의 모든 원소 a에 대하여
$f(a)=a$이어야 하므로
$a^2-4a+6=a$에서 $a^2-5a+6=0$, $(a-2)(a-3)=0$
$a=2$ 또는 $a=3$
따라서 조건을 만족시키는 집합 X는 $\{2\}$, $\{3\}$, $\{2, 3\}$
즉, $n=3$이고 X_1, X_2, X_3는 $\{2\}$, $\{3\}$, $\{2, 3\}$
따라서 $S(\{2\})=2$, $S(\{3\})=3$, $S(\{2, 3\})=5$이므로
$S(X_1)+S(X_2)+S(X_3)=10$ 답 ⑤

07 실수 전체의 집합에서 정의된 함수 $f(x)$가 일대일함수가 되려면
x의 값이 증가할 때, y의 값이 증가하거나
x의 값이 감소할 때, y의 값이 감소해야 하므로
$a-6>0$, $3-a>0$ 또는 $a-6<0$, $3-a<0$
즉, $(a-6)(3-a)>0$에서 $(a-6)(a-3)<0$이므로 $3<a<6$
따라서 조건을 만족시키는 정수 a의 개수는 4, 5의 2이다. 답 ①

08 함수 g는 항등함수이므로 $g(2)=2$
$f(1)=g(2)+h(3)=2+h(3)$
$f(1)$과 $h(3)$의 값이 1, 2, 3 중 하나이므로
$f(1)=3$, $h(3)=1$이어야 한다.
즉, 함수 h는 상수함수이므로 $h(x)=1$
$f(2)$, $f(3)$의 값은 1 또는 2이고
$f(2)\le f(3)$이므로 $f(2)=1$, $f(3)=2$
따라서 $f(3)+g(2)+h(1)=2+2+1=5$ 답 ③

09 일대일함수인 경우 a에 대응할 수 있는 원소는 1, 2, 3, 4 중 하나이므로 4개, b에 대응할 수 있는 원소는 a에 대응한 것을 제외한 3개, c에 대응할 수 있는 원소는 a, b에 대응한 것을 제외한 2개이므로 일대일함수의 개수는 $4\times3\times2=24$이다.
상수함수는 $f(x)=k$ (k는 상수)에서 k가 될 수 있는 수는 1, 2, 3, 4 중 하나이므로 상수함수의 개수는 4이다.
따라서 $m=24$, $n=4$이므로
$m+n=28$ 답 ④

10 $(g\circ f)(2)=g(f(2))=g(2^2+3)$
$=g(7)=2\times7-1=13$ 답 ①

11 $f(x)=ax+b$ (a, b는 실수, $a\ne0$)로 놓으면
$(f\circ f)(x)=f(f(x))=a(ax+b)+b=a^2x+ab+b$
즉, $a^2x+ab+b=9x-8$이므로 $a^2=9$, $ab+b=-8$
$a=3$ 또는 $a=-3$
$a=3$일 때, $3b+b=4b=-8$에서 $b=-2$이므로
$f(x)=3x-2$에서 $f(0)=-2$
$a=-3$일 때, $-3b+b=-2b=-8$에서 $b=4$이므로
$f(x)=-3x+4$에서 $f(0)=4$
따라서 그 합은 2이다. 답 ④

12 $f(x)=t$라 하면
$(f\circ f)(x)=f(f(x))=f(t)=c$
$f(t)=c$에서 $t=d$이고
$f(x)=d$에서 $x=e$
따라서 주어진 방정식의 해는 e이다. 답 ⑤

13 $(f\circ g)(x)=f(g(x))=3(ax-2)+4=3ax-2$
$(g\circ f)(x)=g(f(x))=a(3x+4)-2=3ax+4a-2$
$f\circ g=g\circ f$이므로 $-2=4a-2$
따라서 $a=0$ 답 ③

14 $(g\circ h)(x)=g(h(x))=-2h(x)+4$
$-2h(x)+4=4x-2$
$-2h(x)=4x-6$에서 $h(x)=-2x+3$
따라서 $h(0)=3$, $h(2)=-1$이므로
$h(0)+h(2)=3+(-1)=2$ 답 ②

15 ㄱ. $(f\circ f)(2)=f(f(2))=f(4)=3\times4-2=10$ (참)
ㄴ. x가 유리수일 때, x는 $\sqrt{2}$ 이상의 자연수이므로 $f(x)$는 4 이상의 자연수이다.
x가 무리수일 때, x는 $\sqrt{2}$ 이상의 무리수이므로 $f(x)$는 4 이상의 자연수이다.
따라서 함수 $f(x)$의 치역은 4 이상의 자연수 전체의 집합의 부분집합이다. (참)
ㄷ. 집합 X에 속하는 모든 무리수 x에 대하여 x^2은 유리수이므로
$(f\circ f)(x)=f(f(x))=f(x^2+2)$
$=3(x^2+2)-2=3x^2+4$ (참)
이상에서 옳은 것은 ㄱ, ㄴ, ㄷ이다. 답 ⑤

16 $y=ax+4$라 하면
$x=ay+4$에서 $ay=x-4$, $y=\frac{1}{a}x-\frac{4}{a}$
$\frac{1}{a}x-\frac{4}{a}=\frac{1}{2}x+b$에서 $\frac{1}{a}=\frac{1}{2}$, $-\frac{4}{a}=b$
즉, $a=2$이므로 $-\frac{4}{2}=b$에서 $b=-2$
따라서 $ab=-4$ 답 ①

17 함수 $f(x)$의 역함수가 존재하려면 $f(x)$가 일대일대응이어야 한다.
X에서 Y로의 함수 $f(x)=3x+1$이 일대일대응이 되려면 공역과 치역이 같아야 한다.
일차함수 $y=f(x)$의 그래프의 기울기 3은 양수이므로 공역과 치역이 같으려면 $f(a)=0$, $f(2)=b$를 만족시켜야 한다.
$3a+1=0$에서 $a=-\frac{1}{3}$, $f(2)=3\times2+1=7$이므로 $b=7$
따라서 $a+b=-\frac{1}{3}+7=\frac{20}{3}$ 답 ④

18 $((f^{-1}\circ g)^{-1}\circ f)(-1)=(g^{-1}\circ f\circ f)(-1)$
$=g^{-1}(f(f(-1)))$
$=g^{-1}(f(1))=g^{-1}(4)$
$g^{-1}(4)=a$라 하면 $g(a)=4$
$-3a+5=4$이므로 $a=\frac{1}{3}$ 답 ④

19 $(g\circ f)(x)=g(f(x))=g(ax+b)$
$=ax+b+3=ax+1$
이므로 $b+3=1$, $b=-2$
$f^{-1}(4)=2$에서 $f(2)=4$이므로 $2a-2=4$, $a=3$
따라서 $a+b=1$ 답 ①

20 $f(x)$는 일차함수이므로 역함수를 갖는다.
$x=f^{-1}(x)$를 대입하면 $(h\circ g)(x)=x$
즉, 함수 $h(x)$는 함수 $g(x)$의 역함수이므로
$h(4)=a$라 하면 $g(a)=4$
$3a+1=4$에서 $a=1$ 답 ④

21 두 함수 $y=f(x)$, $y=g(x)$의 그래프의 교점은 함수 $y=f(x)$의 그래프와 직선 $y=x$의 교점과 같다.
함수 $f(x)=(x-2)^2\ (x\geq2)$의 그래프와 직선 $y=x$의 교점은
$(x-2)^2=x$, $x^2-5x+4=0$에서
$(x-1)(x-4)=0$
$x=1$ 또는 $x=4$
$x\geq2$이므로 교점의 좌표는 $(4, 4)$
따라서 $a=4$, $b=4$이므로 $a+b=8$ 답 ②

22 이차함수 $f(x)=x^2-4x=(x-2)^2-4$가 일대일대응이려면 $k\geq2$이어야 한다.
.... (가)
정의역 $X=\{x\,|\,x\geq k\}$에서 함수 $f(x)$의 최솟값은 $f(k)=k^2-4k$이다.
그런데 일대일대응이려면 치역과 공역이 같아야 하므로
.... (나)
$k^2-4k=k$, $k^2-5k=0$, $k(k-5)=0$
이때 $k\geq2$이므로 $k=5$
.... (다)
답 5

단계	채점 기준	비율
(가)	k의 값의 범위를 구한 경우	30 %
(나)	일대일대응일 조건을 구한 경우	40 %
(다)	k의 값을 구한 경우	30 %

23 $(h\circ f)(x)=g(x)$에서 $h(f(x))=g(x)$
$f(x)=-7$에서 $2x-5=-7$이므로
$x=-1$
.... (가)
$h(f(-1))=g(-1)$에서
$h(-7)=g(-1)=-(-1)+1=2$
.... (나)
답 2

단계	채점 기준	비율
(가)	$f(x)=-7$을 만족시키는 x의 값을 구한 경우	60 %
(나)	$h(-7)$의 값을 구한 경우	40 %

24 일차함수 $y=f(x)$의 그래프와 함수 $y=f^{-1}(x)$의 그래프는 직선 $y=x$에 대하여 대칭이므로 두 함수의 그래프의 교점은 직선 $y=x$ 위의 점이다.
함수 $y=f(x)$의 그래프와 그 역함수의 그래프가 만나는 점의 x좌표가 4이므로 교점의 좌표는 $(4, 4)$
즉, $f(4)=4$이므로 $4a+b=4$ …… ㉠
또, $f(-2)=1$에서 $-2a+b=1$ …… ㉡
…… (가)
㉠, ㉡을 연립하여 풀면
$a=\frac{1}{2}$, $b=2$
따라서 $f(x)=\frac{1}{2}x+2$이므로 $f(6)=\frac{1}{2}\times 6+2=5$
…… (나)
답 5

단계	채점 기준	비율
(가)	a, b에 관한 식을 모두 구한 경우	60 %
(나)	$f(6)$의 값을 구한 경우	40 %

내신 고득점 도전 문제

본문 36~39쪽

25 ④	26 ③	27 ②	28 72	29 ②
30 ③	31 ③	32 ⑤	33 ②	34 ④
35 ⑤	36 8	37 ②	38 ①	39 ④
40 ③	41 ④	42 ④	43 ①	44 36
45 ③	46 $\frac{100}{9}$	47 12	48 10	

25 $1^2=1$이므로 $f(1)=1$, $4^2=16$이므로 $f(4)=7$
$5^2=25$이므로 $f(5)=7$, $6^2=36$이므로 $f(6)=9$
$9^2=81$이므로 $f(9)=9$
따라서 함수 f의 치역은 $\{1, 7, 9\}$이므로 치역의 모든 원소의 합은
$1+7+9=17$
답 ④

26 $f(x)$가 항등함수이므로 $f(x)=x$
$x^3+3x^2-3x=x$에서 $x^3+3x^2-4x=0$, $x(x-1)(x+4)=0$
$x=0$ 또는 $x=1$ 또는 $x=-4$
따라서 집합 X는 집합 $\{-4, 0, 1\}$의 공집합이 아닌 부분집합이므로 구하는 집합 X의 개수는
$2^3-1=7$
답 ③

27 주어진 조건을 만족시키는 함수 $f(x)$는 일대일대응이다.
ㄱ. $f(1)=f(5)=2$이므로 일대일대응이 아니다.
ㄷ. $f(2)=f(3)=1$이므로 일대일대응이 아니다.
이상에서 함수 $f(x)$로 가능한 것은 ㄴ이다.
답 ②

28 짝수 m을 소인수분해하면
$m=2^p\times m_1$ (p는 자연수, m_1은 홀수)
$f(m)=f(2^p\times m_1)=2f(2^{p-1}\times m_1)=\cdots=2^pf(m_1)$
$m_1=4n_1-1$ (n_1은 자연수)꼴이면
$f(m_1)=f(2\times 2n_1-1)=(-1)^{2n_1}=1$
$m_1=4n_1-3$ (n_1은 자연수)꼴이면
$f(m_1)=f(2(2n_1-1)-1)=(-1)^{2n_1-1}=-1$
따라서 $f(n)=-8$이려면
$n=2^3\times(4n_1-3)$ (n_1은 자연수)이어야 한다.
따라서 조건을 만족시키는 n의 값을 작은 값부터 차례로 나열하면 8, 40, 72, …이므로 세 번째 오는 수는 72이다.
답 72

29 조건 (나)에서 함수 f는 일대일대응이므로 조건 (다)에서 $f(2)+f(4)$의 값이 홀수이려면 $f(2)$와 $f(4)$의 값 중 하나는 짝수, 하나는 홀수이어야 한다.
즉, 가능한 $f(2)$, $f(4)$의 값의 순서쌍 $(f(2), f(4))$는
$(1, 2)$, $(1, 4)$, $(2, 1)$, $(2, 3)$, $(3, 2)$, $(3, 4)$, $(4, 1)$, $(4, 3)$이고
이때 조건 (가)에 의하여 각각의 경우에서 남은 두 수 중 작은 값이 $f(1)$, 큰 값이 $f(3)$의 값에 대응되므로
구하는 함수 f의 개수는 8이다.
답 ②

30 조건 (나)에서 $g(4)$의 값은 4 이하의 자연수이므로
f가 일대일대응이면 $f(2)+f(3)+f(4)\geq 6$이므로 조건을 만족시키지 않고 f가 항등함수이면 $f(2)+f(3)+f(4)=9$이므로 조건을 만족시키지 않는다.
즉, 조건 (가)에서 f는 상수함수이고
$g(4)=3f(2)$이므로 $f(2)=1$이고 $g(4)=3$
즉, 함수 f는 $f(x)=1$인 상수함수이고
함수 g는 일대일대응, h는 항등함수이다.
조건 (다)에서 $g(1)=h(4)=4$이므로 $g(2)$의 값은 1 또는 2
따라서 $g(2)+f(1)+h(3)=g(2)+1+3=g(2)+4$의 최솟값은 $g(2)=1$일 때, 5이다.
답 ③

31 $f(1)=a+3$, $f(2)=2a+3$, $f(3)=3a+3$이므로 함수 f의 치역을 $f(X)$라 하면
$f(X)=\{a+3, 2a+3, 3a+3\}$
함수 $g\circ f$가 정의되려면 $f(X)\subset X$이어야 하므로
$\{a+3, 2a+3, 3a+3\}\subset\{1, 2, 3\}$
(i) $a+3=1$, 즉 $a=-2$일 때
$f(X)=\{-3, -1, 1\}$이므로 $f(X)\not\subset X$
(ii) $a+3=2$, 즉 $a=-1$일 때
$f(X)=\{0, 1, 2\}$이므로 $f(X)\not\subset X$
(iii) $a+3=3$, 즉 $a=0$일 때
$f(X)=\{3\}$이므로 $f(X)\subset X$
(i), (ii), (iii)에 의하여 $a=0$
답 ③

32 $(f\circ f)(x)=f(f(x))=f(ax+b)$
$=a(ax+b)+b=a^2x+(a+1)b$

$(f\circ f\circ f)(x)=f((f\circ f)(x))=f(a^2x+(a+1)b)$
$=a\{a^2x+(a+1)b\}+b=a^3x+ab(a+1)+b$
$=a^3x+b(a^2+a+1)$
즉, $a^3x+b(a^2+a+1)=8x+35$이므로
$a^3=8$, $b(a^2+a+1)=35$
$a^3-8=(a-2)(a^2+2a+4)=0$에서
$a=2$ 또는 $a^2+2a+4=0$
이차방정식 $a^2+2a+4=0$의 판별식을 D라 할 때,
$\frac{D}{4}=1^2-4=-3<0$이므로 이 이차방정식은 실근을 갖지 않는다.
즉, a는 실수이므로 $a=2$
$b(a^2+a+1)=b(2^2+2+1)=7b=35$에서 $b=5$
따라서 $f(x)=2x+5$이므로
$f(1)=7$ 답 ⑤

33 조건 (나)를 만족시키려면 함수 f는 일대일대응이어야 한다.
조건 (가)에서 $2f(2)+f(3)=6$이므로
$f(2)=1$이면 $f(3)=4$
$f(2)=2$이면 $f(3)=2$, 즉 함수 f가 일대일대응이라는 조건을 만족시키지 않는다.
$f(2)\geq3$이면 $f(3)\leq0$이므로 f는 함수가 될 수 없다.
즉, $f(2)=1$, $f(3)=4$
$f(3)=4$이고, $(f\circ f)(3)=f(f(3))=f(4)=3$
마찬가지로 $f(2)=1$이고, $(f\circ f)(2)=f(f(2))=f(1)=2$
즉, 함수 f는 일대일대응이므로 $f(5)=5$
따라서 $f(1)+3f(3)+5f(5)=2+3\times4+5\times5=39$ 답 ②

34 $(f\circ f\circ f)(k)=f((f\circ f)(k))=5$에서
$(f\circ f)(k)=t$로 놓자.
$f(t)=5$를 만족시키는 자연수 t의 값은
t가 홀수일 때, $f(t)=t+1$은 짝수이므로 $f(t)=5$가 될 수 없다.
즉, t는 짝수이므로 $f(t)=\frac{t}{2}=5$에서 $t=10$
$(f\circ f)(k)=f(f(k))=10$에서 $f(k)=s$로 놓으면 $f(s)=10$
s가 홀수일 때, $f(s)=s+1=10$에서 $s=9$
s가 짝수일 때, $f(s)=\frac{s}{2}=10$에서 $s=20$
(i) $f(k)=9$인 경우
k는 짝수이므로 $\frac{k}{2}=9$에서 $k=18$
(ii) $f(k)=20$인 경우
k가 홀수일 때, $f(k)=k+1=20$에서 $k=19$
k가 짝수일 때, $f(k)=\frac{k}{2}=20$에서 $k=40$
따라서 등식 $(f\circ f\circ f)(k)=5$를 만족시키는 모든 자연수 k의 값의 합은 $18+19+40=77$ 답 ④

35 $f(x)=|x-2|+2$에서
$x\geq2$일 때, $f(x)=(x-2)+2=x$이므로 $2\leq x\leq3$에서 $2\leq f(x)\leq3$이고
$x<2$일 때, $f(x)=-(x-2)+2=4-x$이므로 $0\leq x<2$에서
$2<f(x)\leq4$
즉, $0\leq x\leq3$에서 $2\leq f(x)\leq4$
한편, $g(x)=x^2-6x+12=(x-3)^2+3$
$y=(g\circ f)(x)=g(f(x))$에서 $f(x)=t$로 놓으면
$g(t)=(t-3)^2+3$이므로 함수 $y=g(t)$의 그래프의 꼭짓점의 t의 좌표가 3이다.
즉, 꼭짓점의 t의 좌표가 제한된 범위 $2\leq t\leq4$에 포함되므로
$g(2)=4$, $g(3)=3$, $g(4)=4$의 값 중에 최댓값과 최솟값이 존재한다.
따라서 $(g\circ f)(x)$의 최댓값은 4, 최솟값은 3이므로 그 합은 7이다.
답 ⑤

36 함수 $y=(f\circ f)(x)$의 그래프와 직선 $y=\frac{1}{2}$의 교점의 x좌표는 [그림1]과 같고, 함수 $y=(f\circ f\circ f)(x)$의 그래프는 [그림2]와 같다.

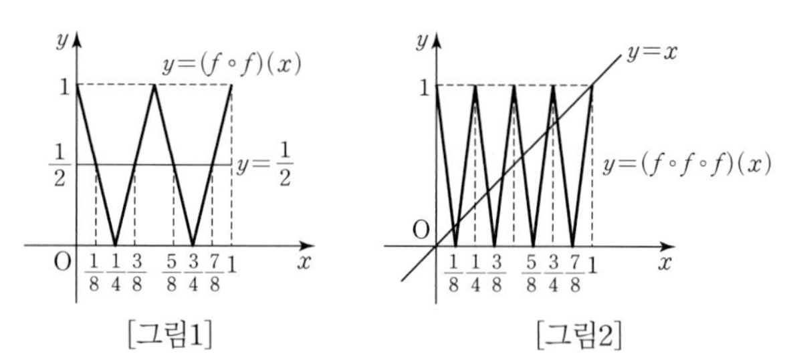

그림과 같이 함수 $y=(f\circ f\circ f)(x)$의 그래프와 직선 $y=x$의 교점의 개수가 8이므로 방정식 $(f\circ f\circ f)(x)=x$의 서로 다른 실근의 개수는 8이다. 답 8

37 $g(3)=1$에서 $f(1)=3$
$a+1=3$이므로 $a=2$
$g(-1)=s$라 하면 $f(s)=-1$이므로
$s+1=-1$, $s=-2$
즉, $g(-1)=-2$
$g(1)=t$라 하면 $f(t)=1$이므로
$2t^2+1=1$, $t=0$
즉, $g(1)=0$
따라서 $g(-1)+g(1)=-2$ 답 ②

38 조건 (가)에 의하여 함수 f^{-1}가 존재하므로 $a\neq0$
$y=ax+b$라 하면 $x=ay+b$에서 $y=\frac{1}{a}x-\frac{b}{a}$이므로
$f^{-1}(x)=\frac{1}{a}x-\frac{b}{a}$
조건 (가)에서 $f=f^{-1}$이므로 $a=\frac{1}{a}$, $b=-\frac{b}{a}$
$a=\frac{1}{a}$에서 $a^2=1$, $a=-1$ 또는 $a=1$
(i) $a=1$일 때 $b=-\frac{b}{a}$에서 $b=0$이므로 $f(x)=x$
즉, 조건 (나)를 만족시킨다.
(ii) $a=-1$일 때 $b=-\frac{b}{a}$는 b의 값에 관계없이 성립하므로
$f(x)=-x+b$ (b는 실수)
조건 (나)에서
$(f\circ g)(x)=f(g(x))=-4x+b-2$
$(g\circ f)(x)=g(f(x))=4(-x+b)+2=-4x+4b+2$
이고 $f\circ g=g\circ f$이므로 $b-2=4b+2$에서 $b=-\frac{4}{3}$

즉, $f(x)=-x-\frac{4}{3}$

(i), (ii)에 의하여 $f(1)$의 값은 1 또는 $-\frac{7}{3}$이므로 그 합은 $-\frac{4}{3}$이다.

답 ①

39 함수 f의 역함수가 존재하려면 f는 일대일대응이어야 하므로 함수 $y=f(x)$의 그래프는 증가 또는 감소하여야 한다.

즉, $x\geq 20$일 때의 직선의 기울기와 $x<20$일 때의 직선의 기울기의 부호가 같아야 하므로

$(2-a)(a+3)>0$, $(a-2)(a+3)<0$

$-3<a<2$

따라서 정수 a의 개수는 -2, -1, 0, 1의 4이다.

답 ④

40 $f^{-1}(3)=a$라 하면 $f(a)=3$

$f\left(\frac{x-1}{2}\right)=2x-5$에서 $2x-5=3$, $x=4$

$f\left(\frac{3}{2}\right)=3$이므로 $a=\frac{3}{2}$

답 ③

41 함수 $f(x)=a(x+2)^2-2$의 그래프의 꼭짓점의 좌표는 $(-2, -2)$이므로 이 꼭짓점은 직선 $y=x$ 위에 있다.

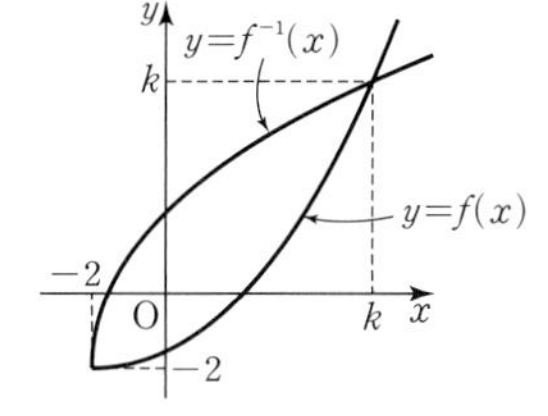

함수 $y=f(x)$의 그래프와 함수 $y=f^{-1}(x)$의 그래프가 만나는 두 점은 모두 직선 $y=x$ 위에 있으므로 한 교점은 꼭짓점이고, 다른 한 점의 좌표는 (k, k) $(k>-2)$로 놓을 수 있다.

두 점 사이의 거리가 $6\sqrt{2}$이므로

$\sqrt{(k+2)^2+(k+2)^2}=6\sqrt{2}$에서 $|k+2|\sqrt{2}=6\sqrt{2}$

즉, $|k+2|=6$에서 $k+2=-6$ 또는 $k+2=6$

이므로 $k=-8$ 또는 $k=4$

$k>-2$이므로 $k=4$

함수 $y=f(x)$의 그래프가 점 $(4, 4)$를 지나므로

$f(4)=a(4+2)^2-2=4$, $6a=1$에서 $a=\frac{1}{6}$

답 ④

42 함수 $f(2x-1)$의 역함수가 함수 $g(x)=\frac{1}{4}x+2$와 같으므로 함수 $g(x)=\frac{1}{4}x+2$의 역함수는 함수 $f(2x-1)$와 같다.

$y=\frac{1}{4}x+2$라 하면 $x=\frac{1}{4}y+2$, $y=4(x-2)$이므로

$f(2x-1)=4(x-2)$

$2x-1=t$로 놓으면 $x=\frac{1}{2}(t+1)$이므로

$f(t)=4\left\{\frac{1}{2}(t+1)-2\right\}=2t-6$

$f^{-1}(2)=a$라 놓으면 $f(a)=2$이므로

$2a-6=2$에서 $a=4$

답 ④

43 $x^3+x=f^{-1}\left(\frac{1}{2}x+1\right)$이므로

$\frac{1}{2}x+1=t$로 놓으면 $x=2(t-1)$

즉, $f^{-1}(t)=\{2(t-1)\}^3+2(t-1)=2(t-1)(4t^2-8t+5)$이므로

$ax^3+bx^2+cx+d=2(x-1)(4x^2-8x+5)$

이 등식은 항등식이므로 $a=8$, $d=-10$

$x=-2$를 대입하면

$-8a+4b-2c+d=2\times(-3)\times 37=-222$

$-4b+2c=-8\times 8+(-10)+222=148$

답 ①

44 $\frac{1}{2}f(g(x)+4x+6)=x$에서 $f(g(x)+4x+6)=2x$

$g(x)$가 함수 $f(x)$의 역함수이므로 $g(x)+4x+6=g(2x)$

즉, $g(2x)-g(x)=4x+6$

$x=2$를 대입하면 $g(4)-g(2)=14$ ...... ㉠

$x=4$를 대입하면 $g(8)-g(4)=22$ ...... ㉡

㉠+㉡을 하면 $g(8)-g(2)=36$

답 36

45 $f(x)=2|x|+|x-3|$에서

$0\leq x<3$일 때, $f(x)=2x-x+3=x+3$

$x\geq 3$일 때, $f(x)=2x+x-3=3x-3$

(i) $y=x+3$인 경우

$0\leq x<3$일 때 $3\leq y<6$이고 $y=x+3$에서 $x=y-3$이므로

$y=x-3$ $(3\leq x<6)$

(ii) $y=3x-3$인 경우

$x\geq 3$일 때 $y\geq 6$이고 $y=3x-3$에서 $x=\frac{y+3}{3}$

$y=\frac{1}{3}x+1$ $(x\geq 6)$

(i), (ii)에 의하여 $f^{-1}(x)=\begin{cases} x-3 & (3\leq x<6) \\ \frac{1}{3}x+1 & (x\geq 6) \end{cases}$

따라서 $a=-3$, $b=6$, $c=\frac{1}{3}$이므로

$abc=(-3)\times 6\times\frac{1}{3}=-6$

답 ③

46 $f(x)+2f\left(\frac{1}{x}\right)=x+\frac{4}{x}$ ...... ㉠

㉠에 x대신 $\frac{1}{x}$을 대입하면

$f\left(\frac{1}{x}\right)+2f(x)=\frac{1}{x}+4x$ ...... ㉡

.... (가)

$2\times$㉡$-$㉠을 하면

$3f(x)=7x-\frac{2}{x}$이므로 $f(x)=\frac{7}{3}x-\frac{2}{3x}$

.... (나)

따라서 $f(2)+f(3)=\frac{13}{3}+\frac{61}{9}=\frac{100}{9}$

.... (다)

답 $\frac{100}{9}$

단계	채점 기준	비율
(가)	㉡을 구한 경우	40 %
(나)	$f(x)$를 구한 경우	40 %
(다)	$f(2)+f(3)$의 값을 구한 경우	20 %

47 (i) $\{f(1), f(3)\}=\{1, 4\}$일 때,
$f(2)=2$ 또는 $f(2)=3$ 또는 $f(2)=5$

·· (가)

함수 f의 개수는 $2\times3=6$

·· (나)

(ii) $\{f(1), f(3)\}=\{2, 3\}$일 때,
$f(2)=1$ 또는 $f(2)=4$ 또는 $f(2)=5$

·· (가)

함수 f의 개수는 $2\times3=6$

·· (나)

(i), (ii)에 의하여 구하는 함수 f의 개수는
$6+6=12$

·· (다)

답 12

단계	채점 기준	비율
(가)	$f(1)$, $f(3)$의 값을 구한 경우	30 %
(나)	각 경우 함수 f의 개수를 구한 경우	40 %
(다)	함수 f의 개수를 구한 경우	30 %

48 두 함수 $y=f(x)$와 $y=f^{-1}(x)$의 그래프는 그림과 같다.
두 함수 $y=f(x)$와 $y=f^{-1}(x)$의 그래프로 둘러싸인 부분의 넓이는 함수 $y=f(x)$의 그래프와 직선 $y=x$로 둘러싸인 부분의 넓이의 2배와 같다.

함수 $y=f(x)$와 직선 $y=x$의 교점은 $(3, 3)$, $(-2, -2)$이다.

·· (가)

점 $(0, 2)$와 직선 $x-y=0$ 사이의 거리는
$\frac{|0-2|}{\sqrt{1^2+(-1)^2}}=\sqrt{2}$

·· (나)

이고 두 점 $(3, 3)$, $(-2, -2)$ 사이의 거리는
$\sqrt{\{3-(-2)\}^2+\{3-(-2)\}^2}=5\sqrt{2}$
이므로 구하는 넓이는
$\left(\frac{1}{2}\times5\sqrt{2}\times\sqrt{2}\right)\times2=10$

·· (다)

답 10

단계	채점 기준	비율
(가)	함수 $y=f(x)$와 직선 $y=x$의 교점을 구한 경우	30 %
(나)	점 $(0, 2)$와 직선 $y=x$ 사이의 거리를 구한 경우	40 %
(다)	넓이를 구한 경우	30 %

변별력을 만드는 1등급 문제

본문 40~42쪽

49 ⑤	**50** ②	**51** 8	**52** ①	**53** 31
54 ⑤	**55** ②	**56** ③	**57** 15	**58** ⑤
59 ⑤	**60** ①	**61** 8	**62** ③	**63** ③
64 ④	**65** 2	**66** ⑤		

49

함수 $f(x)=\begin{cases} a^2x^2 & (x<0) \\ (a-1)x & (x\geq0) \end{cases}$가 모든 실수 x에 대하여
$(f\circ f)(x)=f(x)$를 만족시킬 때, $f(-2)+f(3)$의 값은?
(단, a는 양수이다.)

→ $a^2x^2\geq0$

① 11 ② 13 ③ 15
④ 17 ✓⑤ 19

step 1 합성함수의 정의를 이용하여 함수를 결정한다.
모든 실수 x에 대하여 $(f\circ f)(x)=f(x)$가 성립하므로
$x<0$일 때도 성립해야 한다.
$(f\circ f)(x)=f(f(x))=f(a^2x^2)=(a-1)a^2x^2$
그런데 $f(x)=a^2x^2$이므로
$(a-1)a^2=a^2$에서 $a\neq0$이므로
$a-1=1$에서 $a=2$

step 2 함숫값을 구한다.
$f(x)=\begin{cases} 4x^2 & (x<0) \\ x & (x\geq0) \end{cases}$이므로
$f(-2)+f(3)=16+3=19$

답 ⑤

50

집합 $X=\{1, 2, 3, 4, 5\}$에 대하여 함수 $f: X \longrightarrow X$의 역함수를 g라 할 때, 함수 f는 다음 조건을 만족시킨다.

→ 함수 f는 일대일대응이다.

> (가) $f(1)=3$, $f(4)=5$, $g^2(5)=3$,
> (나) $x\in X$인 모든 x에 대하여 $g^5(x)=x$를 만족시킨다.

이때 $f^{2023}(3)+f^{2024}(4)$의 값은? (단, $f^1(x)=f(x)$, $f^{n+1}(x)=f(f^n(x))$ $(n=1, 2, 3, \cdots)$)

① 3 ✓② 5 ③ 6
④ 8 ⑤ 9

step 1 조건 (가)를 이용하여 $f(3)$의 값을 구한다.
함수 f의 역함수가 존재하므로 일대일대응이다.
조건 (가)에서 $f(4)=5$이므로 $g(5)=4$이고
$g^2(5)=g(g(5))=g(4)=3$이므로 $f(3)=4$

step 2 조건 (나)를 이용하여 $f(2)$, $f(5)$의 값을 구한다.
조건 (나)에서 $g^5(x)=x$이므로 $f^5(x)=x$
$f^5(1)=f^4(3)=f^3(4)=f^2(5)=1$

$f(f(5))=1$에서 $f(5)$의 값은 1 또는 2
$f(5)=1$이면 $f^2(5)=f(1)=3$이므로 조건을 만족시키지 않는다.
$f(5)=2$이면 $f^2(5)=f(2)=1$이므로 조건을 만족시킨다.

step 3 $f^{2023}(3)+f^{2024}(4)$의 값 구하기
$f^{2023}(3)+f^{2024}(4)=f^3(3)+f^4(4)$
$f^3(3)=f^2(4)=f(5)=2$
$f^4(4)=g(4)=k$에서 $f(k)=4$이므로 $k=3$
따라서 $f^{2023}(3)+f^{2024}(4)=2+3=5$

답 ②

51 함수 f의 그래프는 원점에 대하여 대칭이다.

집합 $X=\{-2, -1, 0, 1, 2\}$에 대하여 다음 조건을 만족시키는 함수 $f: X \longrightarrow X$의 개수를 구하시오. 8

(가) 집합 X의 임의의 두 원소 x_1, x_2에 대하여 $f(x_1)=f(x_2)$이면 $x_1=x_2$이다. → 함수 f는 일대일함수이다.
(나) 집합 X의 모든 원소 x에 대하여 $f(-x)=-f(x)$이다.

step 1 조건을 만족시키는 함수의 개수를 구한다.
조건 (가)에 의하여 함수 f는 일대일함수이다.
조건 (나)에 의하여
$f(-2)=-f(2)$, $f(-1)=-f(1)$, $f(0)=0$
$f(2)$, $f(1)$의 값은 $f(-2)$, $f(-1)$의 값에 따라 각각 하나씩 정해지므로 $f(-2)$와 $f(-1)$이 될 수 있는 값은 각각 4가지, 2가지이다.
따라서 함수 f의 개수는
$4\times2=8$

답 8

52 → 두 함수 f, g는 모두 역함수를 갖는다.

실수 전체의 집합에서 정의된 두 함수

$$f(x)=3x+14,\ g(x)=\begin{cases} 2x & (x<20) \\ x+20 & (x\geq20) \end{cases}$$

에 대하여 $f(g^{-1}(30))+f^{-1}(g(30))$의 값은?

✓① 71 ② 73 ③ 75 ④ 77 ⑤ 79

step 1 합성함수와 역함수의 정의를 이용하여 함숫값을 구한다.
$g^{-1}(30)=a$라 하면 $g(a)=30$
$x<20$일 때 $g(x)<40$이고, $x\geq20$일 때 $g(x)\geq40$이므로
$g(a)=2a=30$에서
$a=15$
$f(g^{-1}(30))=f(15)=3\times15+14=59$
$g(30)=30+20=50$이므로
$f^{-1}(g(30))=f^{-1}(50)=b$라 하면 $f(b)=50$
$f(b)=3b+14=50$이므로 $b=12$
따라서
$f(g^{-1}(30))+f^{-1}(g(30))=59+12=71$

답 ①

53

자연수 n에 대하여 자연수 전체의 집합에서 정의된 함수 $f(n)$은

$$f(n)=\begin{cases} 1 & (n=1) \\ f\left(\frac{n}{2}\right) & (n\text{은 짝수}) \\ f\left(\frac{n-1}{2}\right)+1 & (n\text{은 3 이상의 홀수}) \end{cases}$$

→ $n=3, 5, 7, \cdots$

이다. $f(n)=5$를 만족시키는 자연수 n의 최솟값을 구하시오. 31

step 1 n의 값을 1부터 차례로 대입하여 $f(n)$의 값을 구한다.
$f(1)=1$
$f(2)=f(1)=1$
$f(3)=f(1)+1=2$
$f(4)=f(2)=f(1)=1$
$f(5)=f(2)+1=f(1)+1=2$
$f(6)=f(3)=f(1)+1=2$
$f(7)=f(3)+1=f(1)+1+1=3$
$f(8)=f(4)=f(2)=f(1)=1$
$f(9)=f(4)+1=f(2)+1=f(1)+1=2$
$f(10)=f(5)=f(2)+1=f(1)+1=2$
이므로

step 2 $f(n)=4$를 만족시키는 n의 최솟값을 구한다.
$11\leq n\leq20$일 때, $f(n)$의 값은 1, 2, 3, 4 중 하나이고 $f(n)=4$를 만족시키는 자연수 n의 최솟값은
$f(5)$, $f(6)$의 값이 모두 2이므로 $f(11)$, $f(12)$, $f(13)$, $f(14)$의 값이 2 또는 3이고 $f(15)=f(7)+1=4$이므로 15이다.

step 3 $f(n)=5$를 만족시키는 n의 최솟값을 구한다.
마찬가지로 $20\leq n\leq40$일 때, $f(n)$의 값은 1, 2, 3, 4, 5 중 하나이고 $f(n)=5$를 만족시키는 자연수 n의 최솟값은 $n\leq14$일 때, $f(n)\leq3$이고 $f(31)=f(15)+1=5$이므로 31이다.

답 31

54

실수 전체의 집합에서 정의된 함수 $f(x)$가 모든 실수 x, y에 대하여 $f(x+y)=f(x)+f(y)$를 만족시킨다. 〈보기〉에서 옳은 것만을 있는 대로 고른 것은?
→ $x=y=0$을 대입하고 $y=-x$를 대입하여 함수 $f(x)$를 추론한다.

보기
ㄱ. $f(-x)=-f(x)$
ㄴ. 임의의 자연수 n에 대하여 $f(nx)=nf(x)$이다.
ㄷ. 임의의 양의 유리수 p에 대하여 $f(px)=pf(x)$이다.

① ㄱ ② ㄱ, ㄴ ③ ㄱ, ㄷ ④ ㄴ, ㄷ ✓⑤ ㄱ, ㄴ, ㄷ

step 1 $f(0)$의 값을 구한 후, 함수의 그래프가 원점에 대하여 대칭임을 확인한다.
ㄱ. $f(x+y)=f(x)+f(y)$에 $x=y=0$을 대입하면
$f(0)=f(0)+f(0)$이므로 $f(0)=0$
$f(x+y)=f(x)+f(y)$에 y 대신에 $-x$를 대입하면
$f(0)=f(x)+f(-x)$이므로 $f(-x)=-f(x)$ (참)

step 2 식을 변환하여 주어진 관계식이 참임을 확인한다.

ㄴ. $f(nx)=f(x+(n-1)x)$
$=f(x)+f((n-1)x)$
$=f(x)+f(x+(n-2)x)$
$=2f(x)+f((n-2)x)$
$=\cdots$
$=nf(x)$ (참)

ㄷ. $p=\frac{m}{l}$ (l, m은 자연수)라 하면

ㄴ에 의하여 $f(lx)=lf(x)$이므로 x 대신에 $\frac{m}{l}x$를 대입하면

$f\left(l\times\frac{m}{l}x\right)=lf\left(\frac{m}{l}x\right)$에서 $f(mx)=lf\left(\frac{m}{l}x\right)$

$mf(x)=lf\left(\frac{m}{l}x\right)$, 즉 $f\left(\frac{m}{l}x\right)=\frac{m}{l}f(x)$

따라서 $f(px)=pf(x)$ (참)

이상에서 옳은 것은 ㄱ, ㄴ, ㄷ이다. 답 ⑤

55

자연수 전체의 집합에서 정의된 함수 f가 두 자연수 n, k에 대하여 다음 조건을 만족시킨다.

(가) $f(1)=1$ → $n=1, 2, 3, \cdots$을 대입하여 함수 f를 추론한다.
(나) $f(n^2+k)=2f(n)+k$ $(1\le k\le 2n+1)$

〈보기〉에서 옳은 것만을 있는 대로 고른 것은?

보기
ㄱ. $f(4)=5$
ㄴ. $(f\circ f)(12)=10$
ㄷ. $f(m)\le 15$가 되도록 하는 자연수 m의 최댓값은 21이다.

① ㄱ √② ㄱ, ㄴ ③ ㄱ, ㄷ
④ ㄴ, ㄷ ⑤ ㄱ, ㄴ, ㄷ

step 1 주어진 조건을 이용하여 함숫값을 결정한다.

ㄱ. $f(1)=1$이고,
$f(1+k)=2f(1)+k=2+k$ $(1\le k\le 3)$이므로
$f(2)=3$, $f(3)=4$, $f(4)=5$ (참)

step 2 합성함수의 정의를 이용하여 합성함수의 함숫값을 결정한다.

ㄴ. $f(4+k)=2f(2)+k=6+k$ $(1\le k\le 5)$이므로
$f(5)=7$, $f(6)=8$, $f(7)=9$, $\cdots$
$f(9+k)=2f(3)+k=8+k$ $(1\le k\le 7)$이므로
$f(10)=9$, $f(11)=10$, $f(12)=11$, $\cdots$
따라서 $(f\circ f)(12)=f(f(12))=f(11)=10$ (참)

step 3 함숫값이 15 이하인 x의 최댓값을 구한다.

ㄷ. $f(16+k)=2f(4)+k=10+k$ $(1\le k\le 9)$이므로
$f(17)=11$, $f(18)=12$, $\cdots$, $f(25)=19$
$f(25+k)=2f(5)+k=14+k$ $(1\le k\le 11)$이므로
$f(26)=15$, $f(27)=16$, $\cdots$, $f(36)=25$
$f(36+k)=2f(6)+k=16+k$ $(1\le k\le 13)$이므로
$f(37)=17$, $f(38)=18$, $\cdots$
$f(m)\le 15$가 되도록 하는 자연수 m의 최댓값은 26이다. (거짓)

이상에서 옳은 것은 ㄱ, ㄴ이다. 답 ②

56

집합 $X=\{1, 2, 3, 4\}$에 대하여 일대일대응인 함수 $f: X \longrightarrow X$가 다음 조건을 만족시킨다.

(가) $f(1)=4$
(나) $f\circ f\circ f=I$ (I는 항등함수) → 함수 f는 일대일대응이다.

함수 f의 역함수를 g라 할 때, $f(2)+g(2)$의 최댓값은?

① 3 ② 4 √③ 5
④ 6 ⑤ 7

step 1 조건을 만족시키는 함수를 추론한다.

$f(1)=4$이므로
$\{f(2), f(3), f(4)\}=\{1, 2, 3\}$

(i) $f(4)=2$일 때,
$f\circ f\circ f=I$이려면
$f(2)=1$, $f(3)=3$
$g(2)=a$라 하면 $f(a)=2$이므로 $a=4$
따라서 $f(2)+g(2)=1+4=5$

(ii) $f(4)=3$일 때,
$f\circ f\circ f=I$이려면 $f(3)=1$, $f(2)=2$
$g(2)=b$라 하면 $f(b)=2$이므로 $b=2$
따라서 $f(2)+g(2)=2+2=4$

step 2 $f(2)+g(2)$의 최댓값을 구한다.

(i), (ii)에 의하여 구하는 $f(2)+g(2)$의 최댓값은 5이다. 답 ③

57

두 이차함수

$$f(x)=x^2-4x-5,\ g(x)=ax^2+2ax+a+|a|-8$$

이 있다. 모든 실수 x에 대하여 $(f\circ g)(x)\ge 0$을 만족시키는 $-20\le a\le 20$인 정수 a의 개수를 구하시오. (단, $a\ne 0$) 15

step 1 $(f\circ g)(x)\ge 0$을 만족시키는 $g(x)$의 범위를 구한다.

$(f\circ g)(x)=f(g(x))=\{g(x)\}^2-4g(x)-5$이므로
$\{g(x)\}^2-4g(x)-5=\{g(x)-5\}\{g(x)+1\}\ge 0$
즉, $g(x)\le -1$ 또는 $g(x)\ge 5$

step 2 $a>0$, $a<0$으로 나누어 a의 값의 범위를 구한다.

함수 $g(x)$는 이차함수이므로
모든 실수 x에 대하여 $g(x)\le -1$이거나
모든 실수 x에 대하여 $g(x)\ge 5$를 만족시켜야 한다.

(i) $a>0$인 경우
함수 $y=g(x)$의 그래프가 아래로 볼록하므로

모든 실수 x에 대하여 $g(x)\geq 5$를 만족시켜야 한다.

$g(x)=ax^2+2ax+a+|a|-8=a(x+1)^2+|a|-8$

즉, $|a|-8\geq 5$에서 $|a|\geq 13$이므로 $a\geq 13$ 또는 $a\leq -13$

$a>0$이므로 $a\geq 13$

(ii) $a<0$인 경우

함수 $y=g(x)$의 그래프가 위로 볼록하므로

모든 실수 x에 대하여 $g(x)\leq -1$을 만족시켜야 한다.

$g(x)=ax^2+2ax+a+|a|-8=a(x+1)^2+|a|-8$

$|a|-8\leq -1$에서 $|a|\leq 7$이므로 $-7\leq a\leq 7$

$a<0$이므로 $-7\leq a<0$

step 3 조건을 만족시키는 정수 a의 개수를 구한다.

(i), (ii)에 의하여

$-7\leq a<0$ 또는 $a\geq 13$이므로

$-20\leq a\leq 20$, $a\neq 0$에서 $-7\leq a<0$ 또는 $13\leq a\leq 20$이므로 조건을 만족시키는 정수 a의 개수는

$7+8=15$

답 15

58

$x\geq 0$에서 정의된 이차함수 $f(x)=\frac{1}{4}x^2+\frac{1}{2}x+a$와 그 역함수 $g(x)$에 대하여 방정식 $f(x)=g(x)$가 서로 다른 두 실근을 갖도록 하는 정수 $20a$의 개수는?

→ $x\geq 0$에서 함수 $f(x)$는 증가한다.

① 1 ② 2 ③ 3 ④ 4 ✓⑤ 5

step 1 함수의 그래프와 역함수의 그래프의 성질을 이용한다.

두 함수 $y=f(x)$와 $y=g(x)$는 서로 역함수 관계이므로 그 그래프는 직선 $y=x$에 대하여 대칭이다. 따라서 방정식 $f(x)=g(x)$가 서로 다른 두 실근을 가지려면 방정식 $f(x)=x$가 $x\geq 0$인 범위에서 서로 다른 두 실근을 가져야 한다.

step 2 방정식이 0 또는 양수인 두 근을 가질 조건을 이용하여 실수 a의 값의 범위를 구한다.

이때 $h(x)=f(x)-x$라 하면

$h(x)=\frac{1}{4}x^2-\frac{1}{2}x+a$

(i) 이차방정식 $\frac{1}{4}x^2-\frac{1}{2}x+a=0$에서 $x^2-2x+4a=0$의 판별식을 D라 하면

$\frac{D}{4}=(-1)^2-4a>0$, $a<\frac{1}{4}$

(ii) 근과 계수의 관계에 의하여

(두 실근의 합)$=2$, (두 실근의 곱)$=4a$

두 실근의 곱이 모두 0 또는 양수이어야 하므로

$4a\geq 0$에서 $a\geq 0$

step 3 정수 $20a$의 개수를 구한다.

(i), (ii)에 의하여 $0\leq a<\frac{1}{4}$이므로 $0\leq 20a<5$

따라서 조건을 만족시키는 정수 $20a$의 개수는 0, 1, 2, 3, 4의 5이다.

답 ⑤

59

집합 $X=\{-1, 0, 1\}$에 대하여 두 함수

$f: X \longrightarrow X$, $g: X \longrightarrow X$

가 있다. 〈보기〉에서 옳은 것만을 있는 대로 고른 것은?

보기

ㄱ. f가 일대일대응이고 g가 상수함수이면 $g\circ f$는 상수함수이다.

ㄴ. $g\circ f$가 항등함수이면 g는 f의 역함수이다. → $(g\circ f)(x)=x$

ㄷ. $g\circ f$가 일대일대응이면 f, g가 모두 일대일대응이다.

① ㄱ ② ㄱ, ㄴ ③ ㄱ, ㄷ ④ ㄴ, ㄷ ✓⑤ ㄱ, ㄴ, ㄷ

step 1 함수와 합성함수의 관계를 파악하여 참과 거짓을 판단한다.

ㄱ. $g(x)=k$(k는 상수)이면 $(g\circ f)(x)=k$이다. (참)

ㄴ. $g\circ f$가 항등함수이면 모든 $x\in X$에 대하여 $g(f(x))=x$이다.

따라서 f의 역함수는 g이다. (참)

ㄷ. $g\circ f$가 일대일대응이려면 g의 치역의 개수는 3이고, g의 치역의 개수가 3이려면 f의 치역의 개수가 3이어야 한다.

따라서 f, g가 모두 일대일대응이다. (참)

이상에서 옳은 것은 ㄱ, ㄴ, ㄷ이다.

답 ⑤

60

$f(af(b))=bf(a)$의 a, b에 적절한 수 또는 문자를 대입한다.

집합 $X=\{x|x>0\}$에서 집합 $Y=\{y|y>0\}$으로의 함수 f가 모든 두 양수 a, b에 대하여 $f(af(b))=bf(a)$를 만족시킨다.

$f\left(\frac{1}{2}\right)=2$일 때, $f(f(3))+f(2)$의 값은?

✓① $\frac{7}{2}$ ② 4 ③ $\frac{9}{2}$ ④ 5 ⑤ $\frac{11}{2}$

step 1 함수 f가 일대일함수임을 파악한다.

양수 a, b에 대하여 $f(a)=f(b)$이면

$f(af(a))=bf(a)$이고

$f(af(a))=af(a)$이므로 $bf(a)=af(a)$, $a=b$

즉, $a\neq b$이면 $f(a)\neq f(b)$이므로 함수 f는 일대일함수이다.

step 2 함수 f의 성질을 파악한다.

$f(af(b))=bf(a)$에서 $f(f(af(b)))=f(bf(a))$이고

$f(bf(a))=af(b)$이므로

$f(f(af(b)))=af(b)$

즉, $af(b)$는 임의의 실수이므로 $af(b)=t$로 놓으면

$f(f(t))=t$

step 3 $f(f(3))+f(2)$의 값을 구한다.

따라서 $f\left(f\left(\frac{1}{2}\right)\right)=f(2)=\frac{1}{2}$이고 $f(f(3))=3$이므로

$f(f(3))+f(2)=3+\frac{1}{2}=\frac{7}{2}$

답 ①

61

→ $f(f(x))=t$, $f(x)=s$로 치환한 후 각각의 방정식의 실근을 구한다.

함수 $f(x)=(x+3)(x-1)$에 대하여 방정식 $f(f(f(x)))=0$의 서로 다른 실근의 개수를 구하시오. 8

step 1 $f(f(x))=t$로 놓고 $f(t)=0$의 해를 구한다.

$f(x)=0$의 해는 $x=-3$ 또는 $x=1$

$f(f(f(x)))=0$에서 $f(f(x))=t$로 놓으면

$f(t)=0$에서 $t=-3$ 또는 $t=1$

$f(f(x))=-3$ 또는 $f(f(x))=1$

step 2 $f(x)=s$로 놓고 $f(s)=-3$ 또는 $f(s)=1$의 해를 구한다.

$f(x)=s$로 놓으면 $f(s)=-3$ 또는 $f(s)=1$

$f(x)=(x+1)^2-4$이므로 함수 $y=f(x)$의 그래프는 그림과 같다.

방정식 $f(s)=-3$

즉, $(s+3)(s-1)=s^2+2s-3=-3$에서

$s=-2$ 또는 $s=0$

방정식 $f(s)=1$

즉, $(s+3)(s-1)=s^2+2s-3=1$에서

$s^2+2s-4=0$

$s=-1\pm\sqrt{1^2+4}=-1\pm\sqrt{5}$이므로

$-4<-1-\sqrt{5}<-1+\sqrt{5}$

step 3 $f(x)=k$로 놓고 주어진 방정식의 실근의 개수를 구한다.

$k>-4$일 때, 함수 $y=f(x)$의 그래프와 직선 $y=k$가 서로 다른 두 점에서 만나므로 방정식 $f(x)=k$의 서로 다른 실근의 개수가 2이다.

따라서 방정식 $f(f(f(x)))=0$의 서로 다른 실근의 개수는

$2+2+2+2=8$

답 8

62

→ 함수 $y=f(x)$의 그래프를 직선 $y=x$에 대하여 대칭이동하면 함수 $y=g(x)$의 그래프가 된다.

함수 $f(x)=\begin{cases} -x & (x<0) \\ -\frac{1}{2}x & (x\geq 0) \end{cases}$ 의 그래프가 그림과 같다. 함수 $f(x)$의 역함수를 $g(x)$라 할 때, 〈보기〉에서 옳은 것만을 있는 대로 고른 것은?

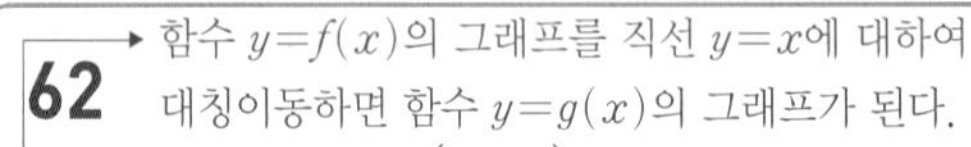
(단, $g^1(x)=g(x)$, $g^{n+1}(x)=g(g^n(x))$ $(n=1, 2, 3, \cdots)$)

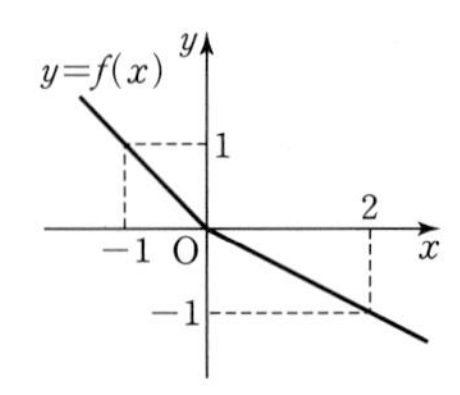

보기

ㄱ. $g(-1)=2$ → $f(2)=-1$

ㄴ. $a>0$이면 $g^3(a)=2a$이다.

ㄷ. 모든 자연수 n에 대하여 $g^{2n}(a)=2^na$이다.

① ㄱ ② ㄱ, ㄴ ✓③ ㄱ, ㄷ ④ ㄴ, ㄷ ⑤ ㄱ, ㄴ, ㄷ

step 1 역함수의 함숫값을 구한다.

ㄱ. $f(2)=-1$이므로 $g(-1)=2$ (참)

step 2 역함수의 합성함수의 함숫값을 구한다.

ㄴ. $a>0$이면

$g(a)=-a$

$g(g(a))=g(-a)=2a$

$g(g(g(a)))=g(g(-a))=g(2a)=-2a$ (거짓)

ㄷ. a의 값에 관계없이

$g^2(a)=g(g(a))=2a$

$g^4(a)=g^2(2a)=2^2a$

⋮

$g^{2n}(a)=2^na$ (참)

이상에서 옳은 것은 ㄱ, ㄷ이다.

답 ③

63

→ 함수 $f(x)$는 일대일대응이다.

함수 $f(x)=|2x-1|+ax$의 역함수가 존재하도록 하는 자연수 a의 최솟값은?

① 1 ② 2 ✓③ 3 ④ 4 ⑤ 5

step 1 역함수가 존재할 조건을 이해한다.

역함수가 존재하려면 일대일대응이어야 한다.

$f(x)=\begin{cases} (a+2)x-1 & \left(x\geq\frac{1}{2}\right) \\ (a-2)x+1 & \left(x<\frac{1}{2}\right) \end{cases}$에서 일대일대응이려면 기울기의 부호가 같아야 한다.

step 2 a의 값의 범위를 구한다.

$(a+2)(a-2)>0$이므로 $a<-2$ 또는 $a>2$

step 3 자연수 a의 최솟값을 구한다.

따라서 자연수 a의 최솟값은 3이다.

답 ③

64

$0\leq x\leq 3$에서 정의된 함수

$$f(x)=\begin{cases} -2x+3 & (0\leq x<1) \\ 2x-1 & (1\leq x<2) \\ -3x+9 & (2\leq x\leq 3) \end{cases}$$

의 그래프가 그림과 같다. $0<x<3$에서 방정식 $f(f(x))=x$의 서로 다른 실근의 개수는?

→ 함수 $y=f(x)$의 그래프를 직선 $y=x$에 대하여 대칭이동한 그래프를 그린 후, 교점의 개수를 구한다.

① 1 ② 2 ③ 3 ✓④ 4 ⑤ 5

step 1 함수 $y=f(x)$의 그래프를 직선 $y=x$에 대하여 대칭이동한다.

방정식 $f(f(x))=x$의 실근은 $y=f(x)$와 $x=f(y)$를 동시에 만족시키는 x의 값이므로 $y=f(x)$의 그래프와 $x=f(y)$의 그래프의 교점의 x좌표와 같다.

$x=f(y)$의 그래프는 $y=f(x)$의 그래프를 직선 $y=x$에 대하여 대칭이동한 것이므로 그림과 같다.

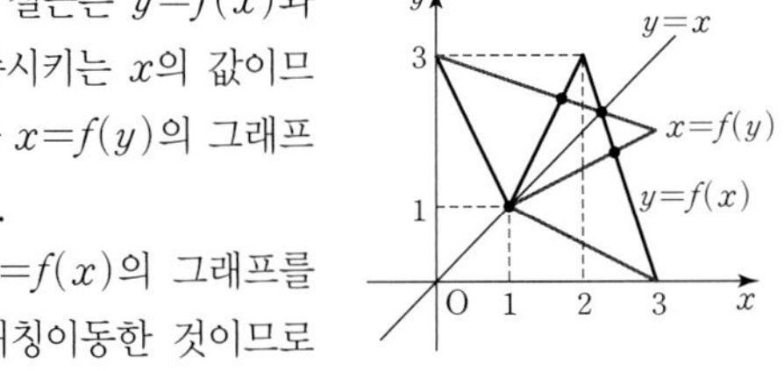

step 2 그래프의 교점을 이용하여 방정식 $f(f(x))=x$의 서로 다른 실근의 개수를 구한다.

$0<x<3$에서 $y=f(x)$의 그래프와 $x=f(y)$의 그래프의 교점의 개수가 4이므로 방정식 $f(f(x))=x$의 서로 다른 실근의 개수는 4이다. 답 ④

65

함수 $f(x)=\frac{1}{2}x-2$에 대하여

$f^{2023}(x)+f^{2024}(x)=ax+b$ → f^n의 성질을 파악한다.

일 때, 두 상수 a, b에 대하여 $a-\frac{1}{4}b$의 값을 구하시오. 2

(단, $f^1(x)=f(x)$, $f^{n+1}(x)=f(f^n(x))$ $(n=1, 2, 3, \cdots)$)

step 1 $a-\frac{1}{4}b$의 값을 구할 수 있는 x의 값을 파악한다.

$a-\frac{1}{4}b=-\frac{1}{4}(-4a+b)$이므로

$ax+b$에서 $x=-4$를 대입한 값을 구하면 된다.

step 2 $f^{2023}(-4)+f^{2024}(-4)$의 값을 구한다.

$\frac{1}{2}x-2=x$에서 $\frac{1}{2}x=-2$, $x=-4$

$f(-4)=-4$, $f(f(-4))=-4$

$f^{2023}(-4)=f(-4)=-4$이고 $f^{2024}(-4)=-4$

따라서 $f^{2023}(-4)+f^{2024}(-4)=-4a+b=-8$이므로

$a-\frac{1}{4}b=2$ 답 2

66

음이 아닌 정수 전체의 집합에서 정의된 함수 f가 다음 조건을 만족시킨다.

> $x\geq 0$, $y\geq 0$ 인 모든 정수 x, y에 대하여
> $f(x+f(y))=f(f(x))+f(y)$ → x, y에 적절한 수를 대입한다.

〈보기〉에서 옳은 것만을 있는 대로 고른 것은?

보기
ㄱ. $f(0)=0$
ㄴ. 자연수 n에 대하여 $f(f(n))=f(n)$
ㄷ. $f(1)=1$일 때, $f(f(2))+f(f(3))=5$

① ㄱ ② ㄴ ③ ㄱ, ㄴ
④ ㄱ, ㄷ ✓⑤ ㄱ, ㄴ, ㄷ

step 1 주어진 식에 $x=y=0$을 대입하여 $f(0)$의 값을 구한다.

ㄱ. $f(x+f(y))=f(f(x))+f(y)$의 양변에 $x=0$, $y=0$을 대입하면

$f(0+f(0))=f(f(0))+f(0)$에서

$f(f(0))=f(f(0))+f(0)$

즉, $f(0)=0$ (참)

step 2 주어진 식에 $x=n$, $y=0$을 대입하여 ㄴ의 참 또는 거짓을 판별한다.

ㄴ. 자연수 n에 대하여 $f(x+f(y))=f(f(x))+f(y)$의 양변에 $x=n$, $y=0$을 대입하면

$f(n+f(0))=f(f(n))+f(0)$이고 ㄱ에서 $f(0)=0$이므로

$f(n)=f(f(n))$ (참)

step 3 주어진 식에 x, y에 적절한 수를 대입하여 ㄷ의 참 또는 거짓을 판별한다.

ㄷ. $f(x+f(y))=f(f(x))+f(y)$의 양변에 $x=1$, $y=1$을 대입하면

$f(1+f(1))=f(f(1))+f(1)$

$f(1)=1$이므로 $f(2)=1+1=2$

$f(x+f(y))=f(f(x))+f(y)$의 양변에 $x=2$, $y=1$을 대입하면

$f(2+f(1))=f(f(2))+f(1)$

$f(1)=1$, $f(2)=2$이므로 $f(3)=f(2)+1=3$

ㄴ에서 $f(f(2))+f(f(3))=f(2)+f(3)$이고

$f(2)+f(3)=2+3=5$이므로 $f(f(2))+f(f(3))=5$ (참)

이상에서 옳은 것은 ㄱ, ㄴ, ㄷ이다. 답 ⑤

1등급을 넘어서는 **상위 1%**

본문 43쪽

67

실수 전체의 집합에서 정의된 함수 $f(x)$가 임의의 두 실수 a, b에 대하여

$f(a+b)f(a-b)\leq\{f(a)\}^2-\{f(b)\}^2$ → 주어진 관계식에 $a=b=0$을 대입하거나 $b=-a$를 대입하여 함수 f를 추론한다.

을 만족시킬 때, 〈보기〉에서 옳은 것만을 있는 대로 고른 것은?

보기
ㄱ. $f(0)=0$
ㄴ. 모든 실수 x에 대하여 $f(-x)=-f(x)$이다. → 함수 $y=f(x)$의 그래프는 원점에 대하여 대칭이다.
ㄷ. 모든 실수 x에 대하여 $f(x+1)f(x-1)=\{f(x)\}^2-\{f(1)\}^2$이다.

① ㄱ ② ㄴ ③ ㄱ, ㄷ
④ ㄴ, ㄷ ✓⑤ ㄱ, ㄴ, ㄷ

step 1 주어진 부등식에 $a=b=0$을 대입한다.

ㄱ. $f(a+b)f(a-b)\leq\{f(a)\}^2-\{f(b)\}^2$에 $a=b=0$을 대입하면

$f(0)f(0)\leq\{f(0)\}^2-\{f(0)\}^2$에서

$\{f(0)\}^2\leq 0$ → 실수의 제곱이 0 이하이므로 $\{f(0)\}^2=0$이다.

$f(0)$은 실수이므로 $\{f(0)\}^2\geq 0$이다. 즉, $f(0)=0$ (참)

step 2 주어진 부등식을 이용하여 함수의 그래프가 원점에 대하여 대칭임을 확인한다.

ㄴ. $f(a+b)f(a-b)\leq\{f(a)\}^2-\{f(b)\}^2$에 $a=0$을 대입하면

$f(b)f(-b)\leq\{f(0)\}^2-\{f(b)\}^2$에서

$f(b)f(-b)+\{f(b)\}^2\le 0$

$f(b)\{f(-b)+f(b)\}\le 0$ …… ㉠

b 대신에 $-b$를 대입하면 $f(-b)\{f(b)+f(-b)\}\le 0$ …… ㉡

㉠, ㉡에서 $f(b)f(-b)\{f(-b)+f(b)\}\{f(b)+f(-b)\}\ge 0$이고

$f(b)f(-b)\le -\{f(b)\}^2\le 0$이므로 $f(b)f(-b)\le 0$

$\{f(b)+f(-b)\}\{f(b)+f(-b)\}\le 0$에서

$\{f(b)+f(-b)\}^2\le 0$ → 실수의 제곱이 0 이하이므로 $\{f(b)+f(-b)\}^2=0$이다.

$f(b)+f(-b)$가 실수이므로 $f(b)+f(-b)=0$

즉, $f(-b)=-f(b)$

따라서 모든 실수 x에 대하여 $f(-x)=-f(x)$이다. (참)

step 3 주어진 부등식을 이용하여 함수의 관계식이 참임을 확인한다.

ㄷ. $f(a+b)f(a-b)\le\{f(a)\}^2-\{f(b)\}^2$ …… ㉢

㉢에서 a, b를 바꾸면

$f(b+a)f(b-a)\le\{f(b)\}^2-\{f(a)\}^2$

ㄴ에서 $f(b-a)=-f(a-b)$이므로

$-f(b+a)f(a-b)\le\{f(b)\}^2-\{f(a)\}^2$

$f(a+b)f(a-b)\ge\{f(a)\}^2-\{f(b)\}^2$ …… ㉣

㉢, ㉣에서

$f(a+b)f(a-b)=\{f(a)\}^2-\{f(b)\}^2$

a 대신에 x를, b 대신에 1을 대입하면

$f(x+1)f(x-1)=\{f(x)\}^2-\{f(1)\}^2$ (참)

이상에서 옳은 것은 ㄱ, ㄴ, ㄷ이다. 답 ⑤

13 유리함수와 무리함수

기출에서 찾은 내신 필수 문제

본문 46~49쪽

01 ②	02 ④	03 ④	04 ⑤	05 ③
06 ①	07 $k\le 0$ 또는 $k\ge 1$	08 ④	09 ⑤	
10 ②	11 ③	12 ⑤	13 ①	14 ③
15 ⑤	16 ③	17 ②	18 ⑤	19 ④
20 $-4\le k<-\frac{15}{4}$	21 ③	22 2	23 4	

01 $\dfrac{x}{1+\dfrac{1}{x-1}}=\dfrac{x(x-1)}{(x-1)+1}=\dfrac{x(x-1)}{x}=x-1$ 답 ②

02 $\dfrac{a}{x-1}+\dfrac{1}{x-3}=\dfrac{b}{x^2-4x+3}$에서 $a(x-3)+(x-1)=b$이므로

$(a+1)x+(-3a-1)=b$

이 식이 x에 대한 항등식이므로 $a+1=0$, $-3a-1=b$

$a=-1$이므로 $-3\times(-1)-1=b$, 즉 $b=2$

따라서 $a+b=-1+2=1$ 답 ④

03 함수 $y=\dfrac{k}{x}$의 그래프를 x축의 방향으로 a만큼, y축의 방향으로 b만큼 평행이동하면

$y=\dfrac{k}{x-a}+b$이고 $y=\dfrac{3x-6}{x-1}=\dfrac{3(x-1)-3}{x-1}=-\dfrac{3}{x-1}+3$이므로

$\dfrac{k}{x-a}+b=-\dfrac{3}{x-1}+3$, 즉 $k=-3$, $a=1$, $b=3$

따라서 $a+b+k=1+3+(-3)=1$ 답 ④

04 함수 $y=\dfrac{ax+b}{x+c}$의 그래프의 점근선의 방정식은 $x=-c$, $y=a$

두 점근선의 교점 $(-c,\ a)$에 대하여 이 그래프가 대칭이다.

조건 (가)에 의하여 $-c=-2$이므로 $c=2$

조건 (나)에 의하여 $d=-c$, $3=a$, 즉 $a=3$, $d=-2$

조건 (다)에 의하여 함수 $y=\dfrac{3x+b}{x+2}$의 그래프가 점 $(1,\ 1)$을 지나므로

$1=\dfrac{3+b}{1+2}$에서 $b=0$

따라서 $a+b+c+d=3+0+2+(-2)=3$ 답 ⑤

05 함수 $y=f(x)$의 그래프는 그림과 같다.

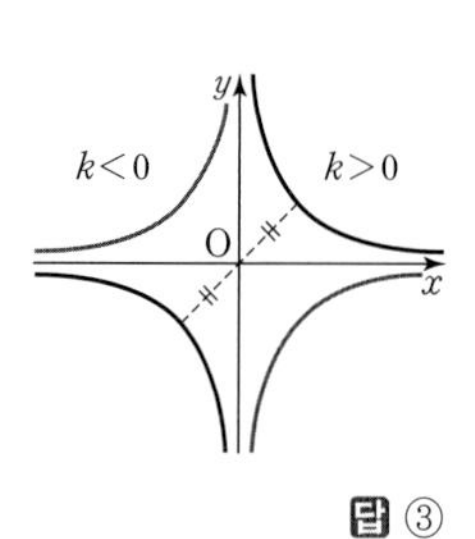

ㄱ. 그래프는 원점에 대하여 대칭이다.(참)

ㄴ. $|k|$의 값이 클수록 곡선 $y=f(x)$는 원점에서 멀어진다.(거짓)

ㄷ. 함수 $f(x)$의 역함수는 $y=\dfrac{k}{x}$이다.(참)

이상에서 옳은 것은 ㄱ, ㄷ이다. 답 ③

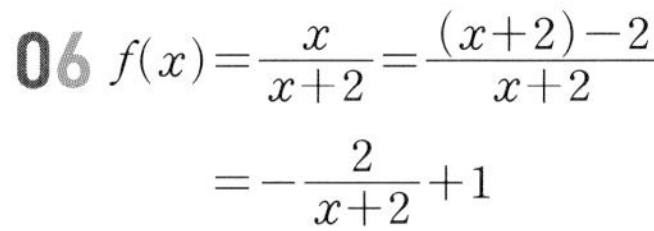

06 $f(x)=\dfrac{x}{x+2}=\dfrac{(x+2)-2}{x+2}$
$=-\dfrac{2}{x+2}+1$

이므로 함수 $y=f(x)$의 그래프는 그림과 같다.
정의역이 $\{x\mid -5\le x\le a\}$이므로 $a<-2$이고 $x=a$일 때 최댓값을 갖는다.
따라서 $\dfrac{a}{a+2}=3$, $a=3a+6$에서
$a=-3$ 답 ①

07 함수 $y=\dfrac{1}{x-1}+k$의 그래프의 점근선의 방정식은 $x=1$, $y=k$

(i) $k\le 0$인 경우 함수 $y=\dfrac{1}{x-1}+k$의 그래프가 그림과 같으므로 제2사분면을 지나지 않는다.

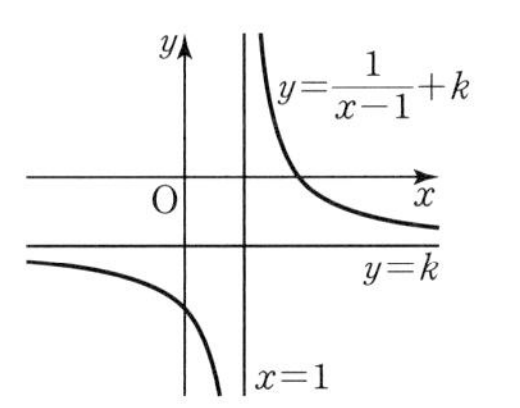

(ii) $k>0$인 경우 함수 $y=\dfrac{1}{x-1}+k$의 그래프가 그림과 같으므로
제1, 2, 4사분면은 반드시 지나고
$x=0$에서 y의 값이 음수이면 제3사분면을 지난다.
따라서 조건을 만족시키려면 $x=0$에서
$y=-1+k\ge 0$을 만족시켜야 한다. 즉, $k\ge 1$

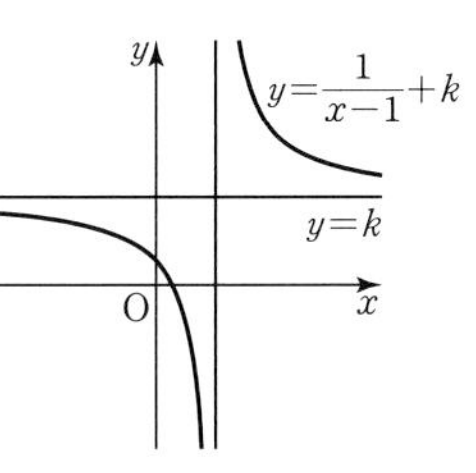

(i), (ii)에서 조건을 만족시키는 k의 값의 범위는
$k\le 0$ 또는 $k\ge 1$ 답 $k\le 0$ 또는 $k\ge 1$

08 함수 $y=\dfrac{3}{x-a}+b$의 정의역이 $\{x\mid x\ne a$인 실수$\}$이고 치역이 $\{y\mid y\ne b$인 실수$\}$이므로 $a=1$, $b=2$
$3>0$이므로 $x>1$에서
함수 $y=\dfrac{3}{x-1}+2$의 그래프는 그림과 같이 감소하는 그래프이다.
따라서 $x=2$일 때, 최댓값 $\dfrac{3}{2-1}+2=5$,
$x=3$일 때 최솟값 $\dfrac{3}{3-1}+2=\dfrac{7}{2}$을 가지므로 그 합은
$5+\dfrac{7}{2}=\dfrac{17}{2}$

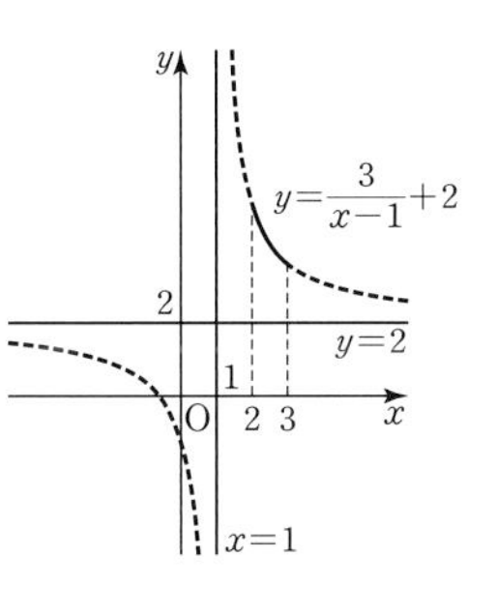

답 ④

09 $\dfrac{x+3}{x-1}=-x+k$에서 $x+3=-x^2+(k+1)x-k$
$x^2-kx+k+3=0$
이 이차방정식의 판별식을 D라 하면
$D=(-k)^2-4(k+3)=0$에서
$(k-6)(k+2)=0$이므로
$k=-2$ 또는 $k=6$
따라서 조건을 만족시키는 모든 실수 k의 값의 합은
$-2+6=4$ 답 ⑤

10 점근선의 방정식이 $x=1$, $y=2$이므로 $y=\dfrac{k}{x-1}+2$ (k는 0이 아닌 상수)라 하면 이 함수의 그래프가 점 $(0,\ -1)$을 지나므로
$-1=\dfrac{k}{0-1}+2$, 즉 $k=3$
따라서 $y=\dfrac{3}{x-1}+2=\dfrac{2x+1}{x-1}$에서 $a=-1$, $b=2$, $c=1$이므로
$a+b+c=(-1)+2+1=2$ 답 ②

11 함수 $y=\dfrac{2x+5}{x+2}=2+\dfrac{1}{x+2}$의 그래프는 그림과 같다.

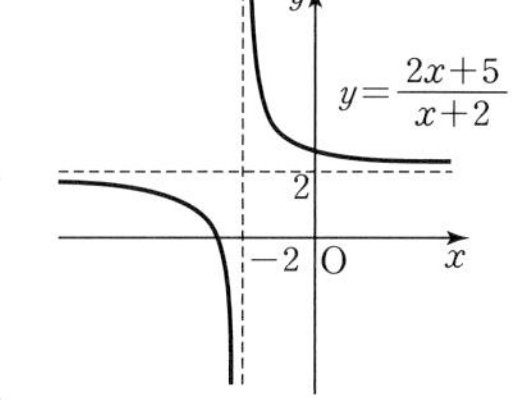

ㄱ. 곡선 $y=f(x)$의 두 점근선의 방정식은
$x=-2$, $y=2$이므로
교점은 $(-2,\ 2)$이다. (참)
ㄴ. 곡선 $y=f(x)$는 제4사분면을 지나지 않는다. (거짓)
ㄷ. 곡선 $y=f(x)$는 두 점근선의 교점 $(-2,\ 2)$를 지나고 기울기가 1 또는 -1인 직선에 대하여 대칭이다. 이 직선의 방정식을 구하면
$y=(x+2)+2$ 또는 $y=-(x+2)+2$
즉, $y=x+4$ 또는 $y=-x$
따라서 곡선 $y=f(x)$는 직선 $y=x+4$에 대하여 대칭이다. (참)
이상에서 옳은 것은 ㄱ, ㄷ이다. 답 ③

12 $f(x)=\dfrac{3x+2}{2x-4}=\dfrac{\frac{3}{2}(2x-4)+8}{2x-4}=\dfrac{4}{x-2}+\dfrac{3}{2}$이므로
함수 $f(x)=\dfrac{3x+2}{2x-4}$의 그래프의 점근선의 방정식은 $x=2$, $y=\dfrac{3}{2}$
즉, 함수 $y=g(x)$의 그래프의 점근선의 방정식은
$x=\dfrac{3}{2}$, $y=2$이므로 $a=\dfrac{3}{2}$, $b=2$
함수 $y=g(x)$의 그래프가 점 $(1,\ c)$를 지나므로
함수 $y=f(x)$의 그래프는 점 $(c,\ 1)$을 지난다.
즉, $\dfrac{3c+2}{2c-4}=1$에서 $3c+2=2c-4$, $c=-6$
따라서 $4a+2b+c=4\times\dfrac{3}{2}+2\times 2+(-6)=4$ 답 ⑤

13 $2a+(a-b)\sqrt{2}=3\sqrt{2}+b+5$에서
$(2a-b-5)+(a-b-3)\sqrt{2}=0$
a, b가 유리수이므로 $2a-b-5=0$, $a-b-3=0$
따라서 $a=2$, $b=-1$이므로
$ab=2\times(-1)=-2$ 답 ①

14 $\sqrt{-x^2-8x+9}+\sqrt{x+5}$의 값이 실수가 되려면
$-x^2-8x+9\ge 0$, $x+5\ge 0$
$x^2+8x-9=(x+9)(x-1)\le 0$에서 $-9\le x\le 1$
$x+5\ge 0$에서 $x\ge -5$
따라서 공통부분을 구하면 $-5\le x\le 1$이므로
조건을 만족시키는 정수 x는 $-5,\ -4,\ \cdots,\ 0,\ 1$이고
모든 정수 x의 값의 합은 -14이다. 답 ③

15 함수 $f(x)=\sqrt{ax-4}+b$의 정의역은
$\{x\mid ax-4\ge 0\}$이므로 $ax-4\ge 0$의 해가 $x\le -2$이다.

즉, $ax \geq 4$에서 $a<0$이어야 하고 $x \leq \frac{4}{a}$이므로 $\frac{4}{a}=-2$, 즉 $a=-2$
점 $(-4, 4)$를 지나므로 $\sqrt{-2\times(-4)-4}+b=2+b=4$에서 $b=2$
따라서 함수 $y=\sqrt{-2x-4}+2$의 최솟값은 $x=-2$일 때, 2이다. 답 ⑤

16 $f(2)=6$이므로 $\sqrt{2a+4}=6$에서
$2a+4=36$
따라서 $a=16$ 답 ③

17 함수 $y=\sqrt{-x+3}$의 그래프를 x축의 방향으로 1만큼, y축의 방향으로 -2만큼 평행이동하면
$y=\sqrt{-(x-1)+3}-2$, 즉 $y=\sqrt{-x+4}-2$
이 그래프를 y축에 대하여 대칭이동하면 $y=\sqrt{x+4}-2$
따라서 $a=1$, $b=4$, $c=-2$이므로
$a+b+c=1+4+(-2)=3$ 답 ②

18 ㄱ. $y=-\sqrt{2x-4}+3=-\sqrt{2(x-2)}+3$에서
$2(x-2)\geq 0$, $x\geq 2$이므로 정의역은 $\{x|x\geq 2\}$
$-\sqrt{2x-4}\leq 0$에서 $-\sqrt{2x-4}+3\leq 3$이므로
치역은 $\{y|y\leq 3\}$이다. (참)
ㄴ. $y=-\sqrt{2x-4}+3=-\sqrt{2(x-2)}+3$의 그래프는
함수 $y=-\sqrt{2x}$의 그래프를 x축의 방향으로 2만큼, y축의 방향으로 3만큼 평행이동한 것이다. (참)
ㄷ. ㄱ에서 함수 $y=f(x)$의 그래프는 제1사분면과 제4사분면을 지난다. (참)
이상에서 옳은 것은 ㄱ, ㄴ, ㄷ이다. 답 ⑤

19 $f^{-1}(f^{-1}(f^{-1}(a)))=10$에서 $f(f(f(10)))=a$
$f(10)=-\sqrt{10-1}+3=0$이므로 $f(f(f(10)))=f(f(0))$
$f(0)=\frac{-5}{-1}=5$이므로 $f(f(0))=f(5)=-\sqrt{5-1}+3=1$ 답 ④

20 함수 $y=\sqrt{x-4}$의 그래프가 직선 $y=x+k$와 두 점에서 만나려면 다음 그림과 같다.

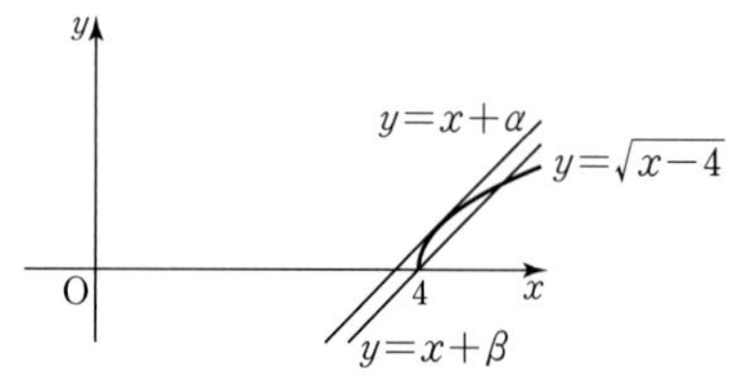

즉, 함수 $y=\sqrt{x-4}$의 그래프와 직선 $y=x+k$가 접하도록 하는 k의 값을 α, 함수 $y=\sqrt{x-4}$의 그래프가 점 $(4, 0)$을 지나도록 하는 k의 값을 β라 하면 k의 값의 범위는 $\beta\leq k<\alpha$이다.
함수 $y=\sqrt{x-4}$의 그래프와 직선 $y=x+k$가 접하려면
$\sqrt{x-4}=x+k$에서 $x-4=x^2+2kx+k^2$
$x^2+(2k-1)x+k^2+4=0$
이 이차방정식의 판별식을 D라 하면
$D=(2k-1)^2-4(k^2+4)=4k^2-4k+1-4k^2-16=-4k-15=0$
$k=-\frac{15}{4}$이므로 $\alpha=-\frac{15}{4}$
직선 $y=x+k$가 점 $(4, 0)$을 지나려면 $0=4+k$에서 $k=-4$
즉, $\beta=-4$
따라서 구하는 k의 값의 범위는 $-4\leq k<-\frac{15}{4}$ 답 $-4\leq k<-\frac{15}{4}$

21 역함수 $f^{-1}(x)$의 정의역이 $\{x|x\geq -2\}$이므로
함수 $f(x)$의 치역이 $\{y|y\geq -2\}$, 즉 $c=-2$
함수 $y=f^{-1}(x)$의 그래프가 x축, y축과 만나는 점이 각각 $(-1, 0)$, $(0, 3)$이므로
함수 $y=f(x)$의 그래프는 점 $(0, -1)$과 점 $(3, 0)$을 지난다.
$-1=\sqrt{a\times 0+b}-2$에서 $\sqrt{b}=1$이므로 $b=1$
$0=\sqrt{a\times 3+1}-2$에서
$3a+1=4$이므로 $a=1$
따라서 $a+b+c=1+1+(-2)=0$ 답 ③

22 $y=\frac{ax+b}{x+2}$에서
$xy+2y=ax+b$
$x(y-a)=-2y+b$
$x=\frac{-2y+b}{y-a}$
x와 y를 바꾸면 $y=\frac{-2x+b}{x-a}$
······ (가)
$f^{-1}(x)=f(x)$에서 $\frac{ax+b}{x+2}=\frac{-2x+b}{x-a}$이므로 $a=-2$
함수 $f(x)=\frac{-2x+b}{x+2}$의 그래프가 점 $(2, -1)$을 지나므로
$\frac{-4+b}{2+2}=-1$, $b=0$
······ (나)
따라서 $b-a=0-(-2)=2$
······ (다)
답 2

단계	채점 기준	비율
(가)	유리함수의 역함수를 구한 경우	40 %
(나)	a, b의 값을 구한 경우	40 %
(다)	$b-a$의 값을 구한 경우	20 %

23 $y=5-\sqrt{2(x+2)}$이므로 그래프는 그림과 같다.

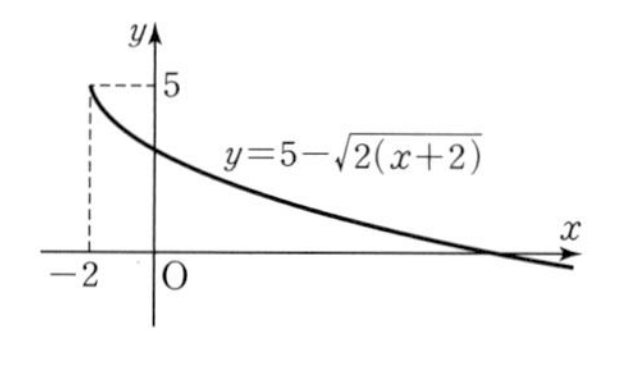

······ (가)
$0\leq x\leq 6$이므로 $x=0$에서 최댓값을 갖고, $x=6$에서 최솟값을 갖는다.
따라서 최댓값 M과 최솟값 m은 각각
$M=5-\sqrt{2(0+2)}=3$, $m=5-\sqrt{2(6+2)}=1$
······ (나)
이므로 $M+m=3+1=4$
······ (다)
답 4

단계	채점 기준	비율
(가)	주어진 함수의 그래프를 그린 경우	30 %
(나)	M, m의 값을 각각 구한 경우	50 %
(다)	$M+m$의 값을 구한 경우	20 %

내신 고득점 도전 문제

본문 50~53쪽

24 ②	25 ⑤	26 ①	27 ③	28 ④
29 ①	30 ③	31 ②	32 ④	33 ③
34 ⑤	35 ②	36 ①	37 ④	38 ③
39 ②	40 ①	41 ③	42 ③	43 ⑤
44 ②	45 8	46 16		

24 $f(x)=\dfrac{x-1}{x}$에서

$f^2(x)=f(f(x))=\dfrac{\dfrac{x-1}{x}-1}{\dfrac{x-1}{x}}=\dfrac{-1}{x-1}$

$f^3(x)=f^2(f(x))=\dfrac{-1}{\dfrac{x-1}{x}-1}=x$

따라서 $f^3=I$ (항등함수)이므로

$f^{2018}(3)=f^{3\times672+2}(3)=f^2(3)=\dfrac{-1}{3-1}=-\dfrac{1}{2}$ 답 ②

25 $f(x)=\dfrac{4x-15}{x-4}=\dfrac{1}{x-4}+4$

$(f\circ f)(x)=f(f(x))=\dfrac{1}{\left(\dfrac{1}{x-4}+4\right)-4}+4=x$

이므로 $(f\circ f\circ f)(x)=f((f\circ f)(x))=f(x)$

따라서 함수 $y=(f\circ f\circ f)(x)$의 그래프의 점근선은

함수 $y=f(x)$의 그래프의 점근선과 같다.

함수 $y=f(x)$의 두 점근선의 방정식이 $x=4$, $y=4$이므로 $a=b=4$

따라서 $a+b=8$ 답 ⑤

26 $x^2+2x+3=t$라 하면 $t=(x+1)^2+2$이므로 $t\geq2$

$t+\dfrac{9}{t}\geq2\sqrt{t\times\dfrac{9}{t}}=6$ (단, 등호는 $t=3$일 때 성립한다.)

$x^2+2x+3=3$에서 $x(x+2)=0$

$x=0$ 또는 $x=-2$

따라서 구하는 모든 실수 a의 값의 합은

$0+(-2)=-2$ 답 ①

27 조건 (가)에서 $(f\circ g)(x)=f(g(x))=\dfrac{ag(x)}{g(x)-1}=\dfrac{3x-2}{x}$

$axg(x)=\{g(x)-1\}(3x-2)$, 즉 $g(x)=\dfrac{-3x+2}{(a-3)x+2}$

조건 (나)에서 $g^{-1}(2)=1$이므로 $g(1)=2$

$g(1)=\dfrac{-3+2}{a-3+2}=\dfrac{-1}{a-1}=2$에서 $a=\dfrac{1}{2}$

따라서 $f(x)=\dfrac{x}{2(x-1)}$이므로 $f(3)=\dfrac{3}{2(3-1)}=\dfrac{3}{4}$ 답 ③

28 $y=\dfrac{x+a}{x+6}$를 x축의 방향으로 m만큼, y축의 방향으로 n만큼 평행이동시킨 그래프는 함수 $y=\dfrac{x-m+a}{x-m+6}+n=\dfrac{a-6}{x-m+6}+n+1$의 그래프와 같다.

이 그래프가 함수 $y=\dfrac{ax+b}{x+b}$의 그래프와 겹치므로

$y=\dfrac{b-ab}{x+b}+a$에서 $b=-m+6$, $b-ab=a-6$, $n+1=a$

$b-ab=a-6$에서 $a+ab-b=6$, $(a-1)(b+1)=5$

a, b가 자연수이므로 $a-1=1$, $b+1=5$ 또는 $a-1=5$, $b+1=1$

$a=2$, $b=4$ 또는 $a=6$, $b=0$, 즉 $a=2$, $b=4$

$b=-m+6$에서 $m=6-b=2$이고 $n+1=a$에서 $n=a-1=1$

따라서 $a+b+m+n=9$ 답 ④

29 $y=\dfrac{3x+k}{x-1}=\dfrac{3(x-1)+3+k}{x-1}=\dfrac{k+3}{x-1}+3$이므로 함수 $y=\dfrac{3x+k}{x-1}$의 그래프는 함수 $y=\dfrac{k+3}{x}$의 그래프를 x축의 방향으로 1만큼, y축의 방향으로 3만큼 평행이동한 그래프이다.

함수 $y=\dfrac{3x+k}{x-1}$의 그래프의 점근선이 $x=1$, $y=3$이고 $a\leq x\leq0$에서 최댓값이 2, 최솟값이 1이려면 $k+3>0$이어야 하므로 이 그래프는 그림과 같다.

$x=0$에서 최솟값 $\dfrac{k}{-1}=-k$를 가지므로

$-k=1$에서 $k=-1$

$x=a$에서 최댓값 $\dfrac{3a-1}{a-1}$을 가지므로

$\dfrac{3a-1}{a-1}=2$에서

$3a-1=2a-2$에서 $a=-1$

따라서 $a+k=-1+(-1)=-2$ 답 ①

30 함수 $f(x)=\dfrac{ax+b}{2x+c}$의 역함수가 $f^{-1}(x)=\dfrac{3x-2}{2x+1}$이므로

함수 $y=\dfrac{3x-2}{2x+1}$의 역함수는 $f(x)=\dfrac{ax+b}{2x+c}$이다.

$y=\dfrac{3x-2}{2x+1}$에서 $2xy+y=3x-2$, $x(2y-3)=-y-2$

$x=\dfrac{-y-2}{2y-3}$에서 x와 y를 바꾸면 $y=\dfrac{-x-2}{2x-3}$

함수 $y=\dfrac{-x-2}{2x-3}$와 함수 $f(x)=\dfrac{ax+b}{2x+c}$가 서로 같으므로

$a=-1$, $b=-2$, $c=-3$

따라서 $abc=(-1)\times(-2)\times(-3)=-6$ 답 ③

31 $y=\dfrac{2x}{x-1}=\dfrac{2}{x-1}+2$이므로

함수 $y=\dfrac{2x}{x-1}$의 그래프는 함수 $y=\dfrac{2}{x}$의 그래프를 x축의 방향으로 1

만큼, y축의 방향으로 2만큼 평행이동한 그래프이다.

$2\le x\le 5$에서 함수 $y=\dfrac{2x}{x-1}$의 그래프는 그림과 같다.

함수 $y=\dfrac{2x}{x-1}$의 그래프와 직선 $y=ax$가 만나려면

$x=2$에서 $\dfrac{4}{2-1}=4$이므로 점 $(2,\ 4)$를 지날 때의 실수 a의 값을 α라 하면

$4=2\alpha$에서 $\alpha=2$

$x=5$에서 $\dfrac{10}{5-1}=\dfrac{5}{2}$이므로 점 $\left(5,\ \dfrac{5}{2}\right)$를 지날 때의 실수 a의 값을 β라 하면 $\dfrac{5}{2}=5\beta$에서 $\beta=\dfrac{1}{2}$

즉, 실수 a의 값의 범위는 $\dfrac{1}{2}\le a\le 2$이므로 $M=2,\ m=\dfrac{1}{2}$

따라서 $M-m=\dfrac{3}{2}$ 답 ②

32 함수 $y=\dfrac{k}{x+3}-2$의 그래프의 점근선의 방정식은 $x=-3$, $y=-2$이고 k는 자연수, 즉 $k>0$이므로

함수 $y=\dfrac{k}{x+3}-2$의 그래프의 개형은 다음과 같은 세 가지이다.

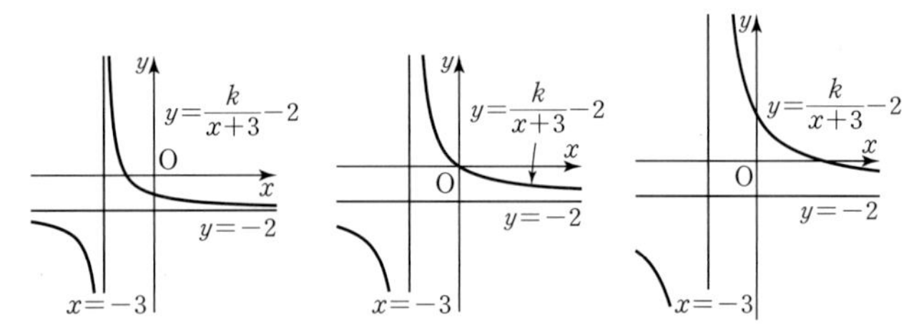

$x=0$일 때, y의 값이 양수이어야 주어진 함수의 그래프가 모든 사분면을 지난다.

따라서 $\dfrac{k}{0+3}-2>0$에서 $k>6$이므로

조건을 만족시키는 자연수 k의 최솟값은 7이다. 답 ④

33 두 함수 $f(x)=\dfrac{3x+5}{2x-7}$, $g(x)=\dfrac{bx+c}{2x+a}$의 그래프가 직선 $y=x$에 대하여 서로 대칭이므로 $f^{-1}(x)=g(x)$

$y=\dfrac{3x+5}{2x-7}$로 놓으면 $x=\dfrac{3y+5}{2y-7}$

$2xy-7x=3y+5$, $(2x-3)y=7x+5$이므로 $y=\dfrac{7x+5}{2x-3}$

$f^{-1}(x)=\dfrac{7x+5}{2x-3}$이므로 $f^{-1}(x)=g(x)$에서 $\dfrac{7x+5}{2x-3}=\dfrac{bx+c}{2x+a}$

따라서 $a=-3$, $b=7$, $c=5$이므로

$a+2b+3c=-3+2\times7+3\times5=26$ 답 ③

34 $y=\dfrac{x-1}{x-2}=\dfrac{1}{x-2}+1\ (x>2)$이므로

함수 $y=\dfrac{x-1}{x-2}$의 그래프는 함수 $y=\dfrac{1}{x}$의 그래프를 x축의 방향으로 2만큼, y축의 방향으로 1만큼 평행이동시킨 것과 같다.

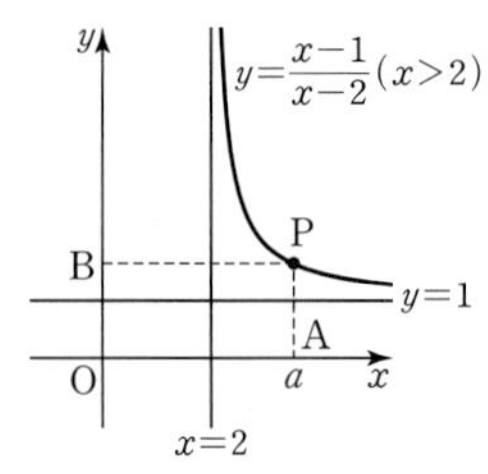

점 P의 x좌표를 a라 하면

$\overline{PB}=a$이고 $\overline{PA}=\dfrac{a-1}{a-2}=\dfrac{1}{a-2}+1$

$\overline{PA}+\overline{PB}=a+\dfrac{1}{a-2}+1=a-2+\dfrac{1}{a-2}+3$

$a-2>0$이므로 산술평균과 기하평균의 관계에 의하여

$a-2+\dfrac{1}{a-2}+3\ge 2\sqrt{(a-2)\times\dfrac{1}{a-2}}+3=2+3=5$

$\left(\text{단, 등호는 } a-2=\dfrac{1}{a-2}\text{일 때 성립한다.}\right)$

따라서 $\overline{PA}+\overline{PB}$의 최솟값은 5이다. 답 ⑤

35 $y=\dfrac{2x+3}{x-1}=2+\dfrac{5}{x-1}$이므로

$2\le x\le 6$에서

함수 $y=\dfrac{2x+3}{x-1}$의 그래프는 그림과 같다.

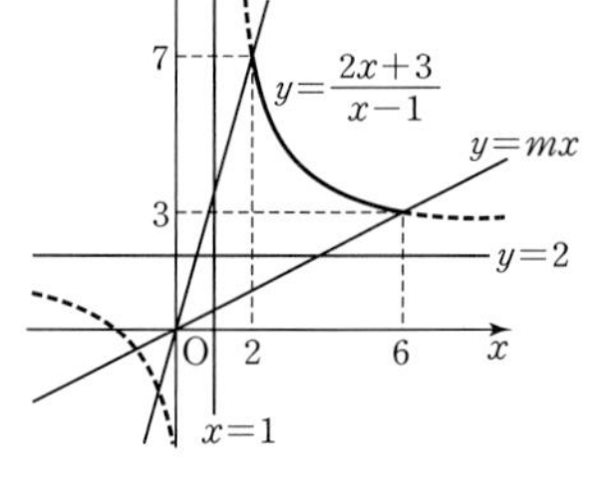

$2\le x\le 6$인 모든 실수 x에 대하여

$mx\le\dfrac{2x+3}{x-1}\le nx$가 성립하려면

$m\le\dfrac{1}{2}$, $n\ge\dfrac{7}{2}$이어야 한다.

따라서 m의 최댓값은 $\dfrac{1}{2}$이고, n의 최솟값은 $\dfrac{7}{2}$이므로 그 합은

$\dfrac{1}{2}+\dfrac{7}{2}=4$ 답 ②

36 $f(x)=-\sqrt{3-2x}$에서 $y=-\sqrt{3-2x}$

$x=-\sqrt{3-2y}$이므로

$y=-\dfrac{1}{2}x^2+\dfrac{3}{2}\ (x\le0)$, 즉 $g(x)=-\dfrac{1}{2}x^2+\dfrac{3}{2}\ (x\le0)$

함수 $y=g(x)$의 그래프와 직선 $y=x$의 교점을 구해 보면

$-\dfrac{1}{2}x^2+\dfrac{3}{2}=x$에서 $x^2+2x-3=0$, $(x-1)(x+3)=0$

$x=-3$ 또는 $x=1$

그런데 $x\le0$이므로 $x=-3$, 즉 구하는 교점의 좌표는 $(-3,\ -3)$이다.

따라서 $a=-3$, $b=-3$이므로 $a+b=-6$ 답 ①

37 $\sqrt{-2x+4}+a-3=\sqrt{-2(x-2)}+a-3$이므로

$f(x)=\sqrt{-2x+4}+a-3$이라 하면

함수 $y=f(x)$의 그래프는 함수 $y=\sqrt{-2x}$의 그래프를 x축의 방향으로 2만큼, y축의 방향으로 $a-3$만큼 평행이동한 그래프이다.

(i) $a-3\ge0$, 즉 $a\ge3$인 경우

그래프가 그림과 같으므로 제1, 2사분면만을 지난다.

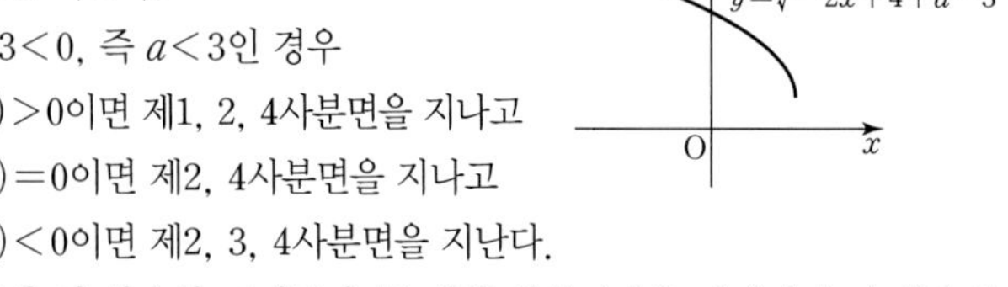

(ii) $a-3<0$, 즉 $a<3$인 경우

$f(0)>0$이면 제1, 2, 4사분면을 지나고

$f(0)=0$이면 제2, 4사분면을 지나고

$f(0)<0$이면 제2, 3, 4사분면을 지난다.

따라서 이 함수의 그래프가 두 개의 사분면만을 지나려면 이 함수의 그래프가 원점을 지나야 한다.

즉, $\sqrt{-2\times0+4}+a-3=0$, $a=1$

(i), (ii)에서 두 개의 사분면만을 지나도록 하는 $-10\le a\le10$인 정수 a의 개수는 $1,\ 3,\ 4,\ \cdots,\ 9,\ 10$의 9이다. 답 ④

38 직선 $y=\frac{1}{k}(x-2)+1$은 항상 점 $(2,\ 1)$을 지나고
곡선 $y=\sqrt{1-x^2}$과 직선
$y=\frac{1}{k}(x-2)+1$은 그림과 같다.

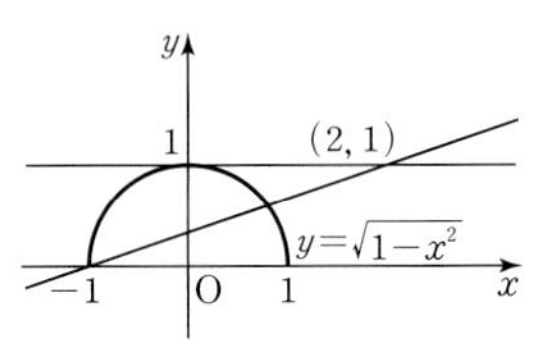

직선 $y=\frac{1}{k}(x-2)+1$이 점 $(-1,\ 0)$을
지날 때는 $0=\frac{1}{k}(-1-2)+1$, 즉 $k=3$
따라서 곡선 $y=\sqrt{1-x^2}$과 직선 $y=\frac{1}{k}(x-2)+1$이 서로 다른 두 점에서 만나려면 $0<\frac{1}{k}\le\frac{1}{3}$에서 $k\ge3$이므로 실수 k의 최솟값은 3이다.

답 ③

39 $(f\circ(g\circ f)^{-1}\circ f)(-2)=(f\circ f^{-1}\circ g^{-1}\circ f)(-2)$
$=(g^{-1}\circ f)(-2)$
$=g^{-1}(f(-2))$
$=g^{-1}(2)$
이므로 $g^{-1}(2)=t$라 하면 $g(t)=2$
$g(t)=\sqrt{3t+2}=2$에서
$3t+2=4$, 즉 $t=\frac{2}{3}$
따라서 $(f\circ(g\circ f)^{-1}\circ f)(-2)=\frac{2}{3}$

답 ②

40 $x\ge1$일 때, 함수 $f(x)$의 역함수가 $g(x)$이므로 두 함수 $y=f(x)$, $y=g(x)$의 그래프의 교점은 $y=g(x)$의 그래프와 직선 $y=x$의 교점과 같다.
따라서 실수 k의 최솟값은 1이다.

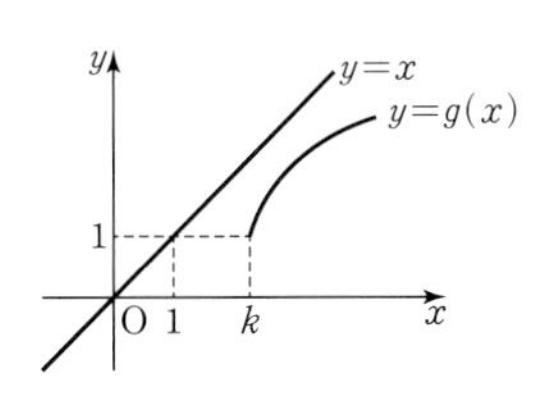

답 ①

41 함수 $y=-\sqrt{ax+b}+c$의 그래프는 $y=-\sqrt{ax}\ (a>0)$의 그래프를 x축의 방향으로 m만큼, y축의 방향으로 n만큼 평행이동한 것이므로 식으로 나타내면 다음과 같다.
$y=-\sqrt{a(x-m)}+n=-\sqrt{ax-am}+n$
즉, $b=-am$, $c=n$
주어진 함수의 그래프에서 $a>0$, $m<0$, $n<0$이므로
$a>0$, $b>0$, $c<0$
ㄱ. $a>0$ (참)
ㄴ. $b>0$, $c<0$이므로 $\sqrt{b}-c>0$ (참)
ㄷ. $abc<0$ (거짓)
이상에서 옳은 것은 ㄱ, ㄴ이다.

답 ③

42 함수 $y=a\sqrt{x}$의 그래프와 네 점 $(4,\ 4)$, $(4,\ 8)$, $(8,\ 4)$, $(8,\ 8)$을 네 꼭짓점으로 하는 정사각형이 만나려면 $a>0$이고
점 $(4,\ 8)$을 지날 때의 a의 값을 α, 점 $(8,\ 4)$를 지날 때 a의 값을 β라 하면
a의 값의 범위는 $\beta\le a\le\alpha$이다.

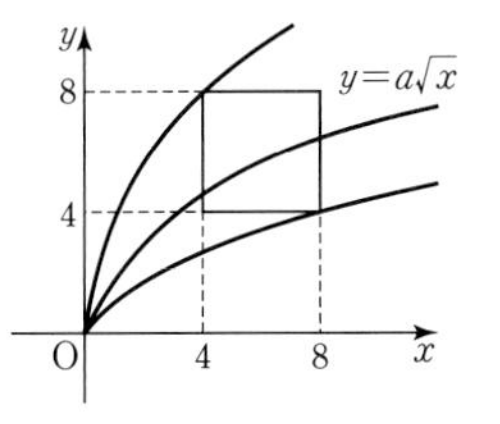

$8=\alpha\sqrt{4}$에서 $\alpha=4$이고
$4=\beta\sqrt{8}$에서 $\beta=\sqrt{2}$
따라서 조건을 만족시키는 실수 a의 값의 범위는 $\sqrt{2}\le a\le4$이고 최솟값은 $\sqrt{2}$, 최댓값은 4이므로
그 곱은 $4\sqrt{2}$이다.

답 ③

43 $h(x)=|f(x)-g(x)|+f(x)+g(x)$라 하면
$8+x\ge0$에서 $x\ge-8$, $4-x\ge0$에서 $x\le4$이므로
함수 $h(x)$의 정의역은 $\{x\mid-8\le x\le4\}$
$f(x)\ge g(x)$일 때, $f(x)-g(x)+f(x)+g(x)=2f(x)$
$f(x)<g(x)$일 때, $-f(x)+g(x)+f(x)+g(x)=2g(x)$
$$h(x)=\begin{cases}2f(x)\ (f(x)\ge g(x))\\2g(x)\ (f(x)<g(x))\end{cases}$$
이므로 함수 $y=h(x)$의 그래프는 그림과 같다.
$2\sqrt{x+8}=4\sqrt{4-x}$, $\sqrt{x+8}=2\sqrt{4-x}$의 양변을 제곱하여 정리하면
$x+8=4(4-x)$, $5x=8$에서 $x=\frac{8}{5}$이므로
$-8\le x\le\frac{8}{5}$일 때, $h(x)=2g(x)$이고
$\frac{8}{5}\le x\le4$일 때, $h(x)=2f(x)$
따라서 함수 $h(x)$는
$x=-8$일 때, 최댓값 $h(-8)=2g(-8)=4\sqrt{12}=8\sqrt{3}$을 갖고
$x=\frac{8}{5}$일 때, 최솟값 $h\left(\frac{8}{5}\right)=2f\left(\frac{8}{5}\right)=2\sqrt{\frac{8}{5}+8}=8\sqrt{\frac{3}{5}}=\frac{8\sqrt{15}}{5}$를 갖는다.
따라서 $M=8\sqrt{3}$, $m=\frac{8\sqrt{15}}{5}$이므로
$Mm=\frac{192\sqrt{5}}{5}$

답 ⑤

44 $f(x)=\sqrt{x}+\sqrt{2n-x}$에서 $x\ge0$, $2n-x\ge0$이므로
정의역은 $\{x\mid0\le x\le2n\}$
$f(x)\ge0$이므로 $\{f(x)\}^2$의 값이 최대일 때 $f(x)$의 값도 최대이다.
$\{f(x)\}^2=x+2\sqrt{2nx-x^2}+2n-x=2n+2\sqrt{2nx-x^2}$
$2nx-x^2=-(x-n)^2+n^2$이므로
$0\le x\le2n$에서 $x=n$일 때 최댓값 n^2을 가진다.
따라서 $x=n$일 때 $f(x)$의 최댓값은 $2\sqrt{n}$이므로 $g(n)=2\sqrt{n}$
즉, $g(1)+g(4)+g(9)=2+4+6=12$

답 ②

45 함수 $f(x)=\frac{cx+d}{ax+b}$의 그래프의 점근선의 방정식은
$x=-\frac{b}{a}$, $y=\frac{c}{a}$이므로 $-\frac{b}{a}=1$, $\frac{c}{a}=3$
즉, $b=-a$, $c=3a$

…………………………………………………………………… (가)

$f(x)=\frac{3ax+d}{ax-a}=\frac{3x+\frac{d}{a}}{x-1}$이므로 $f(2)=\frac{6+\frac{d}{a}}{2-1}=6+\frac{d}{a}$
$6+\frac{d}{a}=4$이므로 $\frac{d}{a}=-2$, $d=-2a$
따라서 $f(x)=\frac{3x-2}{x-1}$이므로

…………………………………………………………………… (나)

$$f\left(\frac{6}{5}\right)=\frac{3\times\frac{6}{5}-2}{\frac{6}{5}-1}=8$$

.... (다)

답 8

단계	채점 기준	비율
(가)	점근선의 방정식을 이용하여 a, b, c 사이의 관계식을 구한 경우	30 %
(나)	함수 $f(x)$를 구한 경우	40 %
(다)	$f\left(\frac{6}{5}\right)$의 값을 구한 경우	30 %

46 함수 $g(x)=\sqrt{x+2}+1$의 그래프는 함수 $f(x)=\sqrt{x-2}-1$의 그래프를 x축의 방향으로 -4만큼, y축의 방향으로 2만큼 평행이동한 것이다.

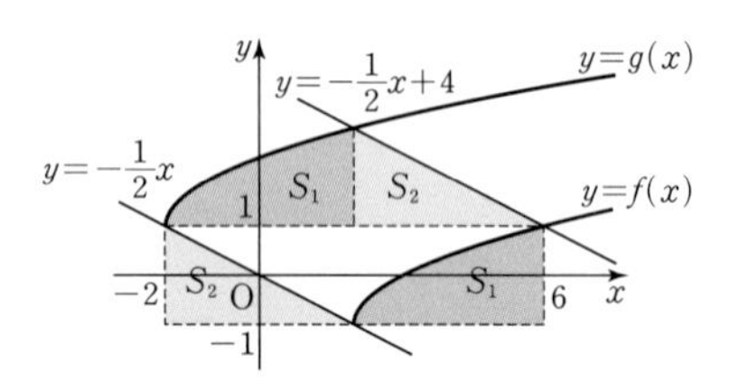

.... (가)

직선 $y=-\frac{1}{2}x$를 x축의 방향으로 4만큼, y축의 방향으로 2만큼 평행이동하면 직선 $y=-\frac{1}{2}x+4$이므로 구하는 도형의 넓이는

$8\times2=16$

.... (나)

답 16

단계	채점 기준	비율
(가)	그림에서 넓이가 같은 부분을 찾은 경우	30 %
(나)	넓이가 같은 부분을 이용하여 넓이를 구한 경우	70 %

변별력을 만드는 1등급 문제

본문 54~56쪽

47 ②	**48** ⑤	**49** ③	**50** $\frac{21+6\sqrt{3}}{2}$	
51 ②	**52** ③	**53** ④	**54** 4	**55** ①
56 ②	**57** ④	**58** ④	**59** ④	**60** ③
61 ①	**62** $-\frac{5+\sqrt{57}}{4}$		**63** ③	**64** ⑤

47

함수 $y=\frac{8x}{2x-3}$의 그래프 위의 점 중 x좌표와 y좌표가 모두 자연수인 점의 개수는?

→ $y=m+\frac{k}{2x-3}$의 꼴로 바꾼다.

① 1 √② 2 ③ 3 ④ 4 ⑤ 5

step 1 주어진 함수를 $y=m+\frac{k}{2x-3}$의 꼴로 바꾼다.

$$y=\frac{8x}{2x-3}=\frac{4(2x-3)+12}{2x-3}=4+\frac{12}{2x-3}$$

step 2 $2x-3$이 k의 약수임을 이용하여 x의 개수를 구한다.

$2x-3$의 값이 홀수이므로 y의 값이 자연수이려면 자연수 x에 대하여 $2x-3$의 값이 12의 홀수인 약수이어야 하므로

$2x-3=1$ 또는 $2x-3=3$, 즉 $x=2$ 또는 $x=3$

따라서 x좌표와 y좌표가 모두 자연수인 점의 개수는 $(2, 16)$, $(3, 8)$의 2이다.

답 ②

48

함수 $f(x)=\frac{2x}{1+|x|}$에 대하여 〈보기〉에서 옳은 것만을 있는 대로 고른 것은?

→ 모든 실수 x에 대하여 $f(-x)=-f(x)$이다.

보기

ㄱ. 곡선 $y=f(x)$는 원점에 대하여 대칭이다.

ㄴ. 모든 실수 x에 대하여 $-2<f(x)<2$이다.

ㄷ. 두 곡선 $y=f(x)$, $y=f^{-1}(x)$로 둘러싸인 부분의 경계 및 내부에 포함되는 x좌표와 y좌표가 모두 정수인 점의 개수는 3이다.

→ 함수 $y=f(x)$의 그래프의 점근선을 찾는다.

① ㄱ ② ㄱ, ㄴ ③ ㄱ, ㄷ ④ ㄴ, ㄷ √⑤ ㄱ, ㄴ, ㄷ

step 1 $f(-x)=-f(x)$임을 이용하여 함수가 원점에 대하여 대칭임을 확인한다.

ㄱ. $f(-x)=\frac{2\times(-x)}{1+|-x|}=-\frac{2x}{1+|x|}=-f(x)$이므로

곡선 $y=f(x)$는 원점에 대하여 대칭이다. (참)

step 2 함수의 치역을 확인한다.

ㄴ. $x\geq0$일 때, $f(x)=\frac{2x}{1+x}=2-\frac{2}{1+x}$이므로

곡선 $y=f(x)$는 두 직선 $x=-1$, $y=2$를 점근선으로 하고, ㄱ에 의하여 원점을 지나는 유리함수의 그래프의 일부이다.

곡선 $y=f(x)$는 원점에 대하여 대칭이므로 함수 $y=f(x)$의 그래프는 그림과 같다.

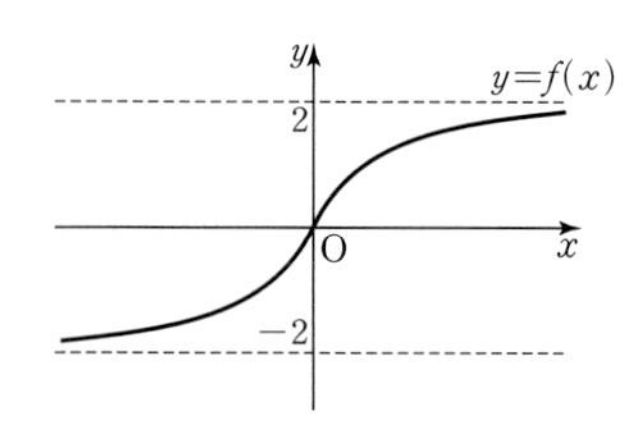

따라서 모든 실수 x에 대하여 $-2<f(x)<2$이다. (참)

step 3 함수와 역함수로 둘러싸인 부분에 포함되는 x좌표와 y좌표가 정수인 점의 개수를 구한다.

ㄷ. 두 곡선 $y=f(x)$, $y=f^{-1}(x)$는 직선 $y=x$에 대하여 대칭이다.

$\frac{2x}{1+|x|}=x$에서 $x=0$ 또는 $x=-1$ 또는 $x=1$

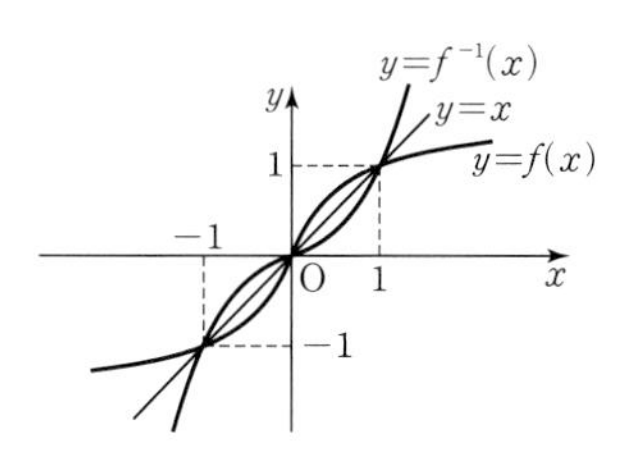

그림과 같이 두 곡선 $y=f(x)$, $y=f^{-1}(x)$로 둘러싸인 부분에 포함되는 x좌표와 y좌표가 모두 정수인 점의 개수는 $(-1, -1)$, $(0, 0)$, $(1, 1)$의 3이다. (참)

이상에서 옳은 것은 ㄱ, ㄴ, ㄷ이다. 답 ⑤

49

그림과 같이 곡선 $y=\frac{3}{x}$ 위의 제1사분면에 있는 점 P와 곡선 $y=-\frac{12}{x}$ 위의 제4사분면에 있는 점 Q에 대하여 삼각형 OPQ의 넓이의 최솟값은? (단, O는 원점이다.)

→ $P\left(p, \frac{3}{p}\right)$

→ $Q\left(q, -\frac{12}{q}\right)$

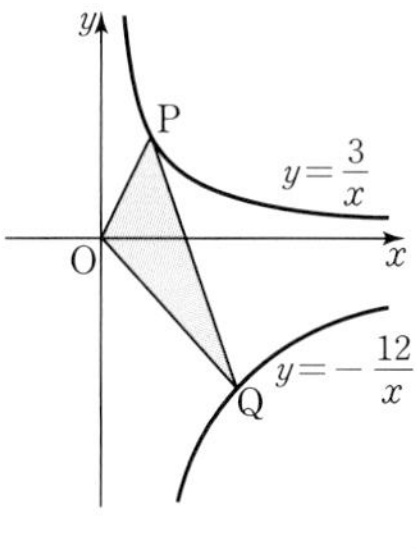

① 2 ② 4 √③ 6 ④ 8 ⑤ 10

step 1 삼각형 OPQ의 넓이를 구한다.

두 점 P, Q의 좌표를 각각 $P\left(p, \frac{3}{p}\right)$, $Q\left(q, -\frac{12}{q}\right)$ $(p>0, q>0)$라 하고 두 점 P, Q에서 y축에 내린 수선의 발을 각각 R, S라 하자.

사다리꼴 PRSQ의 넓이는

$\frac{1}{2}\times(p+q)\times\left(\frac{3}{p}+\frac{12}{q}\right)=\frac{1}{2}\left(15+\frac{12p}{q}+\frac{3q}{p}\right)$

삼각형 OPR의 넓이는 $\frac{1}{2}\times p\times\frac{3}{p}=\frac{3}{2}$

삼각형 OSQ의 넓이는 $\frac{1}{2}\times q\times\frac{12}{q}=6$

따라서 삼각형 OPQ의 넓이는

$\frac{1}{2}\left(15+\frac{12p}{q}+\frac{3q}{p}\right)-\frac{3}{2}-6=\frac{1}{2}\left(\frac{12p}{q}+\frac{3q}{p}\right)$

step 2 산술평균과 기하평균의 관계를 이용하여 넓이의 최솟값을 구한다.

$\frac{1}{2}\left(\frac{12p}{q}+\frac{3q}{p}\right)\geq\frac{1}{2}\times2\sqrt{\frac{12p}{q}\times\frac{3q}{p}}=6$

$\left(\text{단, 등호는 }\frac{12p}{q}=\frac{3q}{p}\text{, 즉 }q=2p\text{일 때 성립한다.}\right)$

따라서 삼각형 OPQ의 넓이의 최솟값은 6이다. 답 ③

50

함수 $y=\frac{1}{x}$의 그래프의 제1사분면 위의 점 A와 두 점 B$(-2, -1)$, C$(1, -10)$을 꼭짓점으로 하는 삼각형 ABC의 넓이의 최솟값을 구하시오.

→ 직선 BC의 기울기를 구한다.

$\frac{21+6\sqrt{3}}{2}$

step 1 $\overline{BC}$의 길이를 구한 후 삼각형의 넓이가 최소가 되는 조건을 파악한다.

$\overline{BC}=\sqrt{3^2+9^2}=3\sqrt{10}$이고 $\overline{BC}$를 삼각형 ABC의 밑변으로 놓을 때, 삼각형 ABC의 넓이가 최솟값을 갖는 경우는 높이가 최소인 경우이다.

즉, 직선 BC의 기울기가 $\frac{-10-(-1)}{1-(-2)}=-3$이므로

직선 $y=-3x+k$와 곡선 $y=\frac{1}{x}$ $(x>0)$이 접할 때의 접점이 A일 때, 높이가 최소이다.

step 2 식을 정리한 후 판별식을 이용한다.

$-3x+k=\frac{1}{x}$에서 $-3x^2+kx-1=0$

이 이차방정식의 판별식을 D라 하면

$D=k^2-4\times(-3)\times(-1)=0$을 만족시켜야 하므로 $k^2=12$

$k>0$이므로 $k=2\sqrt{3}$

즉, 높이는 점 B$(-2, -1)$과 직선 $y=-3x+2\sqrt{3}$ 사이의 거리와 같다.

점 B$(-2, -1)$과 직선 $3x+y-2\sqrt{3}=0$ 사이의 거리는

$\frac{|-6-1-2\sqrt{3}|}{\sqrt{3^2+1^2}}=\frac{7+2\sqrt{3}}{\sqrt{10}}$

따라서 삼각형 ABC의 넓이의 최솟값은

$\frac{1}{2}\times3\sqrt{10}\times\frac{7+2\sqrt{3}}{\sqrt{10}}=\frac{21+6\sqrt{3}}{2}$ 답 $\frac{21+6\sqrt{3}}{2}$

51

두 함수 $y=\frac{x+1}{x-a}$, $y=-\frac{ax}{x+2}$의 그래프의 점근선으로 둘러싸인 부분의 넓이가 $\frac{1}{4}$이 되도록 하는 모든 실수 a의 값의 합은?

(단, $a(a+1)\neq0$)

→ 모든 점근선의 방정식을 구한다.

① -5 √② $-\frac{9}{2}$ ③ -4 ④ $-\frac{7}{2}$ ⑤ -3

step 1 유리함수의 그래프의 점근선을 구한 후 넓이를 식으로 나타낸다.

$y=\frac{x+1}{x-a}=\frac{(x-a)+a+1}{x-a}=\frac{a+1}{x-a}+1$이므로 점근선의 방정식은

$x=a$, $y=1$

$y=-\frac{ax}{x+2}=\frac{-a(x+2)+2a}{x+2}=\frac{2a}{x+2}-a$이므로 점근선의 방정식은

$x=-2$, $y=-a$

따라서 네 점근선으로 둘러싸인 부분의 넓이는

$|a+2||-a-1|=|a+2||a+1|=|a^2+3a+2|$

$(a+2)(a+1)\le 0$에서 $-2\le a\le -1$이므로

$$|a^2+3a+2|=\begin{cases}-a^2-3a-2 & (-2\le a\le -1)\\ a^2+3a+2 & (a\le -2 \text{ 또는 } a\ge -1)\end{cases}$$

step 2 a의 값의 범위에 따라 a의 값을 구한다.

(i) $-2\le a\le -1$일 때

$-a^2-3a-2=\frac{1}{4}$, $-4a^2-12a-8=1$

$4a^2+12a+9=(2a+3)^2=0$이므로 $a=-\frac{3}{2}$

(ii) $a\le -2$ 또는 $a\ge -1$일 때

$a^2+3a+2=\frac{1}{4}$, $4a^2+12a+8=1$

$4a^2+12a+7=0$이므로

$a=\frac{-6\pm\sqrt{6^2-28}}{4}=\frac{-6\pm 2\sqrt{2}}{4}=\frac{-3\pm\sqrt{2}}{2}$

$\frac{-3-\sqrt{2}}{2}<-2$이고 $\frac{-3+\sqrt{2}}{2}>-1$

(i), (ii)에 의하여 구하는 모든 실수 a의 값의 합은

$-\frac{3}{2}+\frac{-3+\sqrt{2}}{2}+\frac{-3-\sqrt{2}}{2}=-\frac{3}{2}-3=-\frac{9}{2}$ 답 ②

52

실수 전체의 집합에서 정의된 함수

$$f(x)=\begin{cases}-x+a & (x\le 2)\\ \dfrac{b(x-2)+a-2}{x-1} & (x>2)\end{cases}$$

가 다음 조건을 만족시킨다.

(가) $f(1)=5$ → $f(1)=-1+a$
(나) 함수 $f(x)$의 치역은 $\{y|y>2\}$이다.

$f(a-b)$의 값은? (단, a, b는 상수이다.)

① $\frac{7}{3}$ ② $\frac{5}{2}$ ✓③ $\frac{8}{3}$ ④ $\frac{17}{6}$ ⑤ 3

step 1 주어진 조건을 이용하여 두 상수 a, b를 구한다.

조건 (가)에서 $f(1)=-1+a=5$이므로 $a=6$

조건 (나)에서 치역이 2보다 크므로 곡선 $y=f(x)$의 점근선은 $y=2$이어야 한다.

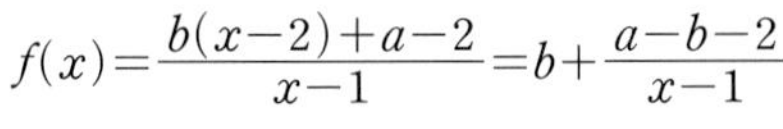
$f(x)=\frac{b(x-2)+a-2}{x-1}=b+\frac{a-b-2}{x-1}$

이므로 $b=2$

step 2 함수 $f(x)$를 이용하여 함숫값을 구한다.

따라서 $f(x)=\begin{cases}-x+6 & (x\le 2)\\ \dfrac{2x}{x-1} & (x>2)\end{cases}$이므로

$f(a-b)=f(4)=\frac{8}{3}$ 답 ③

53

그림과 같이 함수 $f(x)=3\sqrt{x-2}+k$의 그래프와 그 역함수 $y=f^{-1}(x)$의 그래프가 서로 다른 두 점 A, B에서 만날 때, 선분 AB의 길이의 최댓값은? → 함수 $y=f(x)$의 그래프와 직선 $y=x$가 서로 다른 두 점에서 만난다.

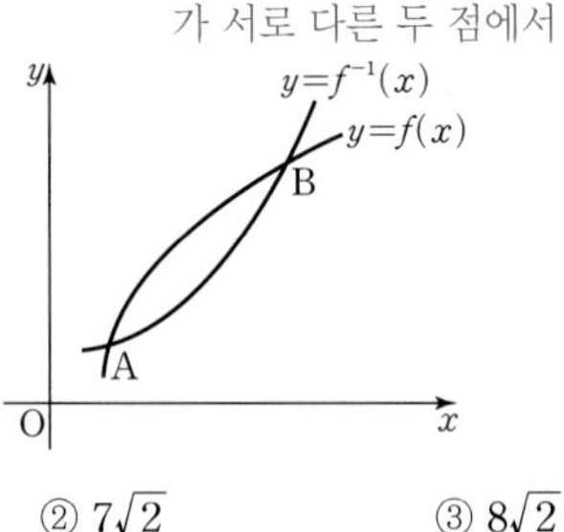

① $6\sqrt{2}$ ② $7\sqrt{2}$ ③ $8\sqrt{2}$ ✓④ $9\sqrt{2}$ ⑤ $10\sqrt{2}$

step 1 함수 $y=f(x)$의 그래프와 직선 $y=x$의 교점을 구한다.

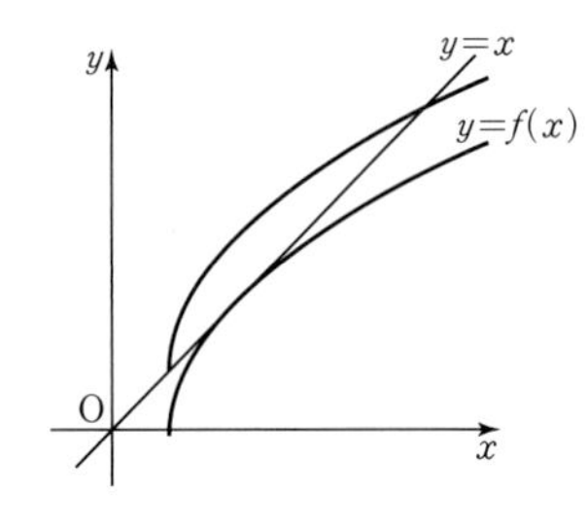

함수 $y=f(x)$의 그래프와 그 역함수 $y=f^{-1}(x)$의 그래프가 서로 다른 두 점에서 만나려면 그림과 같이 함수 $f(x)=3\sqrt{x-2}+k$의 그래프가 직선 $y=x$와 서로 다른 두 점에서 만나야 한다.

선분 AB의 길이가 최대이려면 함수 $f(x)=3\sqrt{x-2}+k$의 그래프 위의 점 $(2, k)$가 직선 $y=x$ 위에 있어야 한다. 즉, $k=2$

함수 $f(x)=3\sqrt{x-2}+2$의 역함수는 $f^{-1}(x)=\left(\frac{x-2}{3}\right)^2+2\ (x\ge 2)$이므로 곡선 $y=f^{-1}(x)$와 직선 $y=x$의 교점을 구하면

$\left(\frac{x-2}{3}\right)^2+2=x$

$(x-2)^2=9(x-2)$에서 $(x-2)(x-11)=0$

$x=2$ 또는 $x=11$

step 2 두 점 사이의 거리를 구한다.

선분 AB의 길이의 최댓값은 A$(2, 2)$, B$(11, 11)$일 때이므로

$\sqrt{(11-2)^2+(11-2)^2}=9\sqrt{2}$ 답 ④

54

→ 점 A는 함수 $y=f(x)$의 그래프와 직선 $y=x$의 교점이다.

그림과 같이 함수 $f(x)=\sqrt{x+2}$의 그래프와 그 역함수 $y=f^{-1}(x)$의 그래프가 만나는 점을 A라 하고, 직선 $y=-x$가 두 곡선 $y=f(x)$, $y=f^{-1}(x)$와 만나는 점을 각각 B, C라 하자. 삼각형 ABC의 넓이를 구하시오. 4

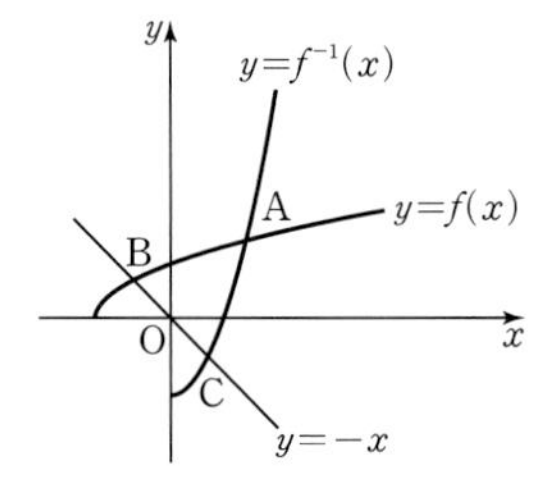

step 1 함수 $y=f(x)$의 그래프와 직선 $y=x$의 교점을 구한다.

함수 $f(x)=\sqrt{x+2}$의 역함수는 $f^{-1}(x)=x^2-2\ (x\ge0)$이다.
두 곡선 $y=f(x)$, $y=f^{-1}(x)$의 교점은 곡선 $y=f^{-1}(x)$와 직선 $y=x$의 교점과 같다.
$x^2-2=x$, $x^2-x-2=0$에서
$(x-2)(x+1)=0$
이때 $x\ge0$이므로 $x=2$, 즉 $A(2,\ 2)$

step 2 함수 $y=f^{-1}(x)$의 그래프와 직선 $y=-x$의 교점을 구한다.

곡선 $y=f^{-1}(x)$와 직선 $y=-x$의 교점은
$x^2-2=-x$, $x^2+x-2=0$에서
$(x+2)(x-1)=0$
이때 $x\ge0$이므로 $x=1$, 즉 $C(1,\ -1)$
$B(-1,\ 1)$이므로 $\overline{BC}=\sqrt{4+4}=2\sqrt{2}$

step 3 삼각형 ABC의 넓이를 구한다.

따라서 삼각형 ABC의 넓이는 $\frac{1}{2}\times2\sqrt{2}\times2\sqrt{2}=4$ 답 4

55

두 함수 f, g가 $f(x)=\frac{3}{x+1}$, $g(x)=\sqrt{x-1}+2$일 때, $1\le x\le10$에서 함수 $(f\circ g)(x)$의 최댓값과 최솟값의 합은?

→ $g(x)$의 치역을 파악한다.

✓① $\frac{3}{2}$ ② 2 ③ $\frac{5}{2}$
④ 3 ⑤ $\frac{7}{2}$

step 1 함수 $y=g(x)$의 치역을 구한다.

함수 $y=g(x)$의 그래프가 그림과 같으므로 $1\le x\le10$에서
$2\le g(x)\le5$

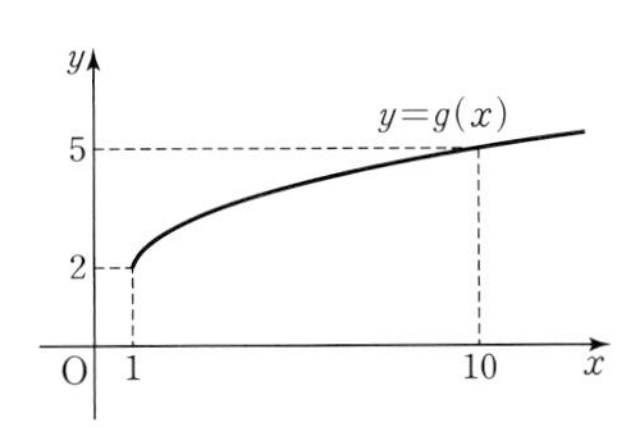

step 2 함수 $(f\circ g)(x)$의 치역을 구한 후, 최댓값과 최솟값의 합을 구한다.

함수 $y=f(x)$의 그래프가 그림과 같으므로
$\frac{3}{5+1}\le(f\circ g)(x)\le\frac{3}{2+1}$에서
$\frac{1}{2}\le(f\circ g)(x)\le1$
따라서 구하는 최댓값은 1이고, 최솟값은 $\frac{1}{2}$이므로 그 합은 $1+\frac{1}{2}=\frac{3}{2}$

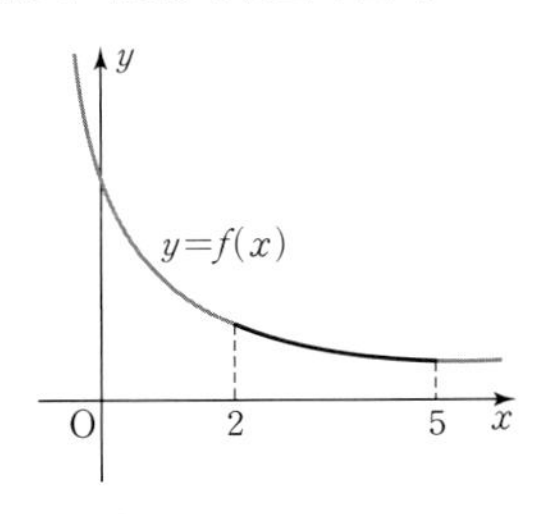

답 ①

56

→ 함수 $y=\sqrt{|x+1|}$의 그래프와 직선 $y=x+k$의 교점의 개수가 2이다.

방정식 $\sqrt{|x+1|}=x+k$가 서로 다른 두 근을 갖도록 하는 모든 실수 k의 값의 합은?

① 2 ✓② $\frac{9}{4}$ ③ $\frac{5}{2}$
④ $\frac{11}{4}$ ⑤ 3

step 1 함수의 그래프를 그린 후 조건을 만족시키는 경우를 파악한다.

방정식 $\sqrt{|x+1|}=x+k$의 실근의 개수는 함수 $y=\sqrt{|x+1|}$의 그래프와 직선 $y=x+k$가 만나는 점의 개수와 같다.
$x\ge-1$일 때, $\sqrt{|x+1|}=\sqrt{x+1}$
$x<-1$일 때, $\sqrt{|x+1|}=\sqrt{-x-1}$이므로
함수 $y=\sqrt{|x+1|}$의 그래프는 그림과 같다.
함수 $y=\sqrt{|x+1|}$의 그래프와 직선 $y=x+k$가 두 점에서 만나려면 위의 그림과 같이 접하거나 점 $(-1,\ 0)$을 지나야 한다.

step 2 각 경우에 대한 k의 값을 구한다.

(i) 접하는 경우
$\sqrt{x+1}=x+k$, $x+1=x^2+2kx+k^2$, $x^2+(2k-1)x+k^2-1=0$
이 이차방정식의 판별식을 D라 하면
$D=(2k-1)^2-4(k^2-1)=0$이어야 하므로
$-4k+5=0$에서 $k=\frac{5}{4}$

(ii) 점 $(-1,\ 0)$을 지나는 경우
$-1+k=0$에서 $k=1$

(i), (ii)에서 조건을 만족시키는 실수 k의 값의 합은
$\frac{5}{4}+1=\frac{9}{4}$ 답 ②

57

→ $A\left(a,\ \frac{4}{a-2}+1\right)$

함수 $y=\frac{4}{x-2}+1$의 그래프 위의 점 A와 점 $B(2,\ 1)$에 대하여 선분 AB의 길이의 최솟값은?

① $\sqrt{2}$ ② 2 ③ $\sqrt{6}$
✓④ $2\sqrt{2}$ ⑤ $\sqrt{10}$

step 1 $\overline{AB}$를 점 A의 x좌표에 대한 식으로 나타낸다.

곡선 $y=\frac{4}{x-2}+1$ 위의 점 A의 좌표를 $A\left(a,\ \frac{4}{a-2}+1\right)$이라 하면
$\overline{AB}=\sqrt{(a-2)^2+\left(\frac{4}{a-2}+1-1\right)^2}=\sqrt{(a-2)^2+\frac{16}{(a-2)^2}}$

step 2 산술평균과 기하평균의 관계를 이용한다.

산술평균과 기하평균의 관계에 의하여
$(a-2)^2+\frac{16}{(a-2)^2}\ge2\sqrt{(a-2)^2\times\frac{16}{(a-2)^2}}=2\times4=8$
$\left(\text{단, 등호는 }(a-2)^2=\frac{16}{(a-2)^2}\text{일 때 성립한다.}\right)$
따라서 $\overline{AB}\ge2\sqrt{2}$이므로 선분 AB의 길이의 최솟값 $2\sqrt{2}$이다. 답 ④

58

실수 k에 대하여 x에 대한 방정식 $\left|\frac{2x+1}{-x+3}\right|=k$의 서로 다른 실근의 개수를 $f(k)$라 할 때, $f(k)=2$이고 $|k|\le10$인 모든 정수 k의 개수는?

→ $\frac{2x+1}{-x+3}=\frac{-7}{x-3}-2$

① 6 ② 7 ③ 8
✓④ 9 ⑤ 10

step 1 함수의 그래프를 그린다.

x에 대한 방정식 $\left|\dfrac{2x+1}{-x+3}\right|=k$의 서로 다른 실근의 개수는

함수 $y=\left|\dfrac{2x+1}{-x+3}\right|$의 그래프와 직선 $y=k$가 만나는 점의 개수와 같다.

$y=\dfrac{2x+1}{-x+3}=\dfrac{-2(-x+3)+7}{-x+3}$

$=\dfrac{-7}{x-3}-2$이므로 함수 $y=\left|\dfrac{2x+1}{-x+3}\right|$

의 그래프는 그림과 같다.

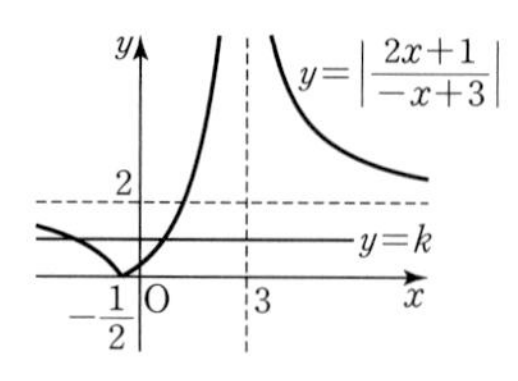

step 2 k의 값의 범위에 따라 $f(k)$의 값을 구한다.

$k<0$일 때, $f(k)=0$

$k=0$ 또는 $k=2$일 때, $f(k)=1$

$0<k<2$ 또는 $k>2$일 때, $f(k)=2$

따라서 $f(k)=2$이고 $|k|\le 10$인 모든 정수 k의 개수는 1, 3, 4, $\cdots$, 10의 9이다.

답 ④

59

세 상수 a, b, c가 다음 조건을 만족시킬 때, abc의 값은?

(가) 함수 $y=\sqrt{ax+b}+c$의 정의역은 $\{x|x\le 1\}$, 치역은 $\{y|y\ge -1\}$이다.

(나) 직선 $y=\dfrac{1}{2}$은 함수 $y=\dfrac{cx}{ax+b}$의 그래프의 점근선이다.

↳ $\dfrac{c}{a}=\dfrac{1}{2}$

① 1 ② 2 ③ 3 √④ 4 ⑤ 5

step 1 무리함수의 정의역과 치역을 이용하여 a, b의 관계식과 c의 값을 구한다.

조건 (가)에서 $y=\sqrt{ax+b}+c=\sqrt{a\left(x+\dfrac{b}{a}\right)}+c$

정의역은 $\{x|x\le 1\}$이므로 $a<0$, $-\dfrac{b}{a}=1$, 즉 $a<0$, $b=-a$

치역은 $\{y|y\ge -1\}$이므로 $c=-1$

step 2 유리함수의 그래프의 점근선을 이용하여 a, b의 값을 구한다.

조건 (나)에서 $y=\dfrac{cx}{ax+b}=\dfrac{c}{a}-\dfrac{\frac{bc}{a}}{ax+b}$이므로

두 직선 $x=-\dfrac{b}{a}$, $y=\dfrac{c}{a}$는 함수 $y=\dfrac{cx}{ax+b}$의 그래프의 점근선이다.

$\dfrac{c}{a}=\dfrac{1}{2}$이므로 $a=-2$

따라서 $abc=(-2)\times 2\times(-1)=4$

답 ④

60

함수 $f(x)=\dfrac{kx}{x+1}$의 그래프를 x축의 방향으로 3만큼, y축의 방향으로 m만큼 평행이동하였더니 함수 $y=f^{-1}(x)$의 그래프와 일치하였다. $f(m)$의 값은? (단, k, m은 상수이다.)

↳ $y=\dfrac{k(x-3)}{(x-3)+1}+m$

↳ 역함수의 그래프는 직선 $y=x$에 대하여 대칭이므로 x, y를 바꾸어 정리한다.

① 1 ② 2 √③ 3 ④ 4 ⑤ 5

step 1 함수 $y=f(x)$의 역함수를 구한다.

$y=\dfrac{kx}{x+1}$에서 $x=\dfrac{ky}{y+1}$, $xy+x=ky$

$y=\dfrac{-x}{x-k}$이므로 $f^{-1}(x)=\dfrac{-x}{x-k}$

step 2 함수 $y=f(x)$의 그래프를 평행이동한 그래프의 방정식을 구한다.

함수 $f(x)=\dfrac{kx}{x+1}$의 그래프를 x축의 방향으로 3만큼, y축의 방향으로 m만큼 평행이동하면

$f^{-1}(x)=\dfrac{k(x-3)}{(x-3)+1}+m=\dfrac{kx-3k}{x-2}+m$

$=\dfrac{(k+m)x-3k-2m}{x-2}$

$\dfrac{-x}{x-k}=\dfrac{(k+m)x-3k-2m}{x-2}$이므로

$k=2$, $k+m=-1$, $-3k-2m=0$, 즉 $k=2$, $m=-3$

step 3 함수 $y=f(x)$를 구한 후 함숫값을 구한다.

따라서 $f(x)=\dfrac{2x}{x+1}$이므로

$f(m)=f(-3)=\dfrac{2\times(-3)}{-3+1}=3$

답 ③

61

함수 $y=a\sqrt{bx+c}$의 그래프가 그림과 같을 때, 다음 중 함수 $y=\dfrac{b}{x+a}+c$의 그래프로 적당한 것은? (단, a, b, c는 상수이다.)

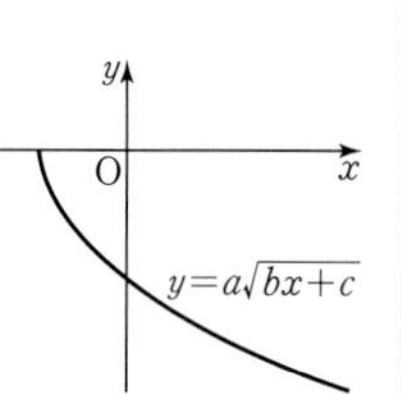

√①
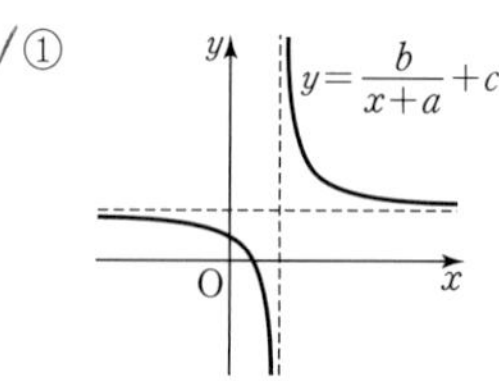

②
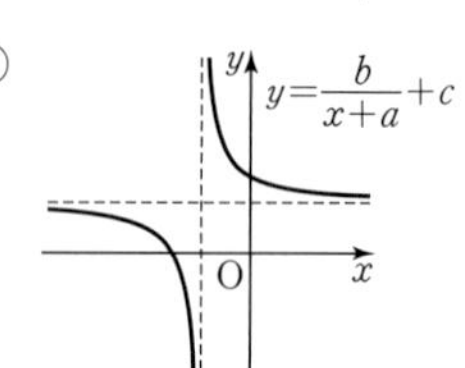

③
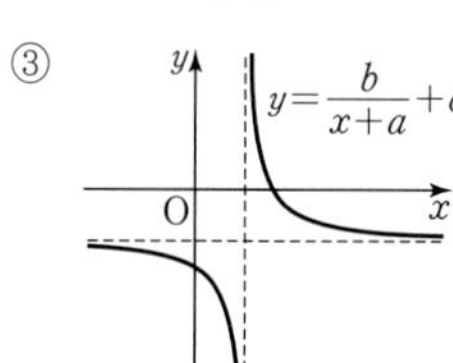

④
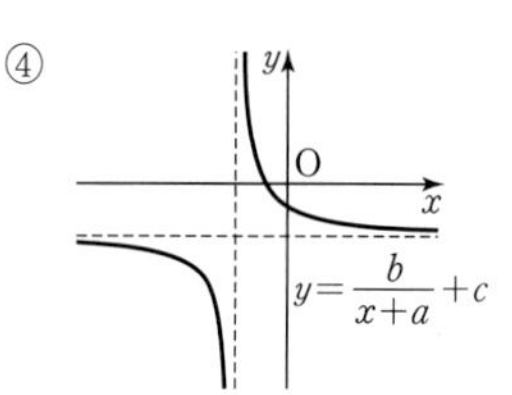

⑤
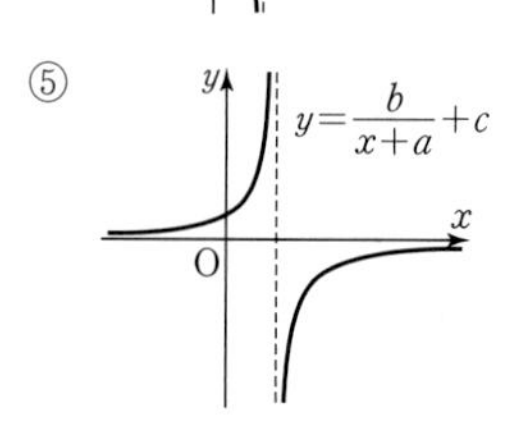

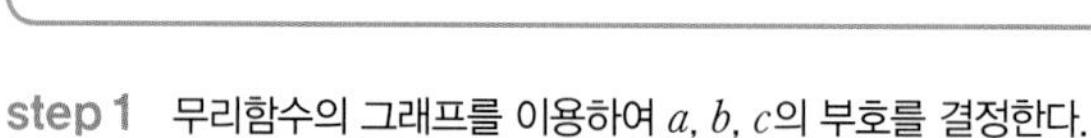

step 1 무리함수의 그래프를 이용하여 a, b, c의 부호를 결정한다.

$y=a\sqrt{bx+c}=a\sqrt{b\left(x+\dfrac{c}{b}\right)}$이므로

함수 $y=a\sqrt{bx+c}$의 그래프에서

$a<0$, $b>0$, $-\dfrac{c}{b}<0$

즉, $a<0$, $b>0$, $c>0$

step 2 a, b, c의 부호를 이용하여 유리함수의 그래프를 추론한다.

따라서 함수 $y=\frac{b}{x+a}+c$의 그래프의 점근선은 두 직선

$x=-a,\ y=c$이고, $b>0$이므로

함수 $y=\frac{b}{x+a}+c$의 그래프로 적당한 것은 ①이다. 답 ①

62

정의역이 $\{x|x\geq-2,\ x\text{는 실수}\}$이고 공역이 $\{y|y\leq1,\ y\text{는 실수}\}$인 함수

$$f(x)=\begin{cases} ax+3|x-2| & (x\geq1) \\ \frac{bx}{x-a} & (-2\leq x\leq1) \end{cases}$$

의 역함수가 존재하도록 하는 상수 a의 값을 구하시오. $-\frac{5+\sqrt{57}}{4}$

step 1 역함수가 존재할 조건을 파악한다.

$x\geq2$일 때, $ax+3(x-2)=(a+3)x-6$

$x\leq2$일 때, $ax-3(x-2)=(a-3)x+6$이므로

$$f(x)=\begin{cases} (a+3)x-6 & (x\geq2) \\ (a-3)x+6 & (1\leq x\leq2) \\ \frac{bx}{x-a} & (-2\leq x\leq1) \end{cases}$$

이 함수의 역함수가 존재해야 하므로 일대일대응이어야 한다.

step 2 일대일대응이 되도록 하는 $a,\ b$의 값을 구한다.

즉, 이 함수가 함수이려면

$f(1)=a+3,\ f(1)=\frac{b}{1-a}$에서

$a+3=\frac{b}{1-a}$이므로 $b=-a^2-2a+3$ …… ㉠

이 함수가 일대일대응이려면

우선 $(a+3)(a-3)>0$을 만족해야 한다.

즉, $a<-3$ 또는 $a>3$

(i) $a>3$인 경우

$f(3)=3a+3>12$

(ii) $a<-3$인 경우

$f(x)$가 함수이려면 $f(1)<1$이어야 한다.

$f(x)$가 일대일대응이려면

$-2\leq x\leq1$에서 함수 $y=\frac{bx}{x-a}$의 그래프가 감소해야 한다.

$y=\frac{bx}{x-a}=\frac{b(x-a)+ab}{x-a}$

$=\frac{ab}{x-a}+b$

에서 $ab>0,\ a<-3$이므로 $b<0$이고

$f(-2)=\frac{-2b}{-2-a}=1$, 즉 $b=\frac{a+2}{2}$

이를 ㉠에 대입하면

$a+2=-2a^2-4a+6$

$2a^2+5a-4=0$

$a=\frac{-5\pm\sqrt{57}}{4}$

$a<-3$이므로 $a=-\frac{5+\sqrt{57}}{4}$

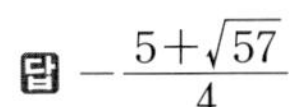
답 $-\frac{5+\sqrt{57}}{4}$

63

$\overline{AB}=4$이고 넓이가 3인 삼각형 ABC에 대하여 점 C를 지나고 직선 AB와 평행한 직선 위에 점 D를 잡을 때, 두 삼각형 ABC와 DAB가 겹쳐지는 부분의 넓이를 x라 하자. $\overline{CD}$를 x에 관한 식으로 나타내면 $\frac{ax+b}{x-c}$일 때, 세 실수 $a,\ b,\ c$에 대하여 $a+b+c$의 값은?

① 6 ② 7 √③ 8
④ 9 ⑤ 10

step 1 두 삼각형 ABC와 DAB가 겹쳐지는 부분의 넓이와 $\overline{CD}$의 관계식을 구한다.

그림과 같이 점 D가 점 C의 오른쪽에 있을 때, 두 선분 AD와 BC가 만나는 점을 E라 하자.

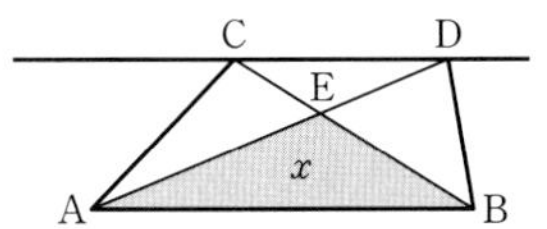

두 삼각형 EDC, EAB는 닮음이므로

$\overline{CD}:\overline{BA}=\overline{CE}:\overline{BE},\ \overline{CD}:4=\overline{CE}:\overline{BE}$

$\overline{CD}\times\overline{BE}=4\overline{CE}$에서 $\overline{CD}=4\frac{\overline{CE}}{\overline{BE}}$ …… ㉠

삼각형 ABC와 EAB의 넓이의 비는 $3:x=\overline{BC}:\overline{BE}$이므로

$\overline{CE}=\frac{3-x}{x}\times\overline{BE}$에서 $\frac{\overline{CE}}{\overline{BE}}=\frac{3-x}{x}$

step 2 $\overline{CD}$를 x에 관한 식으로 나타낸다.

㉠에 대입하면 $\overline{CD}=\frac{12-4x}{x}=\frac{ax+b}{x+c}$

따라서 $a=-4,\ b=12,\ c=0$이므로

$a+b+c=-4+12+0=8$ 답 ③

64

정수 n에 대하여 x에 대한 방정식 $\sqrt{n-x}=\frac{x-2}{x-1}\ (n\geq x,\ x\neq1)$의 서로 다른 실근의 개수를 $f(n)$이라 할 때, 〈보기〉에서 옳은 것만을 있는 대로 고른 것은?

보기
ㄱ. $f(1)=1$
ㄴ. $f(0)+f(2)=3$
ㄷ. $f(n)=2$를 만족시키는 n의 최솟값은 2이다.

① ㄱ ② ㄴ ③ ㄱ, ㄴ
④ ㄱ, ㄷ √⑤ ㄱ, ㄴ, ㄷ

step 1 함수 $y=\frac{x-2}{x-1}$의 그래프를 그린다.

x에 대한 방정식 $\sqrt{n-x}=\frac{x-2}{x-1}$의 서로 다른 실근의 개수는 함수 $y=\sqrt{n-x}$의 그래프와 함수 $y=\frac{x-2}{x-1}$의 그래프가 만나는 점의 개수와 같다.

$y=\frac{x-2}{x-1}=\frac{-1}{x-1}+1$

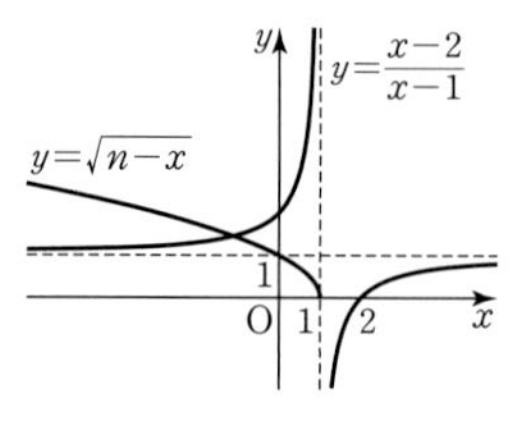

함수 $y=\frac{x-2}{x-1}$의 그래프는 함수 $y=-\frac{1}{x}$의 그래프를 x축의 방향으로 1만큼, y축의 방향으로 1만큼 평행이동시킨 것과 같으므로 그림과 같다.

step 2 $f(n)$을 구한다.

$\frac{x-2}{x-1}=0$에서 $x=2$이므로

$n<2$이면 $f(n)=1$

$n\ge2$이면 $f(n)=2$

step 3 참, 거짓을 판단한다.

ㄱ. $f(1)=1$ (참)

ㄴ. $f(0)+f(2)=1+2=3$ (참)

ㄷ. $n\ge2$이면 $f(n)=2$이므로 n의 최솟값은 2이다. (참)

이상에서 옳은 것은 ㄱ, ㄴ, ㄷ이다.

답 ⑤

1등급을 넘어서는 **상위 1%**

본문 57쪽

65

그림과 같이 두 곡선 $y=2\sqrt{x}$, $y=\frac{10n}{x}$과 직선 $y=1$로 둘러싸인 영역의 내부 또는 그 경계에 포함되고 x좌표와 y좌표가 모두 자연수인 점의 개수가 100 이상 250 이하가 되도록 하는 모든 자연수 n의 값의 합을 구하시오. 45

무리함수를 포함한 점의 개수는 y좌표를 기준으로 센다.

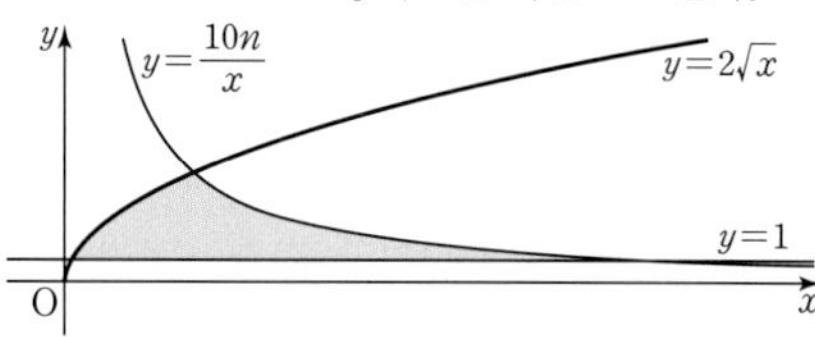

step 1 y좌표의 값에 따른 x좌표의 값의 범위를 구한다.

$y\le2\sqrt{x}$, $y\le\frac{10n}{x}$에서 $\frac{y^2}{4}\le x\le\frac{10n}{y}$ → y의 값에 따른 x의 값의 범위를 구한다.

$y=1$일 때, $\frac{1}{4}\le x\le10n$

$y=2$일 때, $1\le x\le5n$

$y=3$일 때, $\frac{9}{4}\le x\le\frac{10n}{3}$

$y=4$일 때, $4\le x\le\frac{5n}{2}$ $(n\ge2)$

$y=5$일 때, $\frac{25}{4}\le x\le2n$ $(n\ge4)$

$y=6$일 때, $9\le x\le\frac{5n}{3}$ $(n\ge6)$

$y=7$일 때, $\frac{49}{4}\le x\le\frac{10n}{7}$ $(n\ge9)$

$y=8$일 때, $16\le x\le\frac{5n}{4}$ $(n\ge13)$

⋮

이므로

n의 값을 고정하고 y의 값에 따른 x의 값의 범위를 이용하여 점의 개수를 구한다.

step 2 n의 값에 따라 점의 개수를 구한다.

$n=1$일 때, $\frac{1}{4}\le x\le10$, $1\le x\le5$, $\frac{9}{4}\le x\le\frac{10}{3}$이므로 점의 개수는 $10+5+1=16$

$n=2$일 때, $\frac{1}{4}\le x\le20$, $1\le x\le10$, $\frac{9}{4}\le x\le\frac{20}{3}$, $4\le x\le5$이므로 점의 개수는 $20+10+4+2=36$

$n=3$일 때, 점의 개수는 $30+15+8+4=57$

$n=4$일 때, 점의 개수는 $40+20+11+7+2=80$

$n=5$일 때, 점의 개수는 $50+25+14+9+4=102$

⋮

$n=10$일 때, 점의 개수는 $100+50+31+22+14+8+2=227$

$n=11$일 때, 점의 개수는 $110+55+34+24+16+10+3=252$

step 3 조건을 만족시키는 n의 값의 합을 구한다.

따라서 구하는 자연수 n은 5, 6, 7, 8, 9, 10이므로 그 합은 45이다.

답 45

순열과 조합

기출에서 찾은 내신 필수 문제

본문 60~63쪽

01 ②	02 ②	03 ⑤	04 ②	05 ④
06 ③	07 ④	08 84	09 ④	10 ②
11 ②	12 ①	13 ①	14 ③	15 ③
16 ③	17 ②	18 ①	19 ②	20 ①
21 ④	22 315	23 54	24 6	

01 6의 배수는 2의 배수이고 3의 배수이므로 일의 자리의 숫자가 짝수이고 각 자리의 숫자의 합이 3의 배수이어야 한다.
(i) 세 수가 0, 1, 2일 때, 만들 수 있는 수는 102, 120, 210의 3가지
(ii) 세 수가 0, 2, 4일 때, 만들 수 있는 수는 204, 240, 402, 420의 4가지
(iii) 세 수가 1, 2, 3일 때, 만들 수 있는 수는 132, 312의 2가지
(iv) 세 수가 2, 3, 4일 때, 만들 수 있는 수는 234, 324, 342, 432의 4가지
(i) ~ (iv)에서 구하는 수의 개수는 합의 법칙에 의하여
$3+4+2+4=13$ 답 ②

02 100 이하의 자연수 중에서
4의 배수의 개수는 4, 8, …, 100의 25
9의 배수의 개수는 9, 18, …, 99의 11
4와 9의 최소공배수 36의 배수의 개수는 36, 72의 2
따라서 구하는 자연수의 개수는
$25+11-2=34$ 답 ②

03 두 주사위에서 나오는 눈의 수를 순서쌍으로 나타내면
(i) 두 눈의 수의 합이 6의 배수인 경우
합이 6 또는 12인 경우이므로
합이 6인 경우: (1, 5), (2, 4), (3, 3), (4, 2), (5, 1)
합이 12인 경우: (6, 6)
의 6가지
(ii) 두 눈의 수의 곱이 6의 배수인 경우
곱이 6 또는 12 또는 18 또는 24 또는 30 또는 36인 경우이므로
곱이 6인 경우: (1, 6), (2, 3), (3, 2), (6, 1)
곱이 12인 경우: (2, 6), (3, 4), (4, 3), (6, 2)
곱이 18인 경우: (3, 6), (6, 3)
곱이 24인 경우: (4, 6), (6, 4)
곱이 30인 경우: (5, 6), (6, 5)
곱이 36인 경우: (6, 6)
의 15가지
(iii) 두 눈의 수의 합과 곱이 동시에 6의 배수인 경우는 (6, 6)의 1가지
(i), (ii), (iii)에 의하여 구하는 경우의 수는
$6+15-1=20$ 답 ⑤

04 부등식 $x+2y+3z \le 9$를 만족시키는 경우는
(i) $x+2y+3z=9$일 때,
순서쌍 (x, y, z)는 (4, 1, 1), (2, 2, 1), (1, 1, 2)의 3개
(ii) $x+2y+3z=8$일 때,
순서쌍 (x, y, z)는 (3, 1, 1), (1, 2, 1)의 2개
(iii) $x+2y+3z=7$일 때,
순서쌍 (x, y, z)는 (2, 1, 1)의 1개
(iv) $x+2y+3z=6$일 때,
순서쌍 (x, y, z)는 (1, 1, 1)의 1개
(i) ~ (iv)에서 구하는 세 자연수 x, y, z의 모든 순서쌍 (x, y, z)의 개수는 합의 법칙에 의하여
$3+2+1+1=7$ 답 ②

05 연필을 선택하는 방법의 수는 5이고, 샤프를 선택하는 방법의 수는 4이고, 볼펜을 선택하는 방법의 수는 3이므로 구하는 방법의 수는 곱의 법칙에 의하여
$5\times4\times3=60$ 답 ④

06 240을 소인수분해하면
$240=2^4\times3\times5$
2^4의 양의 약수의 개수는 1, 2, 2^2, 2^3, 2^4의 5이고
3의 양의 약수의 개수는 1, 3의 2이고
5의 양의 약수의 개수는 1, 5의 2이다.
이때 양의 약수가 짝수이려면 2^4의 양의 약수 중 1을 제외한 4개의 양의 약수 중 하나와 3의 양의 약수, 5의 양의 약수의 곱이어야 하므로
구하는 짝수인 양의 약수의 개수는
$4\times2\times2=16$ 답 ③

07 A지점에서 B지점으로 가는 방법의 수는 4이고, 그 각각에 대하여 B지점에서 A지점으로 가는 방법의 수가 3이므로 구하는 방법의 수는 곱의 법칙에 의하여
$4\times3=12$ 답 ④

08 (i) A와 C에 칠하는 색이 같을 때
A, B, C, D의 순서로 칠할 때, A에 칠할 수 있는 색은 4가지, B에 칠할 수 있는 색은 A에 칠한 색을 제외한 3가지, C에 칠할 수 있는 색은 1가지, D에 칠할 수 있는 색은 A, C에 칠한 색을 제외한 3가지이므로 칠하는 방법의 수는
$4\times3\times1\times3=36$
(ii) A와 C에 칠하는 색이 다를 때
A, B, C, D의 순서로 칠할 때, A에 칠할 수 있는 색은 4가지, B에 칠할 수 있는 색은 A에 칠한 색을 제외한 3가지, C에 칠할 수 있는 색은 A와 B에 칠한 색을 제외한 2가지, D에 칠할 수 있는 색은 A, C에 칠한 색을 제외한 2가지이므로 칠하는 방법의 수는
$4\times3\times2\times2=48$
(i), (ii)에 의하여 구하는 방법의 수는
$36+48=84$ 답 84

09 A지점에서 C지점을 지나 B지점으로 가는 방법의 수는 $3\times2=6$
A지점에서 D지점을 지나 B지점으로 가는 방법의 수는 $2\times3=6$

영우가 A → C → B, 그람이가 A → D → B로 가는 경우의 수는
$6\times6=36$
영우가 A → D → B, 그람이가 A → C → B로 가는 경우의 수는
$6\times6=36$
따라서 구하는 경우의 수는 합의 법칙으로부터
$36+36=72$ 답 ④

10 ${}_{n}P_{3}=n(n-1)(n-2)$이고 ${}_{n+2}P_{3}=(n+2)(n+1)n$이므로
$14n(n-1)(n-2)=5(n+2)(n+1)n$
한편, ${}_{n}P_{3}$에서 $n\ge3$, ${}_{n+2}P_{3}$에서 $n+2\ge3$, 즉 $n\ge1$이므로 $n\ge3$
따라서 양변을 n으로 나누면
$14(n-1)(n-2)=5(n+2)(n+1)$에서 $3(3n-1)(n-6)=0$
$n=\frac{1}{3}$ 또는 $n=6$
$n\ge3$인 자연수이므로 $n=6$ 답 ②

11 (i) 남학생끼리 모두 이웃하도록 세우는 경우
남학생 3명을 묶어서 생각하고 일렬로 세우는 경우의 수는 $3!$이고 남학생끼리 순서를 바꾸는 경우의 수는 $3!$이므로 구하는 경우의 수는
$3!\times3!=36$
(ii) 여학생끼리 모두 이웃하도록 세우는 경우
여학생 2명을 묶어서 생각하고 일렬로 세우는 경우의 수는 $4!$이고 여학생끼리 순서를 바꾸는 경우의 수는 $2!$이므로 구하는 경우의 수는
$4!\times2!=48$
(iii) 남학생이 모두 이웃하고 여학생이 모두 이웃하도록 세우는 경우
남학생 3명을 한 묶음, 여학생 2명을 한 묶음으로 생각하고 세우는 경우의 수는 $2!$이고 남학생끼리 순서를 바꾸는 경우의 수는 $3!$, 여학생끼리 순서를 바꾸는 경우의 수는 $2!$이므로 구하는 경우의 수는
$2!\times3!\times2!=24$
(i), (ii), (iii)에 의하여 구하는 경우의 수는
$36+48-24=60$ 답 ②

12 수학책 3권을 배열하는 경우의 수는 $3!=6$
수학책의 사이 및 양 끝에 영어책 4권을 배열하는 경우의 수는 $4!=24$
따라서 구하는 경우의 수는 $6\times24=144$ 답 ①

13 구하는 경우의 수는 7명의 학생 중 부장과 차장을 뽑는 경우의 수에서 1학년 학생 중 부장과 차장을 모두 뽑는 경우의 수를 뺀 것과 같다.
7명의 학생 중 부장과 차장을 뽑는 경우의 수는 ${}_{7}P_{2}=7\times6=42$
1학년 학생 중 부장과 차장을 모두 뽑는 경우의 수는 ${}_{4}P_{2}=4\times3=12$
따라서 구하는 경우의 수는
$42-12=30$ 답 ①

14 (i) 백의 자리의 숫자가 홀수일 때
백의 자리의 숫자는 1, 3, 5 중의 하나이고, 나머지 4개의 숫자를 십의 자리와 일의 자리에 배열하는 경우의 수는 ${}_{4}P_{2}$이므로 백의 자리 숫자가 홀수인 자연수의 개수는 $3\times{}_{4}P_{2}=36$
(ii) 백의 자리의 숫자가 짝수일 때
백의 자리의 숫자는 2, 4 중의 하나이고, 일의 자리의 숫자는 1, 3, 5 중의 하나, 십의 자리의 숫자는 나머지 3개의 숫자 중 하나이므로 백의 자리의 숫자가 짝수인 자연수의 개수는 $2\times3\times3=18$
(i), (ii)에서 구하는 자연수의 개수는 합의 법칙에 의하여
$36+18=54$ 답 ③

15 ${}_{n+2}C_{3}-{}_{n}C_{2}={}_{n}C_{2}+{}_{n+1}C_{n-1}$에서 ${}_{n+2}C_{3}=2\times{}_{n}C_{2}+{}_{n+1}C_{n-1}$
$n-1\ge0$, $n+2\ge3$, $n\ge2$를 만족시켜야 하므로 $n\ge2$
${}_{n+1}C_{n-1}={}_{n+1}C_{2}$이므로
$\frac{(n+2)(n+1)n}{3!}=2\times\frac{n(n-1)}{2!}+\frac{(n+1)n}{2!}$
$(n+2)(n+1)=6(n-1)+3(n+1)$에서
$n^2-6n+5=0$
$(n-1)(n-5)=0$이므로
$n=1$ 또는 $n=5$
$n\ge2$이므로 $n=5$ 답 ③

16 9장의 카드 중 3장을 택할 때, 4의 약수 1, 2, 4 중 하나가 적힌 카드가 반드시 포함되어야 하므로
9장 중 3장을 택하는 경우의 수는 ${}_{9}C_{3}=\frac{9\times8\times7}{3\times2\times1}=84$
4의 약수가 적힌 카드가 아닌 카드 6장 중 3장을 택하는 경우의 수는
${}_{6}C_{3}=\frac{6\times5\times4}{3\times2\times1}=20$
따라서 구하는 경우의 수는
$84-20=64$ 답 ③

17 남학생 6명 중에서 3명을 뽑는 경우의 수는 ${}_{6}C_{3}=20$
여학생 5명 중에서 3명을 뽑는 경우의 수는 ${}_{5}C_{3}=10$
따라서 구하는 경우의 수는
$20+10=30$ 답 ②

18 번호가 가장 작은 학생 1명을 뽑고 나머지 7명의 학생 중 2명을 뽑으면 되므로 구하는 경우의 수는
${}_{1}C_{1}\times{}_{7}C_{2}=21$ 답 ①

19 조건 (나)를 만족시키는 함수의 개수는
${}_{5}C_{3}={}_{5}C_{2}=\frac{5\times4}{2\times1}=10$이고
$f(3)=5$인 경우 조건 (나)를 만족시키는 함수의 개수는
$f(1)$, $f(2)$의 값이 1, 2, 3, 4 중 2개를 택하여
작은 수를 $f(1)$, 큰 수를 $f(2)$의 값으로 정하면 되므로
${}_{4}C_{2}=\frac{4\times3}{2\times1}=6$
따라서 구하는 경우의 수는
$10-6=4$ 답 ②

20 12개의 점으로 만들 수 있는 직선의 개수는 ${}_{12}C_{2}$
이때 12개의 점 중 일직선 위에 4개의 점이 있는 것이 3가지이고, 일직선 위에 3개의 점이 있는 것이 8가지이므로 구하는 직선의 개수는
$${}_{12}C_{2}-3\times{}_{4}C_{2}-8\times{}_{3}C_{2}+(3+8)=66-18-24+11=35$$
답 ①

21 8개의 점에서 3개를 택하는 경우의 수는 ${}_{8}C_{3}=56$
지름 위의 점 중에서 3개를 택하는 경우의 수는 ${}_{3}C_{3}=1$

따라서 구하는 삼각형의 개수는
$56-1=55$ 답 ④

22 8명을 4명, 4명의 두 조로 나누는 경우의 수는
${}_8C_4\times{}_4C_4\times\frac{1}{2!}=35$
······ (가)

각각의 4명을 2명, 2명으로 나누는 경우의 수는
${}_4C_2\times{}_2C_2\times\frac{1}{2!}=3$
나누어진 두 조를 (2명, 2명), (2명, 2명)으로 나누는 경우의 수는
$3\times3=9$
······ (나)

따라서 구하는 경우의 수는
$35\times9=315$
······ (다)

답 315

단계	채점 기준	비율
(가)	8명을 4명, 4명의 두 조로 나누는 경우의 수를 구한 경우	40 %
(나)	나누어진 두 조를 (2명, 2명), (2명, 2명)으로 나누는 경우의 수를 구한 경우	40 %
(다)	구하는 경우의 수를 구한 경우	20 %

23 (i) 100원짜리 동전을 지불하는 방법의 수는 4이고, 500원짜리 동전을 지불하는 방법의 수는 4이고, 1000원짜리 지폐를 지불하는 방법의 수는 2이고, 지불하지 않는 경우의 수는 1이므로
$a=4\times4\times2-1=31$
······ (가)

(ii) 500원짜리 2개로 지불하는 금액과 1000원짜리 1개로 지불하는 금액이 같으므로 1000원짜리 지폐 1장을 500원짜리 동전 2개로 바꾸면 지불할 수 있는 금액의 수는 100원짜리 동전 3개, 500원짜리 동전 5개의 지불 방법의 수와 같다. 100원짜리 동전을 지불하는 방법의 수는 4이고 500원짜리 동전을 지불하는 방법의 수는 6이고, 모든 돈을 지불하지 않는 경우의 수는 1이므로
$b=4\times6-1=23$
······ (나)

(i), (ii)에서 $a+b=54$
······ (다)

답 54

단계	채점 기준	비율
(가)	a의 값을 구한 경우	40%
(나)	b의 값을 구한 경우	50%
(다)	$a+b$의 값을 구한 경우	10%

24 10개의 점으로 만들 수 있는 직선의 개수는 ${}_{10}C_2$
한 직선 위에 있는 n개의 점 중에서 2개를 택하는 경우의 수는 ${}_nC_2$
그런데 한 직선 위에 있는 점으로 만들 수 있는 직선은 1개뿐이므로 구하는 직선의 개수는
${}_{10}C_2-{}_nC_2+1=31$
······ (가)

$45-\frac{n(n-1)}{2}+1=31$에서
$\frac{n(n-1)}{2}=15$
$n(n-1)=30$이므로
$n=6$ 또는 $n=-5$
······ (나)

이때 $3\le n\le10$이므로 $n=6$
······ (다)

답 6

단계	채점 기준	비율
(가)	점을 이용하여 만들 수 있는 직선의 개수를 구한 경우	30%
(나)	n에 대한 이차방정식을 푼 경우	40%
(다)	조건에 맞는 n의 값을 구한 경우	30%

내신 고득점 도전 문제

본문 64~67쪽

25 ④	26 ④	27 ③	28 ③	29 ⑤
30 ⑤	31 140	32 48	33 ④	34 ③
35 312	36 ③	37 ④	38 ⑤	39 ⑤
40 ⑤	41 32	42 540	43 ④	44 315
45 ②	46 8	47 1344	48 70	

25 x에 대한 이차방정식 $x^2+ax+b=0$의 판별식을 D라고 할 때, 실근을 갖지 않으려면 $D=a^2-4b<0$, 즉 $a^2<4b$
$b=1$일 때, $a^2<4$이므로 $a=1$
$b=2$일 때, $a^2<8$이므로 $a=1, 2$
$b=3$일 때, $a^2<12$이므로 $a=1, 2, 3$
$b=4$일 때, $a^2<16$이므로 $a=1, 2, 3$
$b=5$일 때, $a^2<20$이므로 $a=1, 2, 3, 4$
$b=6$일 때, $a^2<24$이므로 $a=1, 2, 3, 4$
따라서 구하는 순서쌍의 개수는
$1+2+3\times2+4\times2=17$ 답 ④

26 백의 자리, 십의 자리, 일의 자리의 숫자를 각각 a, b, c라 하자.
(i) $a=b=c$인 경우
순서쌍 (a, b, c)는 $(1, 1, 1)$, $(2, 2, 2)$, $\cdots$, $(7, 7, 7)$의 7가지
(ii) 세 수 a, b, c가 모두 다른 경우
a, b, c의 대소 관계를 정하는 경우의 수는 $3\times2\times1=6$
$a<b<c$이고 $2b=a+c$라 하면
$b=2$일 때, (a, c)는 $(1, 3)$의 1가지

$b=3$일 때, (a, c)는 $(1, 5)$, $(2, 4)$의 2가지
$b=4$일 때, (a, c)는 $(1, 7)$, $(2, 6)$, $(3, 5)$의 3가지
$b=5$일 때, (a, c)는 $(3, 7)$, $(4, 6)$의 2가지
$b=6$일 때, (a, c)는 $(5, 7)$의 1가지
$b\geq 7$일 때, (a, c)는 존재하지 않는다.
순서쌍 (a, b, c)의 개수는 $6\times(1+2+3+2+1)=54$
(i), (ii)에서 구하는 자연수의 개수는 $7+54=61$ 답 ④

27 A가 소지품 b를 받는 경우 나머지 B, C, D, E에게 a, c, d, e를 나누어 주는 방법은 다음과 같다.

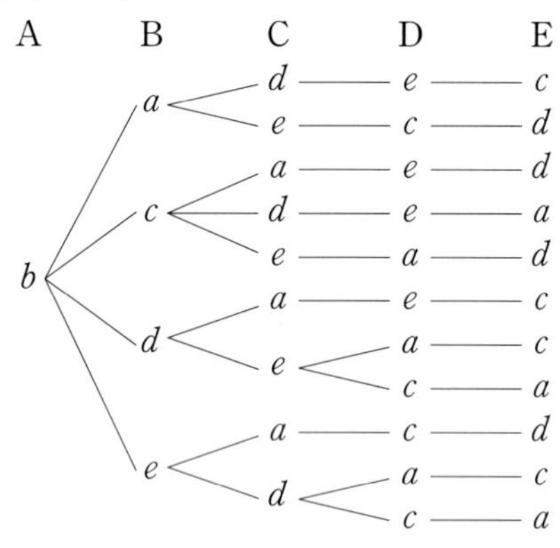

A가 소지품 c, d, e를 각각 받는 경우도 마찬가지이므로 구하는 방법의 수는
$11\times4=44$ 답 ③

28 조건 (가)에 의하여 백의 자리의 수로 가능한 수는 2, 4, 6, 8의 4가지
조건 (나)에 의하여 십의 자리의 수로 가능한 수는 3, 4, 5, 6, 7, 8, 9의 7가지
조건 (다)에 의하여 일의 자리의 수로 가능한 수는 0, 1, 2, 3, 4, 5, 6, 7의 8가지
따라서 조건을 만족시키는 세자리 자연수의 개수는
$4\times7\times8=224$ 답 ③

29 500원짜리 동전 3개를 지불하는 방법의 수는 4,
100원짜리 동전 n개를 지불하는 방법의 수는 $n+1$
50원짜리 동전 2개를 지불하는 방법의 수는 3이므로
이 동전의 일부 또는 전부를 사용하여 지불할 수 있는 방법의 수는
$4\times(n+1)\times3-1=107$
$12(n+1)=108$, $n+1=9$에서 $n=8$
50원짜리 동전이 2개이고 100원짜리 동전이 5개 이상이므로 모두 50원짜리 동전으로 바꾸면 50원짜리 동전이 48개이므로 지불하는 서로 다른 금액의 수는 48이다. 답 ⑤

30 $f(1)\geq1$에서 $f(1)=1$, $f(1)=2$, $f(1)=3$, $f(1)=4$이므로 4가지이고,
$f(2)\geq2$에서 $f(2)=2$, $f(2)=3$, $f(2)=4$이므로 3가지이고,
$f(3)\geq3$에서 $f(3)=3$, $f(3)=4$이므로 2가지이고,
$f(4)\geq4$에서 $f(4)=4$이므로 1가지이다.
따라서 구하는 함수 f의 개수는 $4\times3\times2\times1=24$ 답 ⑤

31 남학생 대표를 선출하는 경우의 수는 5가지
여학생 대표를 선출하는 경우의 수는 4가지
나머지 7명 중에서 총무를 선출하는 경우의 수는 7가지
이므로 구하는 경우의 수는
$5\times4\times7=140$ 답 140

32 그림과 같이 네 영역을 각각 A, B, C, D라 하자.

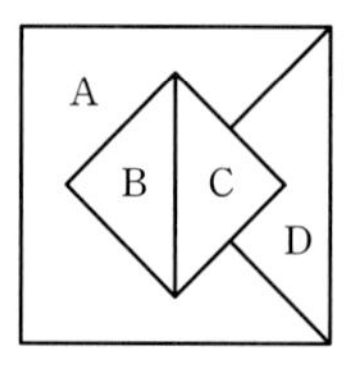

(i) B, D에 같은 꽃을 심을 때
A에 심을 꽃을 선택하는 방법의 수는 4
B에 심을 꽃을 선택하는 방법의 수는 3
D에 심을 꽃을 선택하는 방법의 수는 1
C에 심을 꽃을 선택하는 방법의 수는 2
따라서 $4\times3\times1\times2=24$
(ii) B, D에 다른 꽃을 심을 때
A에 심을 꽃을 선택하는 방법의 수는 4
B에 심을 꽃을 선택하는 방법의 수는 3
D에 심을 꽃을 선택하는 방법의 수는 2
C에 심을 꽃을 선택하는 방법의 수는 1
따라서 $4\times3\times2\times1=24$
(i), (ii)에서 구하는 경우의 수는 $24+24=48$ 답 48

33 (i) 백의 자리의 숫자가 1, 3, 5일 때
일의 자리의 숫자는 백의 자리의 숫자가 아닌 홀수이므로 4가지,
십의 자리의 숫자는 백의 자리의 숫자와 일의 자리의 숫자가 아닌 수이므로 8가지이므로 곱의 법칙에 의하여 $3\times4\times8=96$
(ii) 백의 자리 숫자가 2, 4, 6일 때
일의 자리의 숫자는 홀수이므로 5가지,
십의 자리의 숫자는 백의 자리의 숫자와 일의 자리의 숫자가 아닌 수이므로 8가지이므로 곱의 법칙에 의하여 $3\times5\times8=120$
(iii) 백의 자리 숫자가 7일 때
십의 자리의 숫자는 0, 1, 2, 3, 4 중 하나인데 1, 3 중 하나이면 일의 자리의 숫자는 3가지, 0, 2, 4 중 하나이면 일의 자리의 숫자는 4가지이므로 곱의 법칙에 의하여 $2\times3+3\times4=18$
(i), (ii), (iii)에서 구하는 자연수의 개수는 합의 법칙에 의하여
$96+120+18=234$ 답 ④

34 전체 8개의 숫자 중 4개를 뽑아 만들 수 있는 네 자리 자연수의 개수는
${}_8P_4=8\times7\times6\times5=1680$
이 중 양쪽 끝이 모두 짝수인 자연수의 개수는
${}_4P_2\times{}_6P_2=12\times30=360$
따라서 구하는 자연수의 개수는
$1680-360=1320$ 답 ③

35 (i) 한 자리 자연수의 개수: 5

(ii) 두 자리 자연수의 개수 : ${}_5P_2=20$

(iii) 세 자리 자연수의 개수 : ${}_5P_3=60$

(i), (ii), (iii)에 의하여 작은 수부터 크기순으로 50번째 수는 세 자리 자연수 중에 25번째 수이다.

백의 자리의 숫자가 1인 자연수는 ${}_4P_2=12$

백의 자리의 숫자가 2인 자연수는 ${}_4P_2=12$

따라서 세 자리 자연수 중에 25번째 수는 백의 자리 숫자가 3인 수 중에서 가장 작은 수는 312이다. 답 312

36 제외된 여학생을 택하는 경우의 수는 n

남학생 3명을 한 묶음으로 생각하여 n명을 일렬로 세우는 경우의 수는 $n!$이고, 남학생들끼리 자리를 바꾸는 경우의 수는 $3!$이므로

$n\times n!\times 3!=3600$에서 $n\times n!=600$

따라서 $5!=120$이므로 $n=5$ 답 ③

37 6명이 순서대로 입장하는 경우의 수는 $6!=720$

(i) A, B가 연속으로 입장하는 경우

A, B를 한 묶음으로 보고 5명이 순서대로 입장하는 경우의 수는 $5!$,

A, B가 순서를 바꾸는 경우의 수는 $2!$

이므로 $5!\times 2!=240$

(ii) A와 B 사이에 1명이 있는 경우

4명 중 그 한 명을 택하는 경우의 수는 4,

A, B와 택한 1명을 한 묶음으로 보고 4명이 순서대로 입장하는 경우의 수는 $4!$,

A, B와 택한 1명이 순서를 정하는 경우의 수는 2

이므로 $4\times 4!\times 2=192$

따라서 구하는 경우의 수는

$720-240-192=288$ 답 ④

38 왼쪽 끝의 의자부터 차례로 A, B, C, D, E, F라 하면

(i) 철수와 영희가 A, B에 앉는 경우의 수는 $2!\times 4!=48$

(ii) 철수와 영희가 C, D 또는 D, E 또는 E, F에 앉는 경우의 수는

$3\times 2!\times 4!=144$

(i), (ii)에서 구하는 경우의 수는

$48+144=192$ 답 ⑤

39 짝수가 적혀있는 공, 홀수가 적혀있는 공의 개수가 모두 5이다.

짝수가 적혀있는 공의 개수가 홀수가 적혀있는 공의 개수보다 많은 경우는 각각 5, 0 또는 4, 1 또는 3, 2이고 그 외의 경우가 2, 3 또는 1, 4 또는 0, 5이다.

즉, 전체의 경우의 수에서 구하는 경우의 수와 그렇지 않은 경우의 수가 같다.

공 10개 중 5개를 택하는 경우의 수는 ${}_{10}C_5$이므로

구하는 경우의 수는

$\frac{1}{2}\times {}_{10}C_5=\frac{1}{2}\times\frac{10\times9\times8\times7\times6}{5\times4\times3\times2\times1}=126$ 답 ⑤

40 (i) $c=8$인 경우

$b\le c$를 만족시키므로 조건 (가)를 만족시키는 경우는 2, 3, 4, 5, 6 중 2개를 택하여 작은 수를 a, 큰 수를 b에 대응하는 것과 같으므로 구하는 경우의 수는

${}_5C_2=\frac{5\times4}{2\times1}=10$

(ii) $c\le 7$인 경우

$1<a<b=c\le 6$인 경우와 $1<a<b<c\le 7$인 경우로 나누어 생각할 수 있다.

$1<a<b=c\le 6$인 경우의 수는 ${}_5C_2=\frac{5\times4}{2\times1}=10$

$1<a<b<c\le 7$인 경우의 수는 ${}_6C_3=\frac{6\times5\times4}{3\times2\times1}=20$

(i), (ii)에서 구하는 경우의 수는

$10+10+20=40$ 답 ⑤

41 조건 (나)에 의하여 $f(2)\ne 1$, $f(2)\ne 7$

(i) $f(2)=3$일 때

1은 1, 2 중의 하나에 대응시키고 3, 4는 (나)를 만족시키도록 4, 5, 6, 7, 8 중의 두 개에 대응시키면 되므로

${}_2C_1\times{}_5C_2=2\times10=20$

(ii) $f(2)=5$일 때

1은 1, 2, 3, 4 중의 하나에 대응시키고 3, 4는 (나)를 만족시키도록 6, 7, 8 중의 두 개에 대응시키면 되므로

${}_4C_1\times{}_3C_2=4\times3=12$

(i), (ii)에서 구하는 경우의 수는

$20+12=32$ 답 32

42 (i) 특수문자가 1개일 때,

사용할 특수문자 1개를 선택하는 경우의 수는 2

4개의 숫자를 선택하는 경우의 수는 ${}_{10}C_4$

문자와 숫자를 포함하여 5개를 배열하는 경우의 수는 $5!$

따라서 특수문자가 1개인 비밀번호의 개수는

$2\times{}_{10}C_4\times5!=420\times5!$

(ii) 특수문자가 2개일 때,

사용할 특수문자 2개를 선택하는 경우의 수는 1

3개의 숫자를 선택하는 경우의 수는 ${}_{10}C_3$

문자와 숫자를 포함하여 5개를 배열하는 경우의 수는 $5!$

따라서 특수문자가 2개인 비밀번호의 개수는

$1\times{}_{10}C_3\times5!=120\times5!$

(i), (ii)에서 구하는 비밀번호의 개수는 $420\times5!+120\times5!=540\times5!$

따라서 $n=540$ 답 540

43 ㄱ. '$x_1\ne x_2$이면 $f(x_1)=f(x_2)$이다.'이므로 함수 f는 상수함수이다.

$f(x)=1$ 또는 $f(x)=2$ 또는 … 또는 $f(x)=6$이므로 함수 f의 개수는 6이다.

ㄴ. '$x_1\ne x_2$이면 $f(x_1)\ne f(x_2)$이다.'이므로 함수 f는 일대일함수이다.

따라서 ${}_6P_3=6\times5\times4=120$

ㄷ. '$x_1<x_2$이면 $f(x_1)<f(x_2)$이다.'이므로 집합 Y의 서로 다른 세 원소를 선택하여 X의 원소에 크기순으로 대응시키면 된다.

따라서 ${}_6C_3=\frac{6\times5\times4}{3\times2\times1}=20$

이상에서 옳은 것은 ㄱ, ㄷ이다. 답 ④

44 2층부터 6층까지 중 사람들이 내리는 하나의 층을 택하는 방법의 수는 5이다.
한 번 멈춘 층에서 내리는 사람의 수가 n명인 경우의 수는 ${}_6C_n$
따라서 구하는 방법의 수는
$5\times({}_6C_1+{}_6C_2+{}_6C_3+{}_6C_4+{}_6C_5+{}_6C_6)=5\times(2^6-1)=315$ 답 315

45 ㉠ 가로선 3개와 세로선 6개로 만들 수 있는 직사각형의 개수는
${}_3C_2\times{}_6C_2=3\times15=45$

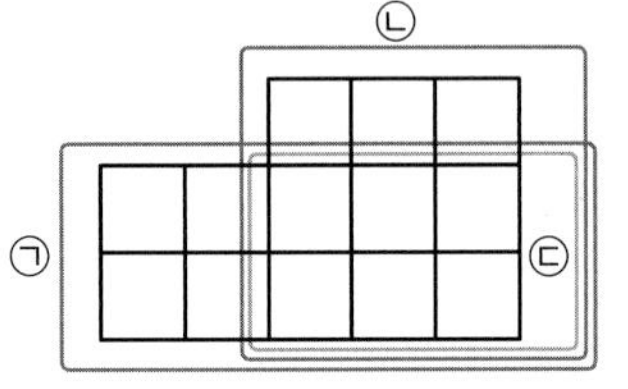

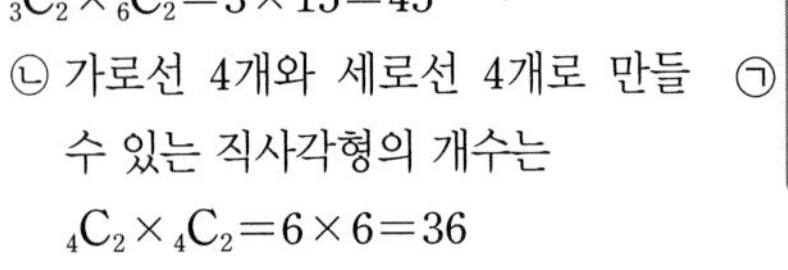

㉡ 가로선 4개와 세로선 4개로 만들 수 있는 직사각형의 개수는
${}_4C_2\times{}_4C_2=6\times6=36$
㉢ 공통 부분인 가로선 3개와 세로선 4개로 만들 수 있는 직사각형의 개수는 ${}_3C_2\times{}_4C_2=3\times6=18$
따라서 구하는 직사각형의 개수는 $45+36-18=63$ 답 ②

46 a, b, c가 삼각형의 세 변의 길이이므로 $b+c>a$
$a\ge b$, $a\ge c$에서 $b+c\le 2a$
$2a<a+b+c\le 3a$
$2a<20\le 3a$
따라서 $\frac{20}{3}\le a<10$이므로 $a=7, 8, 9$
…… (가)
$b\ge c$이고 $b+c=20-a$이므로
$\frac{20-a}{2}\le b\le a$
$a=7$일 때, $b=7$
$a=8$일 때, $b=6, 7, 8$
$a=9$일 때, $b=6, 7, 8, 9$
…… (나)
따라서 구하는 삼각형의 개수는 $1+3+4=8$
…… (다)
답 8

단계	채점 기준	비율
(가)	a의 값을 구한 경우	30 %
(나)	a의 값에 따른 b의 값을 구한 경우	40 %
(다)	삼각형의 개수를 구한 경우	30 %

47 조건 (가)에 의하여 가능한 조합은
교사 1명, 남학생 2명, 여학생 2명 또는 교사 1명, 남학생 3명, 여학생 1명인 경우이다.
…… (가)
(i) 교사 1명, 남학생 2명, 여학생 2명을 택하는 경우
교사 1명, 남학생 2명, 여학생 2명을 택하는 경우의 수는
${}_3C_2\times{}_4C_2=3\times\frac{4\times3}{2\times1}=18$
조건 (나)를 만족하도록 일렬로 세우는 경우는
교사 1명과 여학생 2명을 일렬로 세운 후
교사 1명과 여학생 2명이 서있는 자리를 O라 하면
그림과 같이 _O_O_O_에서 4군데의 _자리에 남학생 2명을 세우면 되므로
구하는 경우의 수는
$18\times3!\times{}_4P_2=1296$
…… (나)
(ii) 교사 1명, 남학생 3명, 여학생 1명을 택하는 경우
교사 1명, 남학생 3명, 여학생 1명을 택하는 경우의 수는
${}_3C_3\times{}_4C_1=4$
조건 (나)를 만족하도록 일렬로 세우는 경우는
교사 1명과 여학생 1명을 일렬로 세운 후
교사 1명과 여학생 1명이 서있는 자리를 O라 하면
그림과 같이 _O_O_ 에서 3군데의 _자리에 남학생 3명을 세우면 되므로
구하는 경우의 수는
$4\times2!\times3!=48$
…… (다)
(i), (ii)에서 구하는 경우의 수는
$1296+48=1344$
…… (라)
답 1344

단계	채점 기준	비율
(가)	조건 (가)를 만족시키는 조합을 모두 구한 경우	20 %
(나)	교사 1명, 남학생 2명, 여학생 2명을 택하는 경우의 수를 구한 경우	35 %
(다)	교사 1명, 남학생 3명, 여학생 1명을 택하는 경우의 수를 구한 경우	35 %
(라)	구하는 경우의 수를 구한 경우	10 %

48 조건 (가)에서 $f(4)-f(1)\ge1$이므로 $f(1)<f(4)$
조건 (나)에 의하여 함수 f의 최솟값은 $f(3)$이고, 최댓값은 $f(2)$이므로
$f(3)\le f(1)<f(4)\le f(2)$
…… (가)
$f(3)<f(1)<f(4)<f(2)$인 경우 ${}_6C_4=15$
$f(3)=f(1)<f(4)<f(2)$ 또는 $f(3)<f(1)<f(4)=f(2)$인 경우는 각각 ${}_6C_3=20$
$f(3)=f(1)<f(4)=f(2)$인 경우 ${}_6C_2=15$
따라서 구하는 함수의 개수는
$15+20+20+15=70$
…… (나)
답 70

단계	채점 기준	비율
(가)	조건 (가), (나)를 만족시키는 경우가 $f(3)\le f(1)<f(4)\le f(2)$임을 파악한 경우	30 %
(나)	구하는 경우의 수를 구한 경우	70 %

변별력을 만드는 1등급 문제

본문 68~70쪽

49 18	**50** ④	**51** 144	**52** 50	**53** 756
54 ⑤	**55** ③	**56** ④	**57** 3600	**58** ⑤
59 54	**60** ③	**61** ④	**62** 32	**63** ④
64 ⑤	**65** 360	**66** ④	**67** 48	

49 → $(a+b+c)^2$과 $(p+q)^2$을 전개한다.

다항식 $(a+b+c)^2(p+q)^2$의 전개식에서 서로 다른 항의 개수를 구하시오. 18

step 1 각각의 식을 전개한다.

$(a+b+c)^2=a^2+b^2+c^2+2ab+2bc+2ca$이고

$(p+q)^2=p^2+2pq+q^2$

step 2 각각의 전개식에서 서로 다른 항의 개수를 파악한 후 곱의 법칙을 이용한다.

$a^2+b^2+c^2+2ab+2bc+2ca$의 6개의 항 중 1개의 항과

$p^2+2pq+q^2$의 3개의 항 중 1개의 항이 곱할 때 만들어 지는 항은 모두 서로 다른 항이므로

주어진 다항식의 전개식에서 서로 다른 항의 개수는

$6\times3=18$ 답 18

50 A, B 두 사람 모두에게 선택된 후보자가 찬성 후보인지 반대 후보인지를 먼저 정한다.

어느 찬반 토론회에 참가하려고 하는 찬성 후보 3명과 반대 후보 4명이 있다. A, B가 찬성과 반대 후보 중에서 각각 1명씩을 선택하여 투표할 때, 7명의 후보자 중에서 A, B 두 사람 모두에게 선택된 후보자가 1명인 경우의 수는? (단, 기권 또는 무효는 없다.)

① 48 ② 52 ③ 56
√④ 60 ⑤ 64

step 1 A, B 두 사람 모두에게 선택된 후보자가 찬성 후보일 때를 구한다.

(i) 찬성 후보가 A, B 두 사람 모두에게 선택된 경우
두 사람이 같은 찬성 후보를 선택하는 경우의 수는 3이고,
A가 반대 후보 중 1명을 선택하는 경우의 수는 4이고,
A가 선택하지 않은 반대 후보 중 1명을 B가 선택하는 경우의 수는 3이므로 찬성 후보가 A, B 두 사람 모두에게 선택된 경우의 수는 곱의 법칙에 의하여
$3\times4\times3=36$

step 2 A, B 두 사람 모두에게 선택된 후보자가 반대 후보일 때를 구한다.

(ii) 반대 후보가 A, B 두 사람 모두에게 선택된 경우
두 사람이 같은 반대 후보를 선택하는 경우의 수는 4이고,
A가 찬성 후보 중 1명을 선택하는 경우의 수는 3이고,
A가 선택하지 않은 찬성 후보 중 1명을 B가 선택하는 경우의 수는 2이므로 반대 후보가 A, B 두 사람 모두에게 선택된 경우의 수는 곱의 법칙에 의하여
$4\times3\times2=24$

(i), (ii)에서 구하는 경우의 수는 합의 법칙에 의하여

$36+24=60$ 답 ④

51

그림과 같이 5개의 도시 A, B, C, D, E가 하나의 도로로 연결되어 있다.

A—B—C—D—E

A, B, C, D, E 사이를 운행하는 1, 2, 3번 버스가 다음 조건을 만족시킨다.

1번 버스: A 도시에서 D 도시 사이를 운행한다.
2번 버스: B 도시에서 E 도시 사이를 운행한다.
3번 버스: C 도시에서 E 도시 사이를 운행한다.

1, 2, 3번 버스 중 일부 또는 전부를 이용하여 A 도시에서 E 도시로 갔다가 다시 A 도시로 오는 경우의 수를 구하시오. (단, B, C, D 도시를 각각 3번 이상 지나지 않고, 모든 버스는 지나가는 도시에서 갈아탈 수 있다.) 144

step 1 이웃한 두 도시 사이를 운행하는 버스의 수를 구한다.

A 도시와 B 도시 사이를 운행하는 버스는 1번
B 도시와 C 도시 사이를 운행하는 버스는 1번, 2번
C 도시와 D 도시 사이를 운행하는 버스는 1번, 2번, 3번
D 도시와 E 도시 사이를 운행하는 버스는 2번, 3번

step 2 곱의 법칙에 의하여 경우의 수를 구한다.

따라서 A 도시에서 E 도시로 갔다가 다시 A 도시로 오는 경우의 수는 곱의 법칙에 의하여

$(1\times2\times3\times2)\times(2\times3\times2\times1)=144$ 답 144

52 → 빨간색 깃발이 있어야 하는 위치를 파악한다.

파란색 깃발 9개, 빨간색 깃발 4개를 일렬로 꽂을 때, 빨간색 깃발과 빨간색 깃발 사이에 홀수 개의 파란색 깃발이 있도록 꽂는 경우의 수를 구하시오. 50

step 1 빨간색 깃발이 있어야 하는 위치를 파악한다.

빨간색 깃발과 빨간색 깃발 사이에 홀수 개의 파란색 깃발이 있어야 하므로 첫 번째 빨간색 깃발이 홀수번째 있으면 나머지 빨간색 깃발도 홀수번째 있고 첫 번째 빨간색 깃발이 짝수번째 있으면 나머지 빨간색 깃발도 짝수번째 있어야 한다.

step 2 각 경우의 조합의 수를 구한다.

(i) 빨간색 깃발을 모두 홀수번째에 꽂는 경우
7개의 홀수번째 자리 중 4개를 택하여 빨간색 깃발을 꽂는 경우의 수는
$_7C_4={}_7C_3=\frac{7\times6\times5}{3\times2\times1}=35$

(ii) 빨간색 깃발을 모두 짝수번째에 꽂는 경우
6개의 짝수번째 자리 중 4개를 택하여 빨간색 깃발을 꽂는 경우의 수는
$_6C_4={}_6C_2=\frac{6\times5}{2\times1}=15$

(i), (ii)에 의하여 구하는 경우의 수는

$35+15=50$ 답 50

53

그림과 같이 크기가 같은 정사각형 6개를 붙여서 만든 도형이 있다. 빨강, 노랑, 파랑, 검정 네 가지 색의 전부 또는 일부를 사용하여 6개의 정사각형에 색을 칠하려고 한다. 한 변을 공유하는 정사각형에는 서로 다른 색을 칠하고 한 정사각형에는 한 가지 색만을 칠할 때, 서로 다르게 칠하는 경우의 수를 구하시오. 756

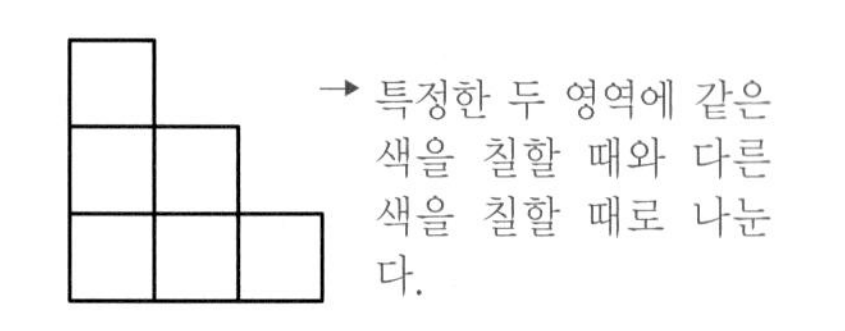

그림과 같이 6개의 정사각형을 각각 A, B, C, D, E, F라 하자.

F		
D	E	
A	B	C

A부터 색을 칠할 때,

step 1 B, D에 같은 색을 칠할 때를 구한다.

(i) B, D에 같은 색을 칠하는 경우

A에 색을 칠하는 방법: 4가지

B, D에 색을 칠하는 방법: 3가지

C에 색을 칠하는 방법: 3가지

E에 색을 칠하는 방법: 3가지

F에 색을 칠하는 방법: 3가지

따라서 $4\times3\times3\times3\times3=324$

step 2 B, D에 다른 색을 칠할 때를 구한다.

(ii) B, D에 다른 색을 칠하는 경우

A에 색을 칠하는 방법 : 4가지

B에 색을 칠하는 방법 : 3가지

D에 색을 칠하는 방법 : 2가지

C에 색을 칠하는 방법 : 3가지

E에 색을 칠하는 방법 : 2가지

F에 색을 칠하는 방법 : 3가지

따라서 $4\times3\times2\times3\times2\times3=432$

(i), (ii)에서 구하는 경우의 수는 합의 법칙에 의하여

$324+432=756$

답 756

54

다음 조건을 만족시키는 세 정수 x, y, z의 모든 순서쌍 (x, y, z)의 개수는?

(가) $|x|+|y|+|z|=10$
(나) $|x|>|y|>|z|$ → 절댓값의 순서쌍을 먼저 구한다.

① 32 ② 36 ③ 40
④ 44 √⑤ 48

step 1 절댓값의 순서쌍을 구한다.

주어진 식을 만족시키는 순서쌍 $(|x|, |y|, |z|)$는

$(9, 1, 0)$, $(8, 2, 0)$, $(7, 3, 0)$, $(6, 4, 0)$, $(7, 2, 1)$, $(6, 3, 1)$, $(5, 4, 1)$, $(5, 3, 2)$이다.

step 2 0을 포함하는 순서쌍을 구한다.

(i) 0을 포함할 때

$(9, 1, 0)$, $(8, 2, 0)$, $(7, 3, 0)$, $(6, 4, 0)$의 4가지

$(9, 1, 0)$에서 (x, y, z)는 $(9, 1, 0)$, $(9, -1, 0)$, $(-9, 1, 0)$, $(-9, -1, 0)$의 4가지

따라서 0을 포함하는 순서쌍 (x, y, z)의 개수는

$4\times4=16$

step 3 0을 포함하지 않는 순서쌍을 구한다.

(ii) 0을 포함하지 않을 때

$(7, 2, 1)$, $(6, 3, 1)$, $(5, 4, 1)$, $(5, 3, 2)$의 4가지

$(7, 2, 1)$에서 (x, y, z)는 $(7, 2, 1)$, $(7, 2, -1)$, $(7, -2, 1)$, $(-7, 2, 1)$, $(7, -2, -1)$, $(-7, 2, -1)$, $(-7, -2, 1)$, $(-7, -2, -1)$의 8가지

따라서 0을 포함하지 않는 순서쌍 (x, y, z)의 개수는

$4\times8=32$

(i), (ii)에서 구하는 모든 순서쌍 (x, y, z)의 개수는 합의 법칙에 의하여

$16+32=48$

답 ⑤

55

그림과 같이 정육면체 ABCDEFGH의 8개의 꼭짓점 중에서 서로 다른 세 점을 택하여 삼각형을 만들 때, 적어도 한 변을 정육면체의 한 모서리와 공유하는 삼각형의 개수는?

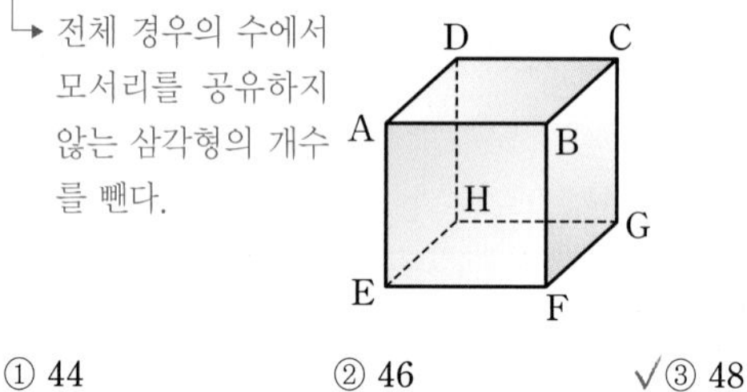

① 44 ② 46 √③ 48
④ 50 ⑤ 52

step 1 삼각형이 만들어지는 전체 경우의 수를 구한다.

8개의 꼭짓점에서 3개를 택하면 삼각형이 만들어지므로

8개의 꼭짓점 중에서 서로 다른 세 점을 택하여 삼각형을 만드는 경우의 수는

$${}_8C_3=\frac{8\times7\times6}{3\times2\times1}=56$$

step 2 조건을 만족하지 않는 경우의 수를 구한다.

정육면체의 모서리와 어느 변도 공유하지 않는 삼각형은 각 면의 대각선마다 그 대각선을 한 변으로 하는 정삼각형이 2개씩 존재한다. 정육면체에는 대각선이 12개 있고 각 대각선은 3번씩 중복되어 세어지므로

$$2\times12\times\frac{1}{3}=8$$

따라서 조건을 만족시키는 삼각형의 개수는

$56-8=48$

답 ③

56

→ 이웃하는 정사각형의 개수에 따라 경우를 나눈다.

그림과 같은 5개의 정사각형에 A, B, C, D, E를 각각 하나씩 써넣으려고 한다. A와 B를 이웃하지 않은 정사각형에 써넣는 경우의 수는? (단, 두 정사각형이 변을 공유할 때 이웃한다고 한다.)

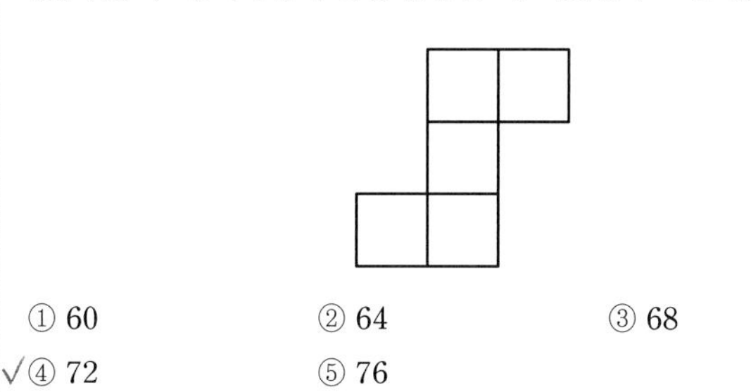

① 60 ② 64 ③ 68

√④ 72 ⑤ 76

그림과 같이 각 정사각형에 번호를 부여하자.

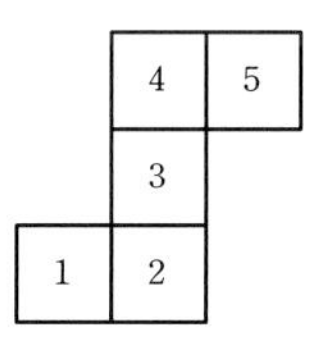

step 1 공유하는 변의 개수가 하나일 때를 구한다.

A를 1 또는 5에 써넣으면 B를 써넣을 수 있는 정사각형의 개수는 3이고, 나머지 3개의 문자를 배열하는 경우의 수는 3!

step 2 공유하는 변의 개수가 2개일 때를 구한다.

A를 2 또는 3 또는 4에 써넣으면 B를 써넣을 수 있는 정사각형의 개수는 2이고, 나머지 3개의 문자를 배열하는 경우의 수는 3!

따라서 구하는 경우의 수는 $2\times3\times3!+3\times2\times3!=72$ 답 ④

57

8개의 나라 A, B, C, D, E, F, G, H가 있다. 한 나라에서 다른 나라로 이동하는 직항 중 두 나라 B와 C를 이동하는 직항만 없을 때, 나라 A에서 출발하여 7개의 나라 B, C, D, E, F, G, H를 모두 한 번씩만 방문하고 다시 A로 돌아오는 일정을 계획할 때, 가능한 모든 경우의 수를 구하시오. (단, 한 나라에서 다른 나라로 이동 시 직항만을 이용하고 다른 운송수단은 고려하지 않는다.) 3600

step 1 전체 경우의 수를 구한다.

나라 A에서 출발하여 방문하는 7개의 나라 B, C, D, E, F, G, H를 차례대로 나열하는 경우의 수는 7!

step 2 조건을 만족하지 않는 경우의 수를 구한다.

두 나라 B와 C를 이동하는 직항이 없으므로 두 나라 B와 C를 연속으로 방문할 수 없다. 즉, 두 나라 B와 C를 연속으로 방문하는 경우의 수는 두 나라 B와 C를 하나로 묶어 생각하여 일정을 짜는 경우의 수 6!, 두 나라 B와 C의 순서를 바꾸는 경우의 수는 2!

따라서 구하는 경우의 수는 $7!-6!\times2!=5\times6!=3600$ 답 3600

58

→ $f(x)=x$ 또는 $f(x)=y$, $f(y)=x$

집합 $X=\{1, 2, 3, 4, 5\}$에 대하여 $x\in X$이면 $(f\circ f)(x)=x$를 만족시키는 함수 $f: X\longrightarrow X$의 개수는?

① 22 ② 23 ③ 24

④ 25 √⑤ 26

step 1 $(f\circ f)(x)=x$인 조건을 파악한다.

$(f\circ f)(x)=f(f(x))=x$이려면

$f(x)=x$ 또는 $f(x)=y$, $f(y)=x$를 만족시켜야 한다.

step 2 각 경우의 수를 조합의 수를 이용하여 구한다.

(i) $f(x)=y$, $f(y)=x$인 x, y의 순서쌍 (x, y)의 개수가 0인 경우

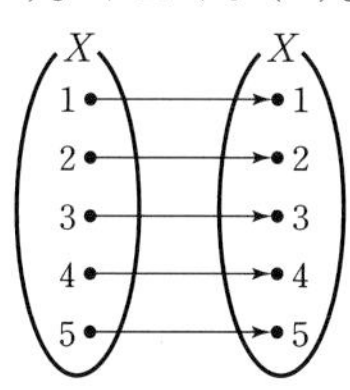

$x\in X$이면 $f(x)=x$인 항등함수 f 뿐이므로 1개

(ii) $f(x)=y$, $f(y)=x$인 x, y의 순서쌍 (x, y)의 개수가 1인 경우

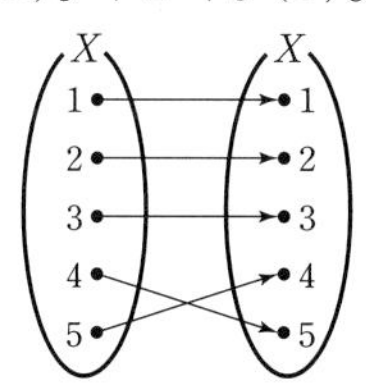

원소 1, 2, 3, 4, 5 중에서 $f(x)=y$, $f(y)=x$인 2개의 원소를 택하는 경우의 수와 같으므로

${}_5C_2=\frac{5\times4}{2\times1}=10$

(iii) $f(x)=y$, $f(y)=x$인 x, y의 순서쌍 (x, y)의 개수가 2인 경우

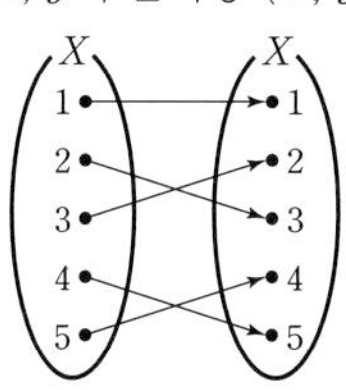

원소 1, 2, 3, 4, 5 중에서 $f(x)=y$, $f(y)=x$인 2개의 원소를 2쌍 택하는 경우의 수와 같으므로

${}_5C_2\times{}_3C_2\times\frac{1}{2!}=\frac{5\times4}{2\times1}\times3\times\frac{1}{2}=15$

(i), (ii), (iii)에 의하여 구하는 함수 f의 개수는

$1+10+15=26$ 답 ⑤

59

갑, 을, 병, 정 네 학생을 4개의 열람실 A, B, C, D에 배정하려고 한다. 다음 조건을 만족시키도록 배정하는 경우의 수를 구하시오. 54

(가) 각 학생은 네 열람실 중 두 곳에 배정한다.
(나) 각 열람실에 배정된 학생 수는 2이다.
(다) 갑, 을 두 학생의 열람실은 적어도 하나 겹쳐진다.

step 1 갑의 열람실을 배정한다.

갑을 4개의 열람실 중 2개에 배정하는 방법의 수는

${}_4C_2=6$

step 2 을, 병, 정의 열람실을 배정한다.

을, 병, 정 세 학생을 조건에 맞도록 배정하는 방법의 수는 다음과 같다.

(i) 갑, 을 두 학생의 열람실이 2개 겹쳐지는 경우

을은 갑과 같은 열람실을 배정하고, 병과 정은 선택하지 않은 나머지 두 열람실을 배정하면 되므로

$1\times1=1$

(ii) 갑, 을 두 학생의 열람실이 1개 겹쳐지는 경우

갑을 배정한 두 열람실 중 하나를 선택하여 을을 배정하고 나머지 두 열람실 중 하나를 선택하여 을을 배정한다.

1명씩 배정된 두 열람실 중 하나를 선택하여 병에 배정하면 되므로

${}_2C_1\times{}_2C_1\times{}_2C_1\times1=8$

(i), (ii)에서 구하는 경우의 수는

$6\times(1+8)=54$

답 54

60

선생님 3명과 학생 6명이 있다. 다음 조건을 만족시키도록 9명의 자리를 배치하는 경우의 수를 N이라 할 때, $\frac{N}{6!}$의 값은?

(가) 앞줄에 4명, 뒷줄에 5명을 배치한다.
(나) 각 줄에는 적어도 한 명 이상의 선생님이 배치되고, 선생님끼리는 같은 줄에서 이웃하지 않도록 배치한다.

① 222 ② 228 ✓③ 234 ④ 240 ⑤ 246

step 1 선생님의 자리를 배치하는 방법을 파악한다.

선생님의 자리를 배치하는 방법은 앞줄에 2명, 뒷줄에 1명 또는 앞줄에 1명, 뒷줄에 2명 배치하는 경우이다.

step 2 각 경우의 수를 조합의 수를 이용하여 구한다.

(i) 선생님을 앞줄에 2명, 뒷줄에 1명 배치하는 경우

선생님이 배치될 자리를 택하는 방법은

앞줄에서 선생님 2명이 이웃하지 않도록 배치될 자리를 택하는 방법의 수는 ${}_4C_2-3=\frac{4\times3}{2\times1}-3=6-3=3$,

뒷줄에 배치될 자리를 택하는 방법의 수가 5,

선생님과 학생이 각각 배치될 자리에 배치할 경우의 수가 각각 $3!$, $6!$이므로

구하는 경우의 수는 $3\times5\times3!\times6!$

(ii) 선생님을 앞줄에 1명 뒷줄에 2명 배치하는 경우

선생님이 배치될 자리를 택하는 방법은

뒷줄에서 선생님 2명이 이웃하지 않도록 배치될 자리를 택하는 방법의 수는 ${}_5C_2-4=\frac{5\times4}{2\times1}-4=10-4=6$,

앞줄에 배치될 자리를 택하는 방법의 수가 4,

선생님과 학생이 각각 배치될 자리에 배치할 경우의 수가 각각 $3!$, $6!$이므로

구하는 경우의 수는 $6\times4\times3!\times6!$

(i), (ii)에서 구하는 경우의 수는

$N=(15+24)\times3!\times6!=39\times3!\times6!$

따라서 $\frac{N}{6!}=234$

답 ③

61

집합 $X=\{1, 2, 3, 4, 5\}$에 대하여 등식

$\{f(1)-5\}\{f(2)-4\}\{f(3)-3\}\{f(4)-2\}\{f(5)-1\}=0$을 만족시키는 일대일대응 $f: X \longrightarrow X$의 개수는?

① 64 ② 68 ③ 72 ✓④ 76 ⑤ 80

step 1 $f(1), f(2), f(3), f(4), f(5)$의 값의 조건을 파악한다.

일대일대응 $f: X \longrightarrow X$의 개수는 $5!=120$

$\{f(1)-5\}\{f(2)-4\}\{f(3)-3\}\{f(4)-2\}\{f(5)-1\}\neq0$

즉, $f(1)\neq5$, $f(2)\neq4$, $f(3)\neq3$, $f(4)\neq2$, $f(5)\neq1$

을 만족시키는 일대일대응 $f: X \longrightarrow X$의 개수를 구하면

step 2 $f(1)=4$인 경우의 수를 수형도를 이용하여 구한다.

$f(1)=4$인 경우

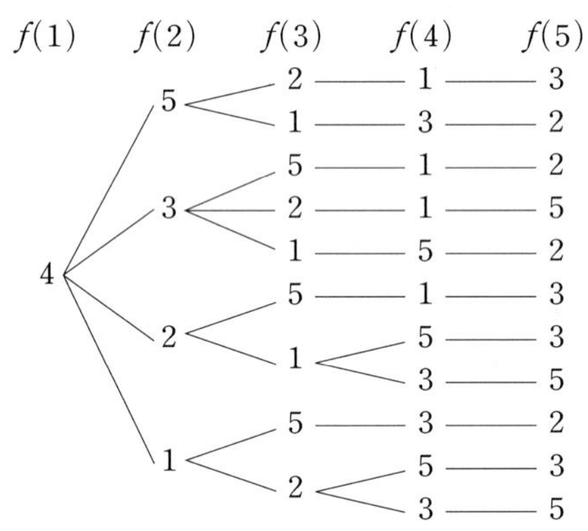

의 11개이고 $f(1)$의 값이 3, 2, 1일 때도 마찬가지이므로

$\{f(1)-5\}\{f(2)-4\}\{f(3)-3\}\{f(4)-2\}\{f(5)-1\}\neq0$을 만족시키는 함수 f의 개수는

$4\times11=44$

따라서 구하는 함수 f의 개수는

$120-44=76$

답 ④

62

1부터 7까지의 자연수가 하나씩 적힌 공 7개가 들어 있는 주머니에서 공을 하나씩 7번 꺼낼 때, n번째 꺼낸 공에 적혀있는 수를 a_n이라 하자. 다음 조건을 만족시키도록 꺼내는 경우의 수를 구하시오. 32

(단, 꺼낸 공은 다시 넣지 않는다.)

(가) $a_1=7$
(나) $n\geq2$이면 $a_n\leq n$

step 1 조건을 파악한 후 조합의 수를 이용하여 구한다.

조건 (가)에 의하여 $a_1=7$

조건 (나)에 의하여 $n\geq2$이면 $a_n\leq n$이므로

a_2는 1 또는 2 중에서 하나이므로 ${}_2C_1=2$,

a_3은 1 또는 2 중 a_2가 아닌 수 또는 3 중 하나이므로 ${}_2C_1=2$,

a_4는 1, 2, 3 중 a_2, a_3이 아닌 수 또는 4 중 하나이므로 ${}_2C_1=2$,

a_5는 1, 2, 3, 4 중 a_2, a_3, a_4가 아닌 수 또는 5 중 하나이므로 ${}_2C_1=2$,
a_6은 1, 2, 3, 4, 5 중 a_2, a_3, a_4, a_5가 아닌 수 또는 6 중 하나이므로
${}_2C_1=2$
따라서 구하는 경우의 수는
$2\times2\times2\times2\times2=32$ 답 32

63

10개의 바둑알이 있다. 10개의 바둑알을 1개 또는 2개 또는 3개의 묶음으로 나눌 때, 10개의 바둑알을 모두 나누는 방법의 수는?

① 11 ② 12 ③ 13
√④ 14 ⑤ 15

step 1 가능한 z의 값을 구한다.
1개, 2개, 3개로 나눈 묶음의 개수를 각각 x, y, z라 할 때, 10개의 바둑알을 가져와야 하므로 $x+2y+3z=10$ …… ㉠
$3z\le10$에서 $z=0, 1, 2, 3$

step 2 z의 값에 따라 x, y의 순서쌍 (x, y)의 개수를 구한다.
(i) $z=0$일 때, $x+2y=10$이므로 순서쌍 (x, y)는
$y=5, 4, 3, 2, 1, 0$일 때, $x=10-2y$이므로 6가지
(ii) $z=1$일 때, $x+2y=7$이므로 순서쌍 (x, y)는
$y=3, 2, 1, 0$일 때, $x=7-2y$이므로 4가지
(iii) $z=2$일 때, $x+2y=4$이므로 순서쌍 (x, y)는
$y=2, 1, 0$일 때, $x=4-2y$이므로 3가지
(iv) $z=3$일 때, $x+2y=1$이므로 순서쌍 (x, y)는
$y=0$일 때, $x=1$이므로 1가지
(i)~(iv)에 의하여 구하는 방법의 수는
$6+4+3+1=14$ 답 ④

64

원 위의 7개의 점이 다음 조건을 만족시킨다.

(가) 임의의 두 점을 연결한 어느 두 직선도 평행하지 않다.
(나) 임의의 두 점을 연결한 어느 세 직선도 원 위의 점이 아닌 한 점에서 만나지 않는다.

임의의 두 점을 연결한 두 직선의 교점 중 원의 외부에 있는 것의 개수는? ↳ 1개의 교점은 4개의 점으로 결정된다.

① 62 ② 64 ③ 66
④ 68 √⑤ 70

step 1 원 위의 네 점으로 결정되는 두 직선의 교점 중 원의 외부에 있는 것의 개수를 구한다.
그림과 같이 원 위의 네 개의 점을 이용하여 만든 직선의 교점 중 원의 외부에 있는 것의 개수는 2개이다.
따라서 구하는 점의 개수는

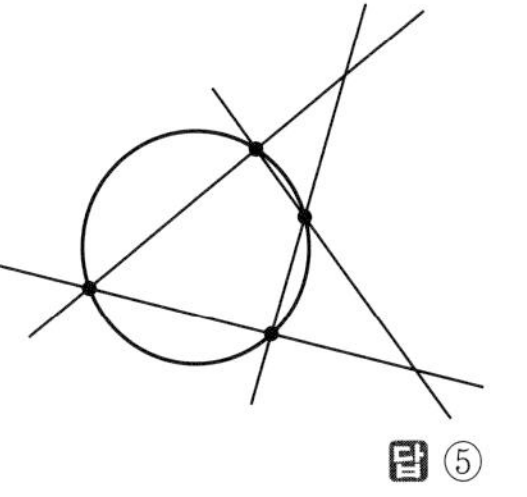

$${}_7C_4\times2={}_7C_3\times2=\frac{7\times6\times5}{3\times2\times1}\times2=70$$

답 ⑤

65

그림과 같이 한 변의 길이가 1인 정사각형 16개로 이루어진 한 변의 길이가 4인 정사각형이 있다. 한 변의 길이가 1인 정사각형 5개에 다음 조건을 만족시키도록 색칠하는 경우의 수를 구하시오. 360
(단, 그림은 아래 조건을 만족시키는 한 예이다.)

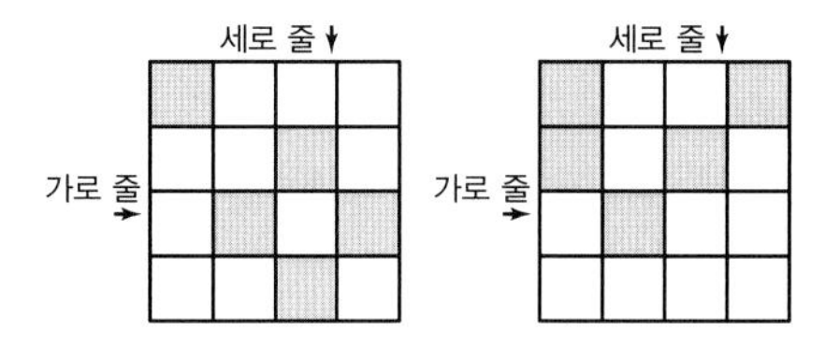

(가) 모든 세로 줄에는 적어도 한 개의 정사각형을 색칠한다.
(나) 어느 가로 줄에도 변을 공유하는 두 정사각형을 모두 색칠한 것은 없다.

step 1 첫 번째, 네 번째 세로줄의 정사각형 2개를 색칠하는 경우의 수를 구한다.
(i) 첫 번째 세로줄의 정사각형 2개를 색칠하는 경우
첫 번째 세로줄의 정사각형 2개를 선택하는 경우의 수는 ${}_4C_2=6$
두 번째, 세 번째, 네 번째 세로줄의 정사각형 1개를 선택하는 경우의 수는 각각 ${}_2C_1=2$, ${}_3C_1=3$, ${}_3C_1=3$
따라서 $6\times2\times3\times3=108$
(ii) 네 번째 세로줄의 정사각형 2개를 색칠하는 경우
(i)과 같으므로 $6\times2\times3\times3=108$

step 2 두 번째, 세 번째 세로줄의 정사각형 2개를 색칠하는 경우의 수를 구한다.
(iii) 두 번째 세로줄의 정사각형 2개를 색칠하는 경우
두 번째 세로줄의 정사각형 2개를 선택하는 경우의 수는 ${}_4C_2=6$
첫 번째, 세 번째, 네 번째 세로줄의 정사각형 1개를 선택하는 경우의 수는 각각 ${}_2C_1=2$, ${}_2C_1=2$, ${}_3C_1=3$
따라서 $6\times2\times2\times3=72$
(iv) 세 번째 세로줄의 정사각형 2개를 색칠하는 경우
(iii)과 같으므로 $6\times2\times2\times3=72$
(i)~(iv)에 의하여 구하는 경우의 수는
$108+108+72+72=360$ 답 360

66

그림과 같이 좌표평면 위에 9개의 점 (1, 1), (1, 2), (1, 3), (2, 1), (2, 2), (2, 3), (3, 1), (3, 2), (3, 3)이 있다. 집합 $\{p\,|\,1<p<3, p\ne2\}$의 두 원소 a, b에 대하여 점 $P(a, b)$와 9개의 점 중에서 2개로 만들 수 있는 삼각형의 개수의 최솟값은?
↳ 세 점이 한 직선 위에 많이 있을수록 삼각형의 개수는 적어진다.

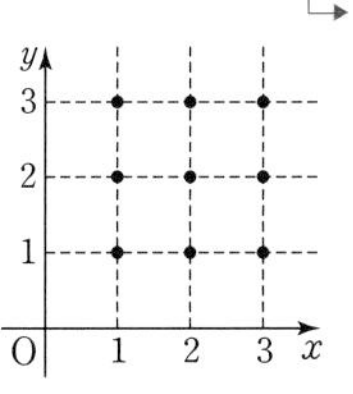

① 25 ② 27 ③ 29
√④ 31 ⑤ 33

step 1 세 점을 선택하는 경우의 수를 구한다.

그림과 같이 세 점을 포함하는 직선의 개수가 최대일 때 삼각형의 개수가 최소이다.

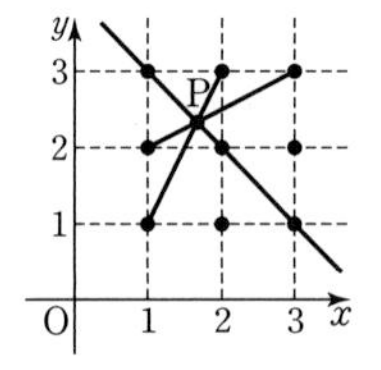

9개의 점 중에서 2개의 점을 선택하는 경우의 수는

${}_9C_2=36$

step 2 세 점으로 삼각형이 만들어지지 않는 경우가 가장 많을 때 삼각형의 개수가 최소임을 이용한다.

점 P를 포함하여 네 점을 지나는 직선의 개수는 1이고, 점 P를 포함하여 세 점을 지나는 직선의 개수는 2이므로 구하는 삼각형 개수의 최솟값은

${}36-{}_1C_1\times{}_3C_2-{}_1C_1\times{}_2C_2\times2=36-3-2=31$ 답 ④

67

집합 $X=\{1, 2, 3, 4, 5, 6, 7, 8, 9\}$에 대하여 X에서 X로의 일대일함수 f 중에서 다음 조건을 만족시키는 함수 f의 개수를 구하시오. 48

→ n에 1, 2, 3, 4를 대입한다.

(가) $f(n)>f(2n)$, $f(n)>f(2n+1)$ $(n=1, 2, 3, 4)$

(나) $f(6)+f(7)=10$

→ $1+9=2+8=3+7=4+6$ 중 가능한 것을 찾는다.

step 1 $f(1), f(3), f(6), f(7)$의 값을 먼저 결정한다.

$f(n)>f(2n)$에서

$f(1)>f(2)>f(4)>f(8)$, $f(3)>f(6)$

$f(n)>f(2n+1)$에서

$f(1)>f(3)>f(7)$, $f(2)>f(5)$, $f(4)>f(9)$

이므로 $f(1)>f(2)>f(4)>f(8)$, $f(1)>f(3)>f(7)$

$>f(5)$ $>f(6)$

$>f(9)$

$f(1)$이 가장 큰 수이므로 $f(1)=9$

$\{f(6), f(7)\}=\{3, 7\}$일 때, $f(3)=8$이고

$\{f(6), f(7)\}=\{4, 6\}$일 때, $f(3)=7$ 또는 $f(3)=8$이므로

$f(3), f(6), f(7)$을 정하는 경우의 수는

$2\times1+2\times2=6$

step 2 나머지 함숫값을 결정한다.

남은 5개의 수 중 가장 큰 수는 $f(2)$이므로

남은 4개의 수 중 $f(5)$를 정하는 경우의 수는 ${}_4C_1$, 남은 3개의 수 중 가장 큰 수는 $f(4)$, 남은 2개의 수 중 $f(8)$, $f(9)$를 정하는 경우의 수는 $2!$

따라서 $1\times{}_4C_1\times1\times2!=8$

그러므로 구하는 경우의 수는

$6\times8=48$ 답 48

1등급을 넘어서는 상위 1%

본문 71쪽

68

그림과 같이 4개의 사물함이 한 블록을 이루는 사물함 12개와 3개의 사물함이 한 블록을 이루는 사물함 3개가 있다.

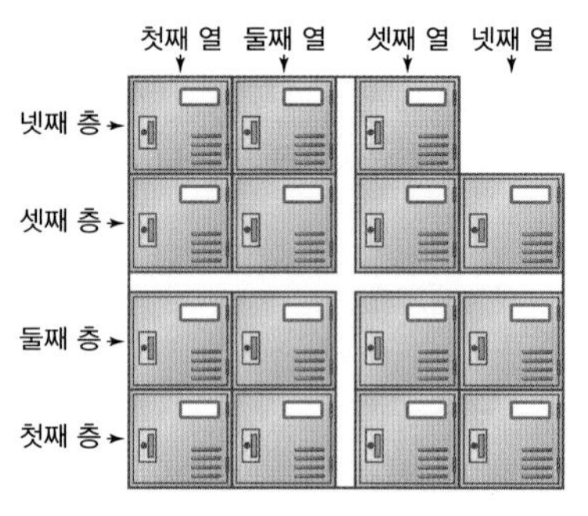

첫째 층, 첫째 열의 사물함을 A가 선택하였을 때, A, B, C, D 네 사람이 다음 조건을 만족시키도록 15개의 사물함을 모두 선택하는 경우의 수를 구하시오. 72

→ 같은 층에서 한 개의 사물함을 선택하거나 선택하지 않는다.

(가) 모든 사람은 각 블록에서 1개 이하의 사물함을 선택한다.

(나) 모든 사람은 같은 층의 사물함을 2개 이상 선택하지 않는다.

(다) 모든 사람은 같은 열의 사물함을 2개 이상 선택하지 않는다.

step 1 첫째 층, 첫째 열의 사물함을 포함하는 블록부터 선택하는 경우의 수를 구한다.

→ 선택되어진 블록의 사물함부터 선택한다.

왼쪽 아래의 블록의 나머지 사물함 3개를 B, C, D가 선택하는 경우의 수는 $3\times2\times1=6$

→ 경우의 수가 다른 상황을 분류한다.

step 2 나머지 블록을 선택하는 경우의 수를 구한다.

왼쪽 아래의 블록의 사물함을 다음과 같이 선택하였다고 하면

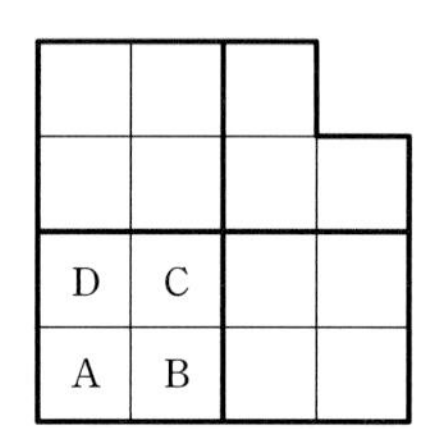

(i) 오른쪽 아래의 블록의 사물함을 A, B, C, D가 선택하는 경우가

A	B
D	C

또는

B	A
C	D

일 때, 왼쪽 위의 블록의 사물함을 A, B, C, D가 선택하는 경우의 수는 첫째 열에 B, C를, 둘째 열에 A, D를 배열하고 이들 각각에 대하여 오른쪽 위의 블록의 사물함을 선택하는 경우의 수가 1이므로 $2\times(2\times2)$

(ii) 오른쪽 아래의 블록의 사물함을 A, B, C, D가 선택하는 경우가

B	A
D	C

또는

A	B
C	D

일 때, 왼쪽 위의 블록의 사물함을 A, B, C, D가 선택하는 경우의 수는 B, D를 대각선으로 배열하고 이들 각각에 대하여 오른쪽 위의 블록의 사물함을 선택하는 경우의 수가 1이므로 2×2

(i), (ii)에 의하여 구하는 경우의 수는

$6\times\{2\times(2\times2)+2\times2\}=6\times12=72$ 답 72

올림포스 고난도

수학(하)

올림포스
고교 수학
커리큘럼

내신기본	올림포스
유형기본	올림포스 유형편
기출	올림포스 전국연합학력평가 기출문제집
심화	올림포스 고난도

정답과 풀이

고1~2 내신 중점 로드맵

과목	고교 입문		기초	기본	특화	단기
국어	고등 예비 과정	내 등급은?	윤혜정의 개념의 나비효과 입문편/워크북 어휘가 독해다!	기본서 올림포스	국어 특화: 국어 독해의 원리 / 국어 문법의 원리	단기 특강
영어			정승익의 수능 개념 잡는 대박구문 주혜연의 해석공식 논리 구조편	올림포스 전국연합 학력평가 기출문제집	영어 특화: Grammar POWER / Reading POWER / Listening POWER / Voca POWER	
수학			기초 50일 수학 매쓰 디렉터의 고1 수학 개념 끝장내기	유형서 올림포스 유형편	고급 올림포스 고난도	
				수학 특화 수학의 왕도		
한국사 사회		인공지능: 수학과 함께하는 고교 AI 입문 / 수학과 함께하는 AI 기초		기본서 개념완성 개념완성 문항편	고등학생을 위한 多담은 한국사 연표	
과학						

과목	시리즈명	특징	수준	권장 학년
전과목	고등예비과정	예비 고등학생을 위한 과목별 단기 완성	●	예비 고1
국/수/영	내 등급은?	고1 첫 학력평가+반 배치고사 대비 모의고사	●	예비 고1
	올림포스	내신과 수능 대비 EBS 대표 국어·수학·영어 기본서	●	고1~2
	올림포스 전국연합학력평가 기출문제집	전국연합학력평가 문제 + 개념 기본서	●	고1~2
	단기 특강	단기간에 끝내는 유형별 문항 연습	●	고1~2
한/사/과	개념완성 & 개념완성 문항편	개념 한 권+문항 한 권으로 끝내는 한국사·탐구 기본서	●	고1~2
국어	윤혜정의 개념의 나비효과 입문편/워크북	윤혜정 선생님과 함께 시작하는 국어 공부의 첫걸음	●	예비 고1~고2
	어휘가 독해다!	학평·모평·수능 출제 필수 어휘 학습	●	예비 고1~고2
	국어 독해의 원리	내신과 수능 대비 문학·독서(비문학) 특화서	●	고1~2
	국어 문법의 원리	필수 개념과 필수 문항의 언어(문법) 특화서	●	고1~2
영어	정승익의 수능 개념 잡는 대박구문	정승익 선생님과 CODE로 이해하는 영어 구문	●	예비 고1~고2
	주혜연의 해석공식 논리 구조편	주혜연 선생님과 함께하는 유형별 지문 독해	●	예비 고1~고2
	Grammar POWER	구문 분석 트리로 이해하는 영어 문법 특화서	●	고1~2
	Reading POWER	수준과 학습 목적에 따라 선택하는 영어 독해 특화서	●	고1~2
	Listening POWER	수준별 수능형 영어듣기 모의고사	●	고1~2
	Voca POWER	영어 교육과정 필수 어휘와 어원별 어휘 학습	●	고1~2
수학	50일 수학	50일 만에 완성하는 중학~고교 수학의 맥	●	예비 고1~고2
	매쓰 디렉터의 고1 수학 개념 끝장내기	스타강사 강의, 손글씨 풀이와 함께 고1 수학 개념 정복	●	예비 고1~고1
	올림포스 유형편	유형별 반복 학습을 통해 실력 잡는 수학 유형서	●	고1~2
	올림포스 고난도	1등급을 위한 고난도 유형 집중 연습	●	고1~2
	수학의 왕도	직관적 개념 설명과 세분화된 문항 수록 수학 특화서	●	고1~2
한국사	고등학생을 위한 多담은 한국사 연표	연표로 흐름을 잡는 한국사 학습	●	예비 고1~고2
기타	수학과 함께하는 고교 AI 입문/AI 기초	파이선 프로그래밍, AI 알고리즘에 필요한 수학 개념 학습	●	예비 고1~고2